I0874364

# Personal und neue Technologien

## Organisatorische Auswirkungen und personalwirtschaftliche Konsequenzen

Von

Dr. Michael Meiser

Prof. Dr. Dieter Wagner

Prof. Dr. Ernst Zander

R. Oldenbourg Verlag München Wien

**CIP-Titelaufnahme der Deutschen Bibliothek**

**Meiser, Michael:**
Personal und neue Technologien : organisatorische Auswirkungen und personalwirtschaftliche Konsequenzen / von Michael Meiser ; Dieter Wagner ; Ernst Zander. – München ; Wien : Oldenbourg, 1991
ISBN 3-486-21073-4

NE: Wagner, Dieter:; Zander, Ernst:

© 1991 R. Oldenbourg Verlag GmbH, München

Das Werk einschließlich aller Abbildungen ist urheberrechtlich geschützt. Jede Verwertung außerhalb der Grenzen des Urheberrechtsgesetzes ist ohne Zustimmung des Verlages unzulässig und strafbar. Das gilt insbesondere für Vervielfältigungen, Übersetzungen, Mikroverfilmungen und die Einspeicherung und Bearbeitung in elektronischen Systemen.

Gesamtherstellung: R. Oldenbourg Graphische Betriebe GmbH, München

ISBN 3-486-21073-4

# Inhaltsverzeichnis

# Vorwort

Neue Technologien bestimmen unser **Leben** in vielfältiger Weise. Viele Produkte haben hierdurch neue oder erweiterte Anwendungsmöglichkeiten bekommen bzw. geschaffen. Vieles ist zugleich auch von vielschichtiger gesellschaftspolitischer Relevanz, wie sehr deutlich die Diskussion um die Möglichkeiten und um die Grenzen der Gentechnologie zeigt. Technologiefolgenabschätzung ist dabei wiederum ein typisches Beispiel, wie aus einer unbestrittenen Notwendigkeit ein akademisches Schlagwort entsteht, das der Öffentlichkeit jedoch bislang noch keine schlüssigen Bewertungsmaßstäbe liefern konnte.

Neue Technologien verändern in unverkennbarer Weise auch unsere **Arbeitswelt**. Damit ist der Bereich angesprochen, in dem wir einen großen Teil unseres Lebens verbringen und der unser übriges Leben materiell und immateriell maßgeblich beeinflußt. Die Fülle von Einsatzmöglichkeiten Neuer Technologien in Produktion und Materialwirtschaft ebenso wie in Büro und Verwaltung läßt dabei allerdings oft die schlichte Tatsache übersehen, daß die Anwendungsgrenzen meistens nicht in der technischen Durchführbarkeit liegen, sondern in ihrer Wirtschaftlichkeit und nicht zuletzt in ihrer **sozialen Akzeptanz**.

Unseres Erachtens ist es mit einer traditionellen Wirtschaftlichkeitsbetrachtung nicht getan, in der Investitionskosten und Amortisationszeiten im Vordergrund stehen. Darüber hinaus ist zu bedenken, daß das **Personal** oftmals den wichtigsten Einflußfaktor darstellt. Was nützt z.B. die intensive Diskussion vernetzter technologischer Anwendungen, wenn nicht rechtzeitig an arbeitsorganisatorische Konsequenzen und die hierzu erforderliche Ausbildung und Personalentwicklung gedacht wurde? Nicht von ungefähr findet sich in einschlägigen Veröffentlichungen der Hinweis, daß in Projektteams zur Einrichtung des computer-integrated-manufacturing (CIM) funktionsübergreifende Führungskräfte, z.B. aus den Bereichen DV-Organisation, Produktionssteuerung, Arbeitsplanung, Produktion, Materialwirtschaft, Konstruktion/Entwicklung, Qualitäts- und Rechnungswesen vertreten sein sollen. Allerdings werden Vertreter des Personalressorts hier nur selten genannt.

Dieser Sachverhalt bildet für uns den Anlaß, nun ein Lehrbuch vorzulegen, daß sich mit den personalwirtschaftlichen Aspekten Neuer Technologien in der Arbeitswelt auseinandersetzt. Dabei stehen mikroprozessorgesteuerte Technologien im Mittelpunkt unserer Betrachtungen. Obwohl viele Dinge noch nicht so abgeklärt erscheinen, daß sie gewissermaßen als „ewige Lehrbuchweisheit" betrachtet werden können, sind wir trotzdem der Meinung, daß wir diesen Schritt wagen sollten. Wir möchten damit eine Lücke füllen, die sich auf einschlägige Studieninhalte in den Wirtschafts-, Sozial- und Ingenieurwissenschaften bezieht.

In diesem Sinne geben wir zunächst einen grundlegenden Überblick über verschiedene **Einfluß- und Wirkungsgrößen** wie z.B. die Marktbedingungen, die Akzeptanz Neuer Technologien, die Beschäftigungsstruktur, den Arbeitsmarkt und die betriebliche Personalpolitik. Anschließend werden Neue Technologien und ihre jeweiligen **Einsatzgebiete** in Produktion und Materialwirtschaft sowie in Büro und Verwaltung näher vorgestellt. Dabei handelt es sich sowohl um isolierte als auch um kombinierte und integrierte Anwendungsformen.

Im Mittelpunkt stehen dann die **organisatorischen Auswirkungen** und die **personalwirtschaftlichen Konsequenzen** Neuer Technologien. Dies gilt im ersten Fall für die Aufbau- und die Ablauforganisation, im zweiten Falle insbesondere für die Bereiche Personalplanung, Entgeltfindung incl. Arbeits- und Leistungsbewertung, Personalentwicklung und Arbeitszeitgestaltung. Die Beteiligungsrechte des Betriebsrats bei Einführung und personellen Folgemaßnahmen Neuer Technologien sind dabei ebenso von Interesse und von leider oft unterschätzter praktischer Bedeutung (gerade für Studenten als angehende Führungskräfte) wie relevante tarifpolitische Entwicklungen. Einige Ausführungen über die **Einführungsproblematik** Neuer Technologien schließen die Darstellung ab.

Das vorliegende Buch wendet sich in einführender Form zunächst an Studenten der Wirtschafts-, Sozial- und Ingenieurwissenschaften, die sich im Rahmen ihres Studiums, z.B. bei personalwirtschaftlichen, betriebssoziologischen oder arbeitswissenschaftlichen Lehrveranstaltungen mit den Anwendungsmöglichkeiten und Anwendungsfolgen Neuer Technologien zu beschäftigen haben. Dabei wendet es sich ebenso an spätere Spezialisten in diesen Bereichen wie an angehende Mitarbeiter und Führungskräfte, die vom Einsatz Neuer Technologien betroffen sind. Darüber hinaus wurde auf eine möglichst verständliche Darstellung geachtet, um den Kontakt zwischen Theorie und Praxis zu erleichtern. Insofern sind uns Verbesserungsvorschläge aus diesen Bereichen jederzeit willkommen.

Abschließend danken wir Herrn Dipl.-Päd. Axel Krause und Herrn cand. rer. pol. Matthias Theil für ihre Anregungen und die redaktionelle Unterstützung. Frau Dipl.-Päd. Heike Nolte besorgte die Endredaktion und sorgte mit großer Sorgfalt und vielen Vorschlägen für die Aktualisierung des abgeschlossenen Manuskripts. Frau Grudrun Kroeck gebührt unser Dank für die mehrmalige, mühselige Reinschrift des Manuskripts.

Hamburg und Minden, im Winter 1990

Michael Meiser
Dieter Wagner
Ernst Zander

# A. Grundlagen

## I. Der Einsatz Neuer Technologien vor dem Hintergrund veränderter Marktbedingungen

Grundsätzlich kann man unterstellen, daß veränderte **Marktbedingungen** einen relativ starken Einfluß auch auf die Personalwirtschaft eines Unternehmens ausüben (z.B. im Hinblick auf die Arbeitsbedingungen und das Entgeltsystem). Für den Einsatz der Technik gilt dies nicht minder wie z.B. für die Organisationsstruktur, auch wenn diese Zusammenhänge keineswegs immer eindeutig sind, auch gegensätzlich verlaufen können und manchmal sogar erst mittel- bis langfristig erkennbar geworden sind.

Im Hinblick auf die Anpassung an Marktveränderungen (z.B. hinsichtlich Technik, Preis, Qualität) stehen Produktmerkmale wie z.B.:

- Funktionstüchtigkeit
- Sicherheit
- Haltbarkeit
- Design
- Mode
- Neuheit und
- Exklusivität

sowie mit der Auftragserfüllung verbundene Eigenschaften wie

- Lieferfähigkeit und
- Termineinhaltung

im Vordergrund.

Dies bedeutet u.a. für die Unternehmen, daß sie über geeignete Fertigungssysteme und eine effiziente Arbeitsorganisation verfügen müssen. Abb. A.1 zeigt, wie

| Marktanforderungen | | Reaktion |
|---|---|---|
| • Scharfer Wettbewerb enormer Kostendruck | ⇨ | Reduzierung von Bestandskosten, Durchlaufzeiten und Produktionskosten<br>Steigerung der Qualität und damit auch Senkung der Fehlerbeseitigungskosten (Stichwort ist Integrierte Qualitätsprüfung) |
| • Kürzere Innovationszyklen | ⇨ | Einsatz von flexiblen Fertigungszellen bzw. Fertigungssystemen (derzeitiger Trend: wachsender Anteil der Mittelserienfertigung) |
| • Zunehmende Produktdifferenzierung | ⇨ | Erweiterung der Logistik- und Materialflußsysteme |
| • Hohe Lieferbereitschaft | ⇨ | Einführung oder Erweiterung von PPS-Systemen mit Direkt-Kopplung zum Prozeß |

**Abb. A.1:** Einsatz Neuer Technologien als Reaktion auf Marktanforderungen (Detje 1988)

auf veränderte Marktanforderungen durch den Einsatz Neuer Technologien reagiert werden kann und sicherlich zum Teil reagiert werden muß, um mittel- und langfristig konkurrenzfähig zu bleiben.

Dabei betrifft der Einsatz moderner Technologien nicht nur den Bereich der Produkttechnologien. Entsprechende Notwendigkeiten gelten auch für zeitgemäße Informations- und Fertigungstechnologien. Dabei wird vielfach übersehen, daß ihr Einsatz dann an Grenzen stößt, wenn nicht genügend qualifizierte (leistungsfähige) und motivierte (leistungswillige) Mitarbeiter zur Verfügung stehen. Deshalb sind personalpolitische Gestaltungsfelder wie z.B. Personalentwicklung und Aus- und Weiterbildung, Arbeitszeit- und Entgeltgestaltung von nicht zu unterschätzender Bedeutung.

## II. Einstellungen der Mitarbeiter zu Neuen Technologien

Neue Technologien werden von vielen nicht als notwendige Chance empfunden, sondern eher mit Skepsis betrachtet. Dabei entsteht auch die Frage, inwieweit Neue Technologien durch den Menschen akzeptiert und bewältigt werden können. Übereinstimmung besteht jedoch darin, daß durch Neue Technologien **vielfältige Auswirkungen** auf die Arbeitswelt zu erwarten sind. Zur Einstellung der Betroffenen liegen unterschiedliche Untersuchungsergebnisse vor: Während Infratest 1980 ermittelte, daß etwa 20% der Befragten modernen Technologien ausgesprochen skeptisch gegenüberstehen aber eine deutliche Mehrheit von über 50% eine positive bis sehr positive Meinung hierzu hatte, kam eine entsprechende Untersuchung aus dem Jahre 1985 zu etwas kritischeren Ergebnissen. Demnach waren 24% der Befragten eher skeptisch kritisch, 27% ambivalent und immerhin noch 49% eher positiv. Allerdings ist stets zu unterscheiden nach Handlungsbereichen, in der „die Technik“ dem einzelnen gegenübertritt:

- Technik im Alltag (incl. Technik und Konsum)
- Technik in der Arbeitswelt
- Technik und Politik

Darüber hinaus ist auch danach zu differenzieren, inwieweit die befragte Person selbst mit Technik zu tun hat, bzw. davon betroffen ist, oder es sich um abstraktere gesellschaftliche Zusammenhänge handelt (von Rosenbladt 1988, S. 101). Zu differenzierenden Ergebnissen kommt denn auch die Fragestellung, wie technische Projekte und Vorhaben befürwortet werden. Dabei zeigt Abb. A.2 z.B. eine recht hohe Zustimmung bei medizinischen Projekten und relativ niedrige Werte hinsichtlich der Entwicklung der Gentechnologie und des stärkeren Einsatzes von Mikroprozessoren, Industrierobotern und Bildschirmarbeitsplätzen in Wohnungen. Allerdings sind jüngere Personen (bis zu 29 Jahre) hier tendenziell positiver eingestellt.

Mittlerweile zeigen andere Untersuchungen, z.B. des Instituts für angewandte Sozialwissenschaft (infas) und des Zürcher Sozialpsychologen Gerhard Schmidtchen, daß die Beschäftigten den neuen Techniken nicht so negativ gegenüberstehen, wie vielfach angenommen wird. Zwar klagen Arbeitnehmer an modernen Arbeitsplätzen über psychische Belastungen und eine verstärkte Kontrolle am Arbeitsplatz. Doch andererseits fühlen sich diejenigen, die mit den neuen Ar-

| Item | bis 19 | 20-24 | 25-29 | 30-34 | 35-44 | 45-59 | 60 und älter | x |
|---|---|---|---|---|---|---|---|---|
| Ausbau med. Forschung | 72,8 | 78,1 | 76,8 | 74,3 | 79,9 | 80,8 | 77,3 | 77,8 |
| Ausbau Naturheilkunde-methoden | 78,0 | 81,0 | 81,1 | 87,1 | 84,6 | 84,5 | 83,7 | 83,3 |
| Bau und Großkliniken | 28,1 | 21,6 | 19,0 | 14,5 | 20,8 | 23,4 | 20,0 | 21,0 |
| Bau neuer KKW | 14,4 | 15,6 | 10,7 | 18,3 | 17,0 | 20,9 | 21,4 | 18,2 |
| Stärkere Nutzung von Sonnen-energie | 83,1 | 87,5 | 88,1 | 87,2 | 85,2 | 85,6 | 80,6 | 84,5 |
| Bau neuer Kohlekraftwerke | 22,5 | 21,5 | 19,7 | 25,7 | 24,4 | 32,8 | 29,4 | 26,8 |
| Entwicklung benzinsparender Autos | 89,3 | 91,6 | 89,2 | 93,3 | 93,7 | 91,5 | 84,8 | 89,8 |
| Einbau von Katalysatoren | 86,3 | 81,1 | 81,3 | 84,2 | 83,3 | 79,5 | 73,2 | 79,7 |
| Ausbau der Computertechnik | 42,9 | 37,7 | 34,7 | 28,3 | 38,2 | 29,6 | 24,5 | 31,8 |
| BRD Beteiligung an der Raumfahrt | 64,8 | 42,9 | 43,9 | 36,1 | 48,4 | 45,2 | 40,0 | 44,8 |
| Bau von FS-Satelliten | 63,9 | 52,1 | 49,4 | 50,8 | 57,0 | 57,6 | 44,4 | 52,6 |
| Stärkerer Einsatz von Mikro-prozessoren | 40,0 | 34,3 | 30,0 | 23,9 | 28,5 | 21,8 | 15,7 | 24,9 |
| Stärkerer Einsatz von Industrierobotern | 13,1 | 11,8 | 14,1 | 10,6 | 13,6 | 10,6 | 8,3 | 11,1 |
| Stärkere Verbreitung von Heimcomputern | 41,1 | 23,8 | 18,4 | 18,0 | 16,9 | 11,4 | 6,0 | 15,7 |
| Einführung des Kabel-FS | 55,1 | 38,1 | 37,6 | 36,5 | 35,8 | 32,7 | 26,8 | 34,8 |
| Neue und preiswerte Heim-computerspiele | 42,1 | 19,0 | 17,5 | 14,4 | 13,7 | 11,3 | 6,2 | 14,5 |
| Ausbau BTX-Angebot | 46,9 | 36,1 | 26,0 | 27,9 | 29,7 | 23,2 | 14,8 | 25,9 |
| Entwicklung der Gen-technologie | 9,3 | 5,3 | 3,3 | 5,5 | 4,3 | 5,1 | 4,9 | 5,2 |
| Stärkerer Einsatz von Computern im Betrieb | 24,8 | 19,8 | 17,4 | 19,3 | 20,3 | 14,8 | 14,2 | 17,5 |
| Fernsehüberwachung unsicherer Plätze | 55,7 | 50,3 | 50,3 | 53,6 | 63,2 | 67,3 | 63,8 | 60,3 |
| Computergesteuerte Haushaltsgeräte | 54,4 | 43,7 | 50,8 | 41,9 | 49,3 | 42,3 | 37,0 | 43,9 |
| Mehr FS-Programme | 49,1 | 34,5 | 34,3 | 25,0 | 31,2 | 29,3 | 27,0 | 31,2 |
| Mehr Automaten im Kundendienst | 40,6 | 42,3 | 41,2 | 32,4 | 34,4 | 29,1 | 22,4 | 31,8 |
| Bildschirmarbeitsplätze in Wohnungen | 18,8 | 16,5 | 16,2 | 16,0 | 17,3 | 12,0 | 8,0 | 13,5 |

**Anmerkung:**

1 Die Frage lautete: „Auf diesen Kärtchen stehen verschiedene Vorhaben und Projekte. Verteilen Sie bitte die Kärtchen auf diese Felder, je nachdem ob Sie persönlich für dieses Vorhaben sind, ob Sie einige Bedenken haben oder ob Sie dagegen sind". Hier: „Bin dafür".

**Abb. A.2:** Befürwortung technischer Projekte und Vorhaben (Angaben in %) (Jaufmann et al. 1988)

beitsmitteln umgehen, sicherer in ihrem Job, schätzen ihre Aufstiegsmöglichkeiten besser ein, sehen positive Wirkungen auf Freiräume und Verantwortung in der täglichen Arbeit. Darüber hinaus haben sie häufiger Freude am Job als ihre Kollegen, die noch mit konventioneller Technik arbeiten (Martens 1987, S. 26).

Abb. A.3 zeigt, wie zwischen zwei Untersuchungen von Gerhard Schmidtchen in der deutschen Metallindustrie eine relative Konstanz hinsichtlich der durch Neue Technologien bemerkten Verbesserungen und Verschlechterungen festzustellen

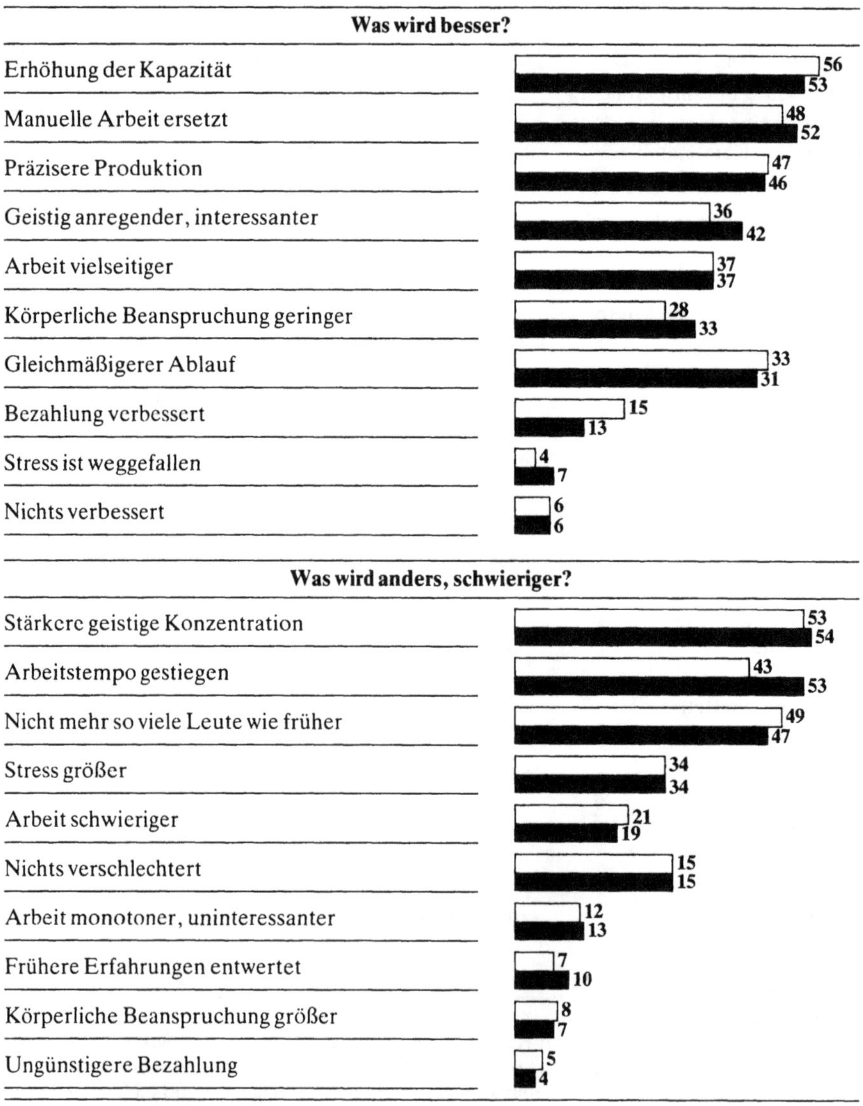


**Abb. A.3:** Verbesserungen und Verschlechterungen am Arbeitsplatz durch Neue Technologien (Quelle: Schmidtchen 1986, S. 19, 21)

ist. Dabei lassen sich eine starke Arbeitsbelastung und eine hohe Arbeitszufriedenheit durchaus miteinander vereinbaren, wenn die Arbeitnehmer über persönliche und organisatorische Kompensationsmöglichkeiten verfügen, solche Anforderungen zu bewältigen. Dies gilt insbesondere für eine hinreichende Fachkompetenz der Arbeitnehmer und eine verbesserte Kommunikation im Betrieb (Schmidtchen 1986, S. 33ff.).

Bleibt abschließend der Hinweis auf eine Marplan-Erhebung aus dem Jahre 1985, wonach etwa ein Drittel der Befragten befürchtete, daß die Einführung Neuer Technologien und die damit verbundenen Rationalisierungsmaßnahmen zur Vernichtung von Arbeitsplätzen führen (mit Ausnahme der leitenden Angestellten: 18,9%), aber andererseits über 40% der Bevölkerung davon ausgeht, daß ohne die Einführung Neuer Technologien noch mehr Arbeitsplätze vernichtet würden. Darüber hinaus spricht es für einen gewissen Realitätssinn, wenn etwa (nur) ein Fünftel der Befragten glaubt, durch die Einführung Neuer Technologien würden auf Dauer **mehr** Arbeitsplätze geschaffen als vernichtet werden.

Für die nach wie vor vorhandene Kritik an der technischen Entwicklung gibt es mehrere Ursachen:

- Erstens besteht eine nicht zu unterschätzende Angst vor wahren oder vermeintlichen Risiken (insbesondere dann, wenn die Wahrnehmung von Risiken größer erscheint als die Würdigung des Nutzens) und
- zweitens ist dann ein Vertrauensverlust zu beklagen, wenn die Hoffnung, daß es mit Hilfe der Technik immer weiter aufwärts ginge, nicht erfüllt wird.

Insofern ist es verständlich, wenn vielfach vorgeschlagen wird, die Untersuchung der Technikfolgen zu intensivieren (Naschold 1987) und beim Deutschen Bundestag eine Technologiefolgen-Abschätzung zu institutionalisieren. Mehr als über den ersten Bericht einer Enquête-Kommission ist man jedoch noch nicht hinausgekommen.

Nicht von ungefähr gibt es die ab und zu vorhandene Skepsis der Kirchen zur Technik, wobei bei der Evangelischen Kirche inzwischen von einer konstruktiveren Einstellung gesprochen werden kann. Sie bezieht sich auf den Sachverhalt, daß unbestrittenen Vorteilen der Technik wie z.B. verbesserten Kommunikationsmöglichkeiten auch Nachteile wie ein u.U. denkbarer größerer Lern- und Anpassungsdruck oder die Inanspruchnahme des Sonntags durch veränderte Arbeitszeitregelungen gegenüberstehen. Dabei werden wiederum **ethische** Fragestellungen aktuell, die im Zusammenhang mit der menschenwürdigen Gestaltung von Arbeitsplätzen akut werden. Insgesamt dürfte dabei gelten, daß Ethik „weder den Fortschritt fraglos legitimieren, noch ihn grundsätzlich denunzieren darf. Sie erfüllt ihre Aufgabe nur im Blick auf das Ganze, auf das Humanum im umfassenden Sinn“ (Böckle 1988, S. 898).

Darüber hinaus wird vielfach übersehen, daß die Umsetzung neuen Wissens und neuer Erkenntnisse in Produkt- und Prozeßinnovationen eine Erhöhung der Produktivität erlaubt, d.h. zu einer Steigerung der Produktionskraft führt und somit zu einer steigenden Kaufkraft beiträgt. Neue Technologien können insoweit eine wichtige Möglichkeit darstellen, um diese Zuwachsraten und den allgemeinen Wohlstand zu erhöhen. Dabei kann insbesondere die **rasche** Einführung Neuer Technologien die Produktions- und Beschäftigungslage im Investitionsgüterbereich beleben, wie Erfahrungen in mehreren Ländern zeigen.

Dabei wurde deutlich, daß in Europa – wie in den USA – gerade dort die Industriezweige mit den raschesten Beschäftigungszuwächsen erwartet werden, wo der Technische Fortschritt am stärksten vorangeschritten ist. Untersuchungen der Nürnberger Bundesanstalt für Arbeit haben ergeben, daß bis jetzt kein begründeter Anlaß für die Behauptung besteht, die Mikroelektronik habe nennenswert zu einem Ungleichgewicht zwischen Angebot und Nachfrage am Arbeitsmarkt beigetragen. Offensichtlich werden unbefriedigende Arbeitsmarktsituationen und konjukturelle Schwächephasen vielfach in zu starkem Maße auf den Einfluß Neuer Technologien zurückgeführt (Dostal 1987).

## III. Neue Technologien und Veränderungen am Arbeitsmarkt

Kommen einzelbetriebliche Untersuchungen meist zu negativen Ergebnissen, wenn die (quantitativen) beschäftigungspolitischen Auswirkungen Neuer Technologien beschrieben werden sollen, lassen gesamtwirtschaftlich ausgerichtete Studien oft eher neutrale oder leicht positive Folgen des Einsatzes Neuer Technologien erkennen. Methodisch problematisch dürfte die eindeutige quantitative Zurechenbarkeit von Beschäftigungsveränderungen auf den Einsatz Neuer Technologien sein.

Vielfach wird übersehen, daß sich in der Bundesrepublik Deutschland für die letzten 25 Jahre folgende generelle sektorale Beschäftigungsveränderungen feststellen lassen (vgl. Abb. A.4):

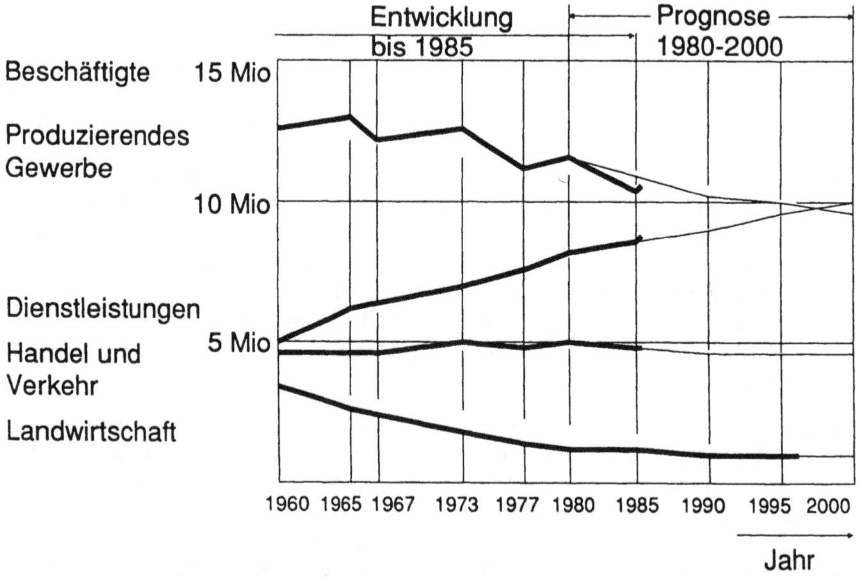


**Abb. A.4:** Beschäftigungsveränderungen in vier Wirtschaftssektoren zwischen 1960 und 2000 (Dostal 1987)

1. Rückläufige Beschäftigung im produzierenden Gewerbe;
2. Rückläufige Beschäftigung in der Landwirtschaft;
3. Ständige Beschäftigungsausweitung in den Dienstleistungsbereichen (Planung, Verwaltung);
4. Relativ konstante Beschäftigung in den Bereichen Handel und Verkehr.

Hinzu kommen qualitative Veränderungen in den einzelnen Sektoren, so daß insgesamt von einem Umbruch in der Arbeitswelt gesprochen werden kann.

Während manche Ökonomen bezweifeln, daß in Zukunft angesichts stagnativer Erscheinungen und der von ihnen so gesehenen technologischen Arbeitslosigkeit genügend Arbeitsplätze geschaffen werden können, kommen verschiedene andere Studien zu optimistischeren Ergebnissen. Wassily Leontief und Faye Duchin (1986) gehen zwar auch davon aus, daß insbesondere durch die Mikroelektronik Millionen von Arbeitsplätzen vernichtet werden, aber zugleich auch genügend neue Jobs entstehen können, um die Arbeitslosen aufzufangen. Als Voraussetzung nennen sie, daß die Bildungs- und die Arbeitsmarktpolitik rechtzeitig reagiert. Der grundsätzliche Unterschied zwischen „Pessimisten" und „Optimisten" dürfte darin liegen, daß letztere davon ausgehen, daß die westlichen Volkswirtschaften auch künftig mit der gleichen Dynamik wachsen wie in den vergangenen Jahren.

Auf die Bundesrepublik Deutschland bezogene Untersuchungen, z.B. des Instituts für Arbeitsmarkt- und Berufsforschung (IAB) in Nürnberg, des Rheinisch-Westfälischen Instituts für Wirtschaftsforschung (RWI) in Essen und der Baseler Prognos AG zeigen bislang, daß Neue Techniken keine „Job-Killer" sind. So läßt sich für den Dienstleistungssektor die gleiche Schlußfolgerung ziehen, die schon früher auch für das Verarbeitende Gewerbe zutraf:

- Branchen mit überdurchschnittlich hohen Investitionen in moderne Büro- und Verwaltungstechniken haben ihre Beschäftigung zwischen 1980 und 1985 mit einem Plus von 8,6 Prozent (+ 128000) relativ am stärksten ausgeweitet.
- Branchen mit durchschnittlich vermehrtem Einsatz Neuer Techniken haben die Zahl der Arbeitsplätze während dieser Zeit deutlich – um 5,9 Prozent oder 358000 – erhöht.
- Dienstleistungsbranchen, die durchschnittlich innovativ waren, mußten ihr Beschäftigungsvolumen dagegen um 1,4 Prozent (79000) reduzieren.

Auch wenn es einen negativen Beschäftigungseffekt durch den Einsatz von Industrierobotern (Handhabungsautomaten) gibt (pro Einheit werden ca. 4-6 Arbeitsplätze abgebaut), darf er nicht überbewertet werden. Bei anderen Technologieformen, wie z.B. NC- und CNC-Maschinen, CAD-Geräten oder bei verschiedenen Neuen Technologien im Bürobereich (z.B. computergestützte Textverarbeitung und computergestützte Sachbearbeitung) ist es auch eine Frage der Ablauf- und Arbeitsorganisation, welche Wirkungen insgesamt auftreten.

Darüber hinaus ist davon auszugehen, daß angesichts veränderter ökonomischer und technologischer Anforderungen der Bedarf an qualifizierten Arbeitskräften weiter steigen wird. Dies gilt sowohl für betrieblich ausgebildete Fachkräfte wie auch für Fachhoch- und Hochschulabsolventen. Nach Schätzungen von Prognos werden im Jahr 2000 etwa 14-15% aller Arbeitsplätze einen Hochschulabschluß erfordern (1982 waren es 8,5%).

Die Skeptiker kann dieses Bild allerdings nicht überzeugen. Sie setzen das Argument dagegen, daß die Bürotechnik und die Computer erst zukünftig zu massiven

Arbeitsplatzverlusten führen würden. Alles Bisherige sei durch Probleme bei der Umorganisation und durch mangelnde Leistungsfähigkeit der Technik nicht vergleichbar mit ihren zukünftigen Auswirkungen. Die Prognostiker jedenfalls sehen den Trend differenzierter.

Bis zum Jahr 2000, so schätzen die Baseler Prognos AG und das Nürnberger Institut für Arbeitsmarkt- und Berufsforschung, werden die abteilungsspezifischen Bürotätigkeiten viel eher das Opfer technischer Rationalisierung als die Tätigkeiten in der integrierten Sach- und Antragsbearbeitung. Hier soll die Beschäftigung zunehmen. Allen anderen Büroberufen, insbesondere mit Führungsaufgaben und dem Management, bescheinigen die Ergebnisse, die auf der mittleren Variante der Gesamtprognose beruhen, gute bis sehr gute Beschäftigungschancen.

Allerdings stehen die hier referierten Ergebnisse der Untersuchungen einzelner Forschungsinstitute in der Regel relativ isoliert nebeneinander, wie sie in der Meta-Studie „Arbeitsmarktwirkungen moderner Technologien" des Bundesministeriums für Forschung und Technologie (Bonn 1988) zum Ausdruck kommen. Dabei wird von seiten des Deutschen Gewerkschaftsbundes auf folgende Resultate verwiesen, welche seine Sorgen um die Beschäftigungseffekte Neuer Technologien nicht unbegründet lassen:

- Aufgrund von Modellrechnungen weist das Deutsche Institut für Wirtschaftsforschung, Berlin, darauf hin, daß der Einsatz von Schweißrobotern, Montagerobotern und CNC-Werkzeugmaschinen gesamtwirtschaftlich mit Arbeitsplatzverlusten verbunden ist.
- Untersuchungen von Infratest über die beschäftigungspolitische Kompensationsfunktion des Dienstleistungssektors lassen erkennen, daß die hier bestehenden Hoffnungen „einer präziseren und tragfähigeren Überprüfung bedürfen (Bonn 1988).

Insofern bestehen wachsende Herausforderungen für die einzelbetriebliche und für die gesamtwirtschaftliche Qualifikationspolitik. Darüber hinaus fordert der Deutsche Gewerkschaftsbund eine stärkere Berücksichtigung der Perspektive der von Rationalisierung und modernen Technologien betroffenen Arbeitnehmer. Insbesondere wird auf folgende, noch ungelöste Fragestellungen verwiesen:

- die Implikationen des technischen Wandels für die Gleichheit der Lebenschancen der Menschen in den Teilräumen des Bundesgebiets
- die Suche nach Technikalternativen, um ökologischen oder sozialen Erfordernissen stärker Rechnung zu tragen.

Allerdings ist es nicht nur wichtig, den technischen und den sozialen Fortschritt miteinander zu harmonisieren. Darüber hinaus darf nicht übersehen werden, daß ein Innovationsverzicht, also der Verzicht auf den Einsatz Neuer Technologien, sicherlich nicht zu empfehlen ist. Statt dessen geht es darum, einerseits die Nachfrage zu fördern, um eine Auslastung der Arbeitsplätze zu erreichen, und andererseits die vorhandenen Arbeitsplätze arbeitsorganisatorisch so zu gestalten, daß sie den Belangen der Arbeitnehmer gerecht werden. Matzner et al. formulieren entsprechende gesamtwirtschaftliche Zusammenhänge wie folgt:

„Nur unter günstigen Bedingungen führt eine erhöhte Innovationsaktivität zu höherer Beschäftigung als nach der Status-quo-Entwicklung. Aber selbst bei pessimistischen Annahmen erweisen sich beschäftigungspolitisch erhöhte Innovationsanstrengungen vorteilhafter als ein Innovationsverzicht. Vor allem wird aber durch eine stärkere Innovationsaktivität ein höheres Einkommensniveau erreicht“ (Matzner et al. 1988, S. 121).

Dabei zeigt Abb. A.5 den grundsätzlichen Zusammenhang zwischen volkswirtschaftlicher und betrieblicher Wettbewerbsfähigkeit, Innovation, Forschung und Entwicklung.

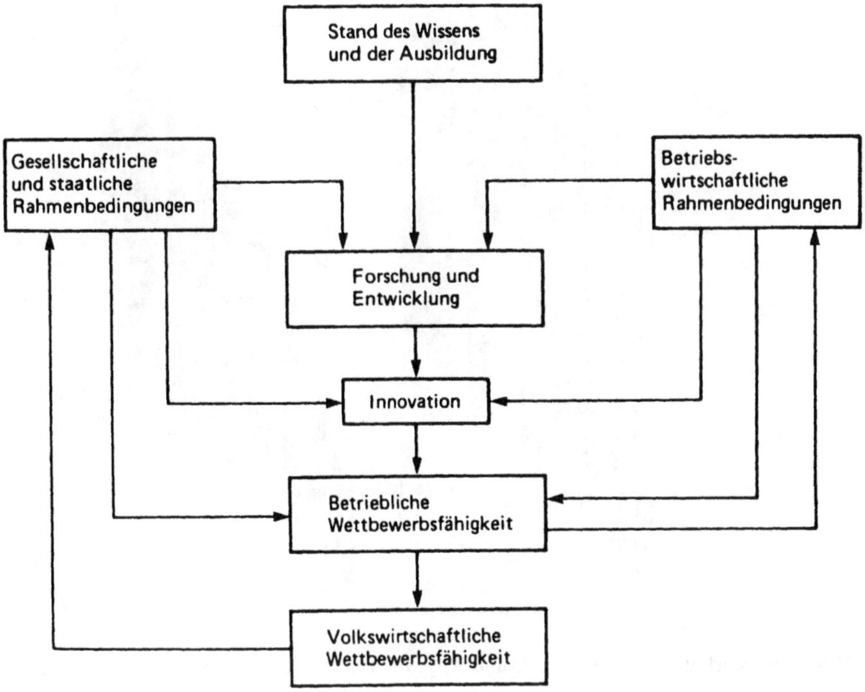


**Abb. A.5:** Wettbewerbsfähigkeit, Innovation, Forschung und Entwicklung (Brockhoff 1988, S. 17)

# IV. Neue Technologien und Beschäftigungsstruktur

Obwohl ein Blick in die Vergangenheit zeigt, daß die Einführung Neuer Technologien oftmals langsamer verlief als ursprünglich geplant, hat der technische Fortschritt auch früher zu erheblichen Veränderungen der Beschäftigungsstruktur und zu Umstellungsproblemen geführt. Besonders deutlich wird dies an der Tatsache, daß der Anteil der Angestellten kontinuierlich zu-, der der Arbeiter kontinuierlich abnimmt (vgl. Abb. A.6).

Hinsichtlich dieser Strukturveränderungen sind folgende Ursachenkomplexe zu unterscheiden:

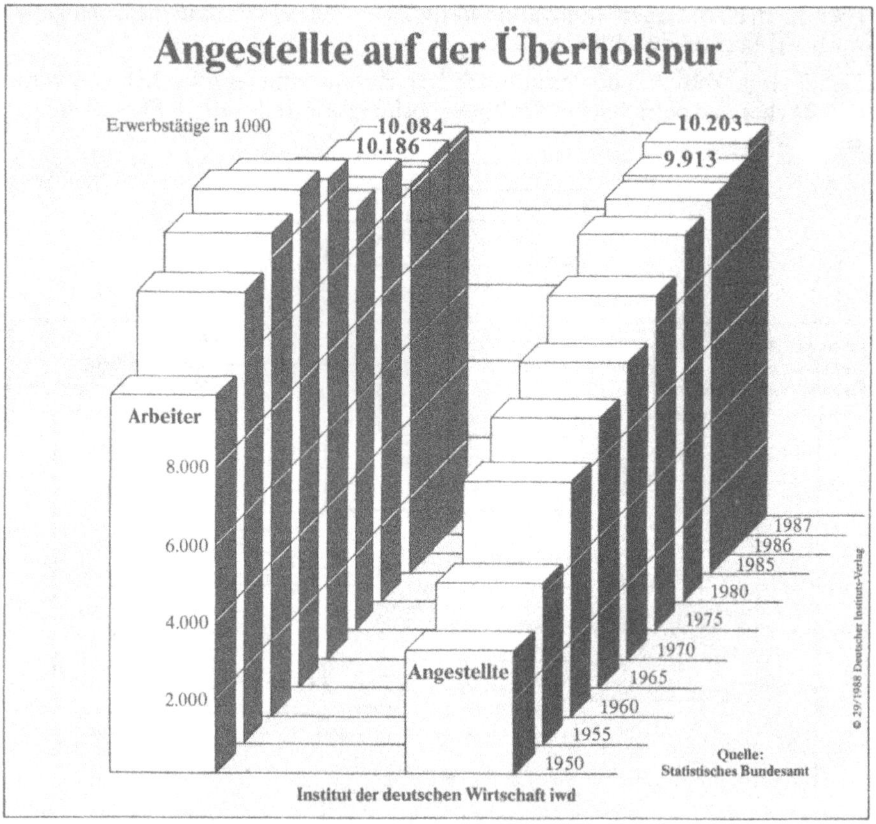


**Abb. A.6:** Verhältnis von Arbeitern und Angestellten (Quelle: iwd 1989)

### 1. Rückgang bei den an- und ungelernten Arbeitern

- Hauptursache der Veränderung aller Strukturquoten ist der Rückgang bei an- und ungelernten Arbeitern durch Änderung des Produktspektrums und der Fertigungsverfahren. Der Bestand dieser Gruppe betrug 1982 nur noch 65% der Vergleichszahl von 1962.
- Der starke Rückgang der An- und Ungelernten verleitet bei isolierter Betrachtung der „gewerblich Tätigen" zu einer falschen Betonung des „zunehmenden" Facharbeiteranteils in Fertigung und Montage (von 34 auf 41%).
  Tatsächlich ist die Gruppe der Facharbeiter auf 87% des Bestandes von 1962 gesunken; der Anteil an allen Beschäftigten sank von 23 auf 20%. Auch in dieser Zahl drückt sich (allerdings weniger deutlich als bei An- und Ungelernten) der technische Fortschritt in Fertigung und Montage aus.

Bei dieser Strukturänderung ist ein Teil der Facharbeiter in technische Tätigkeiten (z.B. Technische Angestellte, Fertigungsvorbereitung) aufgestiegen.

## 2. Zunahme der „Technischen Angestellten“

Gleichzeitig zur Abnahme der Mitarbeiterzahlen in der Fertigung wurde durch die Änderung von Produkten und Fertigungsverfahren eine Zunahme der „Technischen Angestellten“ ausgelöst.

Im Vergleich zu 1962 stieg diese Gruppe um 64%. Hier sind als Schwerpunkte vier Aufgabengruppen zu nennen:

- Verlagerung von Werkstatt- und Montagearbeiten in die Bereiche der Fertigungsvorbereitung und Fertigungsdisposition.
- Zunahme von Aufgaben bei Produktentwicklung und Konstruktionsarbeiten sowie bei der Fertigungsmittelkonstruktion zur Bewältigung Neuer Technologien/Automatisierungsvorgänge.
- Zunahme der Vertriebsanstrengungen bei Kundenberatung und Projektierung.
- Entwicklung der Systemsoftware.

## 3. Zunahme von administrativen Funktionen

- Zunahme von kaufmännischen Verwaltungsarbeiten als Folgelasten der Ausweitung bei technischen Aufgaben.
- Zunahme durch verstärkte Informationsansprüche (z.T. gesetzlich bedingt) sowie durch verfeinerte Planungs- und Kontrollmethoden.
- Zunahme administrativer Aufgaben auch durch neue bzw. erweiterte gesetzliche Auflagen (z.B. Umweltschutz, Arbeitssicherheit, Datenschutz, Mitbestimmungsgesetz).
- Zunahme der DV-Arbeiten (Anwender-Software) als Folge der bereits genannten Aufgabenveränderungen.

Produktivitätssteigerungen wurden in der Vergangenheit vorwiegend durch Mechanisierung und Arbeitsvereinfachung erzielt. Diese Potentiale sind allerdings weitgehend ausgeschöpft oder reichen nicht mehr aus. Die Zukunft ist stärker geprägt durch Automatisierung und Integrationstechnik. Durch den Einfluß Neuer Technologien werden Tätigkeiten aus der Fertigung und Montage (Zusammenbau) in vorgelagerte, begleitende und nachgelagerte indirekte Funktionen verlagert; gleichzeitig nehmen die indirekten Funktionen zu. Darüber hinaus ist festzustellen:

- Durch Verkürzung der Innovationszeit nehmen die Aufgaben für Produktentwicklungen und Konstruktion zu.
- Kundenberatung und Projektierung werden wichtiger.
- Die Informationsansprüche (Wissensexplosion) steigen.
- Der Verwaltungsaufwand durch immer neue Gesetze und Verordnungen wächst.

An Bedeutung nehmen ebenfalls zu:

- DV-Arbeiten (Systemsoftware).
- Der Kapitaleinsatz pro Arbeitsplatz ist deutlich höher als früher.
- Der direkte menschliche Einfluß auf das Arbeitsergebnis nimmt ab.
- Die Arbeitsanforderungen und die berufliche Qualifikation ändern sich.
- Neben traditionelle Organisationsformen der Arbeit treten alternative Formen (Gruppenarbeit, flexible Systeme).

Last but not least ist festzustellen, daß der Einsatz neuer Technologien Veränderungen in der Führungsstruktur und bei den Managementtechniken bewirkt. Hierzu trägt auch die Weiterentwicklung der Telekommunikation und die Vervollkommnung von Mensch-Maschine-Schnittstellen bei: Die Anwendung der Informationstechnik durch Führungskräfte wird hierbei über die bisher schon realisierten operativen Aufgaben hinaus „zunehmend auch teilstrukturierte und umstrukturierte Aufgaben im strategischen Rahmen umfassen" (König/Niedereichholz 1986, S. 11).

Kommt der eigene Zugang zum System immer stärker in Betracht, ist es sicherlich nicht auf die Dauer tragbar, wegen eigener „Kontaktschwierigkeiten" z.B. einen Assistenten mit den entsprechenden Aufgaben zu betrauen (ebenda), weil sonst Kommunikationsverzerrungen und Zeitverluste zu befürchten sind. Andererseits ist zu erwarten, daß die Verfügbarkeit qualitativ und quantitativ weiterentwickelter Entscheidungsmodelle zur verbesserten, auch interaktiv erfolgenden Lösung von Managementproblemen beiträgt.

Hierzu ist vieles bislang noch Zukunftsmusik. Viele Führungskräfte haben immer noch eine „Tastatur-Barriere". Sie baut sich jedoch ab, je jünger die Führungskräfte sind und desto eher Software vorhanden ist, welche diesem Personenkreis dazu verhilft, etwa vor Sitzungen durch eine rasche und übersichtliche Informationsaufbereitung einen Informationsvorsprung zu erhalten und/oder eine bessere Präsentationswirkung zu erzielen. Traditionelle Führungsfunktionen verändern sich, z.B. wegen neuer Formen der Informationsübertragung. Andere Führungsaufgaben gewinnen an Bedeutung: Überzeugung der Mitarbeiter von den für sie wichtigen Zielen, Personalentwicklung und Förderung der Zusammenarbeit.

## V. Zur Verbreitung Neuer Technologien in der Bundesrepublik Deutschland

Die Durchdringung der Produktions- und Verwaltungsprozesse mit Neuen Technologien ist noch lange nicht abgeschlossen.

Andererseits ist nicht zu verkennen, daß die Verbreitung programmgesteuerter Arbeitsmittel in den nächsten Jahren deutlich zunehmen wird. Dies wird z.B. aus Abb. A.7 am Beispiel des deutlich steigenden Einsatzes von Industrierobotern bzw. von Handhabungsautomaten deutlich. Dabei entwickelt sich die Akzeptanz in der Bundesrepublik Deutschland offensichtlich wesentlich zögerlicher als etwa in Japan oder den USA.

Das Institut für Arbeitsmarkt- und Berufsforschung in Nürnberg beschreibt die Verbreitung programmgesteuerter Arbeitsmittel wie folgt (Abb. A.8 bis Abb. A.9):

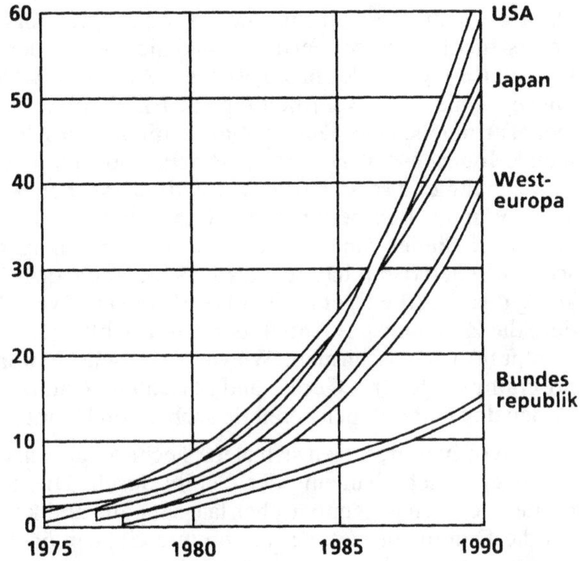


**Abb. A.7:** Die Verbreitung von Handhabungsautomaten (Quelle: Siemens)

| Arbeitsmittel | Einsatzbereiche | Verbreitungs-grad | | „hauptsächliche" Verwendung | | „gelegentliche" Verwendung | |
|---|---|---|---|---|---|---|---|
| | | 1985 | 1979 | 1985 | 1979 | 1985 | 1979 |
| | | in % | | in % | | in % | |
| Computer, EDV-Anlage, Terminal, Bildschirm | in allen Bereichen | 15,5 | 4,7 | 4,5 | 1,7 | 11,0 | 3,0 |
| „Moderne Büromittel" | in allen Bürobereichen | 5,4 | 4,4 | 1,2 | 1,3 | 4,2 | 3,1 |
| Verfahrens-technische Großanlagen | Chemieanlagen, Energieerzeu-gung/-umwand-lung etc. | 2,5 | 3,0 | 0,8 | 1,5 | 1,7 | 1,5 |
| Programm-, computerge-steuerte Maschi-nen/Anlagen | Produktion, Wartung und Reparatur | 1,2 | 2,4 | 0,5 | 0,9 | 0,7 | 1,5 |
| Computerge-steuerte medizi-nisch-technische Anlagen | Kliniken, Inten-sivmedizin, Praxen | 0,7 | 1,0 | 0,2 | 0,3 | 0,5 | 0,7 |
| **Alle „pro-grammgesteuer-ten Arbeits-mittel"** | | **22,5** | **14,6** | **7,1** | **5,7** | **15,4** | **8,9** |

**Abb. A.8:** Verbreitung programmgesteuerter Arbeitsmittel – Gerätetypen und Einsatzbereiche (Quelle: BIB/IAB 1987)

Die Entwicklungslinien einzelner Typen programmgesteuerter Geräte verlaufen unterschiedlich. In der Fertigung sind die Anteile der Nutzer leicht zurückgegangen, im Büro weiter leicht angestiegen. Ausgebreitet hat sich – über alle Bereiche hinweg – die Datenverarbeitung mit EDV-Anlagen/Computern und Bildschirmen/Terminals. Dies hängt u.a. auch mit der Einschätzung der Befragten zusammen. Moderne Anlagen in der Produktion und moderne Werkzeugmaschinen sind zunehmend so konstruiert, daß die Eingabeeinheit mit Bildschirm und Tastatur von der Bearbeitungseinheit räumlich deutlich getrennt ist. Programmierer und Bediener von verfahrenstechnischen Anlagen oder CNC-Werkzeugmaschinen sehen damit häufiger als 1979 im Rechner/Bildschirm das für ihre Tätigkeit typische Arbeitsgerät. Den Trend zur Datenverarbeitung verstärkt insbesondere die Zunahme des Anteils der hauptsächlichen Anwender von DV-Anlagen/ Computern, Bildschirmen. Wieviele deutsche Erwerbstätige 1979 und 1985/86 programmgesteuerte Geräte und Maschinen genutzt haben, zeigt die Abb. A.8. Neben den Gerätetypen nennt sie auch deren Haupteinsatzfelder.

Wie zuvor betont, setzen sich Neue Technologien in erster Linie über die additive, gelegentliche Nutzung der Geräte durch. Die hauptsächliche Verwendung breitet sich demgegenüber eher langsam aus und konzentriert sich immer mehr auf die Datenverarbeitung. In absolute Größen übertragen gab es 1985/86 rund 4,7 Mio. Anwender programmgesteuerter Arbeitsmittel in der Bundesrepublik Deutschland, davon 1,5 Mio. als hauptsächliche und 3,2 Mio. als gelegentliche Anwender.

Wie sich die Verwendung der Arbeitsmittel nach Statusgruppen unterscheidet, ist der Abb. A.9 zu entnehmen. Arbeitsgeräte und Maschinen, die von 30% und mehr genutzt werden, sind bei:

| **Facharbeitern** | **Angestellten in einfacher Stellung** | **Angestellten in mittlerer Stellung** | **Angestellten in gehobener/ leitender Stellung** |
|---|---|---|---|
| Einfaches Werkzeug/ Gerät | Schreibzeug, Telefon/Fernschreiber/Fernkopierer | Schreibzeug, Telefon/Fernschreiber/Fernkopierer | Bücher, Handkartei, Lehrmaterial |
| Feinmechanisches Gerät, Meß-, Prüfgerät | Rechen-, Buchungsmaschine, Kasse | Bücher, Handkartei, Lehrmaterial | Buchungsmaschine, Kasse, Rechenmaschine |
| Angetriebenes Handwerkzeug | Bücher, Handkartei, Lehrmaterial | Rechen-, Buchungsmaschine, Kasse, Schreibmaschine Kopiergerät/Mikrofilmlesegerät DV-Anlage/Computer, Bildschirm | Telefon/Fernschreiber, Fernkopierer, Schreibzug, Schreibmaschine, Diktiergerät, Kopiergerät, Mikrofilmlesegerät, DV-Anlage/Computer, Bildschirm |

**Abb. A.9:** Verwendung der Arbeitsmittel nach Statusgruppen (Quelle: BIB/IAB 1987)

Gehobene, verantwortungsvolle Tätigkeit geht demnach einher mit vielfältiger Verwendung von Arbeitsmitteln und einer breiten Auffächerung der Arbeitsaufgaben und Verrichtungen. Der Trend zu gehobeneren, anspruchsvolleren und qualifizierteren Tätigkeiten ist damit zugleich ein Trend zur Verringerung der tayloristischen Arbeitsteilung. Hierbei werden jeweils ganz spezielle Sets von Arbeitsmitteln und Maschinen weit aufgefächerten Tätigkeiten auf mittlerer oder unterer Statusebene zugeordnet.

## VI. Personalpolitik und Technik

Die bisherigen Ausführungen haben deutlich gemacht, daß der technische Fortschritt nicht ohne weiteres akzeptiert wird und daß es sowohl mit Chancen als auch mit Risiken verbunden ist. Darüber hinaus können Neue Technologien nur eingesetzt werden, wenn die Mitarbeiter über hinreichende fachliche und soziale Qualifikationen verfügen. Martin Posth ist deshalb zuzustimmen, daß Personalarbeit nicht mehr als Verwaltungsfunktion begriffen werden kann, sondern daß ihr vielmehr eine Informations-, eine Gestaltungs- und eine Betreuungsfunktion zukommt (Posth 1985):

- „Die Informationsfunktion bezieht sich auf die Information von Aufsichtsrat, betriebsverfassungsrechtlichen Gremien, Führungskräften und vor allem der unmittelbar Betroffenen selbst über die mit dem Einsatz neuer Technologien verbundenen Umstrukturierungsprozesse.
- Die Gestaltungsfunktion findet ihren Sinn darin, daß für Arbeitsbedingungen und Arbeitsorganisation personalorientierte Gestaltungsziele zu formulieren sind, durch die erst der Technikeinsatz erfolgreich wird. Mit ihm verbunden ist meist die Chance, ganzheitliche Arbeitsabläufe einzurichten und Resttätigkeiten zu vermeiden.
- Auch in ihrer tradierten Betreuungsfunktion hat das Personalwesen eine wichtige Aufgabenstellung, nämlich Ängste von den Mitarbeitern zu nehmen und auf die individuell unterschiedlichen Empfindungen einzugehen."

Technik darf insofern kein Selbstzweck sein. Qualitative Personalplanung ist hingegen erforderlich, um eine optimale Qualifizierung und Personalentwicklung, aber auch eine individuellere Arbeitsgestaltung zu ermöglichen (Staudt 1986). Personalpolitische Gestaltungsfelder beziehen sich somit insbesondere auf folgende Schwerpunkte:

### 1. Aus- und Weiterbildung

Grundsätzlich ist davon auszugehen, daß moderne Arbeitsmittel umso eher akzeptiert werden, je mehr die Mitarbeiter an den Vorbereitungen zum Einsatz neuer Techniken beteiligt und überdies weiterqualifiziert werden (Maydl 1987). Das Institut der Deutschen Wirtschaft berichtet in seinem Informationsdienst iwd (34/1988) wie folgt von den verschiedenen Untersuchungen zum Stand der beruflichen Weiterbildung:

„Die Bedeutung der beruflichen Weiterbildung wird auch aus den Antworten auf die Frage ersichtlich, wo die Qualifikationen erworben wurden, die für die Bedienung der modernen Geräte gebraucht werden: Etwa 48 Prozent der benötigten Kenntnisse und Fertigkeiten haben die Befragten während ihrer beruflichen Ausbildung erhalten.

16 Prozent dieser Qualifikationen erwarben sie in externen Weiterbildungsmaßnahmen, 35 Prozent während der Einarbeitung am Arbeitsplatz. Diese Einarbeitung, die häufig über hausinterne Kurse läuft, gilt gleichfalls als Form der Weiterbildung. Die Wünsche der Mitarbeiter, die an Weiterbildungsmaßnahmen teilgenommen haben, lassen einen zusätzlichen Bedarf erkennen. Viele sprechen sich dafür aus, ihre Qualifikation für den Umgang mit modernen Arbeitsmitteln in zusätzlichen Kursen zu ergänzen beziehungsweise Lücken auszufüllen."

Im Vergleich der beiden untersuchten Zeiträume 1974 bis 1979 und 1980 bis 1985/86 ist die Zahl der deutschen Arbeitnehmer, die an einem Weiterbildungskurs teilnahmen, um 650000 gestiegen. Kleine und mittlere Betriebe sind in Sachen Weiterbildung gleichfalls sehr aktiv, und das nicht nur oberhalb der mittleren Managementebene. Das belegen die umfangreichen Untersuchungen von IAB und BIBB:

Nach der Stichprobe der beiden Institute nahmen zwischen 1980 und 1985 immerhin 21 Prozent der Arbeitnehmer aus der Betriebsgrößenklasse bis zu 49 Beschäftigten an einem Kurs oder Lehrgang zur beruflichen Weiterbildung teil, sogar 25 Prozent der Arbeitnehmer waren es in der Größenklasse 50 bis zu 499 Beschäftigten.

Offenkundig führt häufig gerade der Einsatz moderner Techniken zu einem Ausbau von Maßnahmen der beruflichen Weiterbildung. Zudem ist das Angebot an betrieblicher Weiterbildung nicht in dem Ausmaß von der Betriebsgröße abhängig, wie dies häufig unterstellt wird. Bezogen auf die Verwendung neuer Techniken sind die Weiterbildungsaktivitäten größerer und kleinerer Betriebe durchaus vergleichbar (BIBB/IAB 1987).

Seit dem Jahr 1985/86, als die Untersuchung abgeschlossen wurde, hat die berufliche Weiterbildung einen regelrechten Boom erlebt. Die Statistik des Deutschen Industrie- und Handelstages (DIHT) zeigt: Im Jahre 1987 haben erstmals über 300000 Teilnehmer an den Weiterbildungsveranstaltungen der Kammern teilgenommen. Darunter ist die Zahl der Mitarbeiter, die sich an den Veranstaltungen der Kammern über die sogenannte Anpassungsbildung beteiligten, kräftig gestiegen – von 81000 in 1980 auf rund 181000 in 1987. Dies entspricht einer Steigerung um fast 124 Prozent in sieben Jahren. Eine überproportionale Zunahme ist dabei für jene Mitarbeiter zu verzeichnen, die in den von Technik bestimmten Sektoren tätig sind.

Ein großer Teil der Vorbereitung auf Neue Techniken wird heute nicht nur in Weiterbildungskursen, sondern bereits in der Berufsausbildung geleistet.

## 2. Personalentwicklung

Personalentwicklung einerseits, Aus- und Weiterbildung andererseits stehen zueinander in einem engen Zusammenhang. Dabei ist Aus- und Weiterbildung als ein Instrument anzusehen, das der Personalentwicklung als der Vermittlung von Qualifikationen für jetzige und zukünftige Positionen dient. Insofern ist zwischen Anpassungs- und Aufstiegsfortbildung zu unterscheiden. Letztere wird zweckmäßigerweise im Rahmen einer individuellen Personalentwicklung mit den positionellen Möglichkeiten eines Unternehmens verknüpft. Der zeitgemäße Umgang mit Neuen Technologien wird in zunehmendem Maße zu einer wichtigen

Voraussetzung für den Verbleib in der jetzigen Position, weil Wissen immer schneller veraltet. Durch Anpassungsfortbildung wird das für die aktuelle Position notwendige Wissen den technischen Entwicklungen angepaßt. Insgesamt sollte es Ziel personalpolitischer Strategien sein, einen sinnvollen Ausgleich zwischen den für erforderlich gehaltenen Qualifikationen und den positionell bedingten Möglichkeiten zu schaffen, welche durch die jeweilige Unternehmensentwicklung gegeben sind.

### 3. Arbeitszeitgestaltung

Der Einsatz Neuer Technologien ermöglicht und erleichtert in einem gewissen Sinne moderne Formen der Arbeitszeitgestaltung. In anderen Fällen erfordert er sie aus betriebswirtschaftlichen Gründen.

Flexible und variable Arbeitszeitmuster können durch den Einsatz moderner Zeiterfassungsgeräte leichter „verwaltet" werden. Zeitguthaben und Zeitschulden lassen sich bequemer erfassen, berechnen oder löschen. Manuelle Methoden stoßen vor allem dann an ihre Grenzen, wenn ein relativ hohes Ausmaß an Zeitschwankungen möglich ist.

Andererseits ist bekannt, daß viele Neue Technologien (insbesondere im Fertigungsbereich) wegen ihrer hohen Kosten nur dann wirtschaftlich arbeiten können, wenn sie möglichst lange in Betrieb sind. Bei fortlaufender kollektiver Arbeitszeitverkürzung bedeutet dies in zunehmendem Maße, daß die Betriebszeit und die individuelle Arbeitszeit nicht mehr übereinstimmen können.

Deshalb häufen sich die Vorschläge insbesondere von Arbeitgeberseite nach Arbeitszeitmodellen, welche kontinuierliche Schichten und Arbeit am Wochenende umfassen (längere Betriebszeit), andererseits für den einzelnen Arbeitnehmer jedoch eine Verkürzung der individuellen Arbeitszeit bedeuten.

Es ist bekannt, daß die Tarifpartner und auch die politischen Parteien hier unterschiedliche Vorstellungen haben. Im Rahmen eines Lehrbuches ist es hierbei wichtig, relevante Gestaltungsalternativen zu nennen und ihre Anwendungsmöglichkeiten und -grenzen beurteilen zu können.

### 4. Entgeltpolitik

Die tarifpolitischen Forderungen der Gewerkschaften im Hinblick auf die Entgeltgestaltung beziehen sich auf folgende Schwerpunkte:

- Sicherung der Arbeitsplätze: Ausbau des Kündigungsschutzes, Ausdehnung des Abgruppierungsschutzes, Ausweitung von Rationalisierungsschutzvereinbarungen.
- Verbesserung der Arbeitsbedingungen: Festlegung ergonomischer Bedingungen, Ausbau der Gesundheitssicherung, Ausbau von Pausenregelungen.
- Verkürzung der Arbeitszeit: Ausdehnung von Arbeitspausen, Verlängerung des Jahresurlaubs, Verkürzung der Wochenarbeitszeit, Herabsetzung der flexiblen Altersgrenze.
- Sicherung der persönlichen, fachbezogenen Arbeitsqualifikation, Ausweitung der betrieblichen Aus- und Weiterbildung, betriebliche Verpflichtung zur Umschulung, Aufbau überbetrieblicher Bildungseinrichtungen.

- Erweiterung der Mitbestimmung der Betriebsräte (z.B. bei der Einführung Neuer Technologien).

Die Skepsis gegenüber der analytischen Arbeitsbewertung nimmt bis zur direkten Ablehnung zu. Qualifikations- anstatt Anforderungsbezug gilt als Ziel im Hinblick auf die Absicherung der erworbenen persönlichen, fachbezogenen Qualifikation.

Besitzstandsfestschreibung und Abgruppierungsschutz gilt als ebenso wichtig wie, falls noch nicht vorhanden, die Einführung des Monatslohns mit dem Ziel des Mindestmonatsentgelts und der Periodenkonstanz.

Der Verwirklichung näher gerückt ist der gemeinsame Entgeltrahmen für Angestellte und gewerbliche Mitarbeiter. Angesichts diverser Veränderungen bei den Arbeitsanforderungen für Arbeiter und Angestellte wird es auch höchste Zeit, daß die traditionelle Trennung aufgehoben wird. Die chemische Industrie hat – nachdem in wenigen Firmen und kleinen Branchen schon seit längerem Beispiele vorliegen – inzwischen einen einheitlichen Entgelttarifvertrag abgeschlossen. Die Metallindustrie wird wohl in einigen Jahren folgen.

Die Haltung der Arbeitgeber läßt sich wie folgt beschreiben:

- Kündigungsschutz ist ausreichend, eher zu weitgehend
- Durch zunehmende Absicherung wird die Einstellung neuer Mitarbeiter behindert
- Abgruppierungsschutz ist mobilitäts- und flexibilitätshemmend und behindert die Umstellung auf neue Qualifikationserfordernisse
- Rationalisierungsschutzabkommen erschweren notwendige organisatorische Umstellungsmaßnahmen (§ 112 BetrVG)
- Eine Erweiterung der Mitbestimmungsrechte des Betriebsrats
  - fördert die Bürokratie und läßt u.U. Arbeitsplätze bestehen, die nicht mehr erforderlich sind (Heizer auf der E-Lok)
  - verzögert betrieblich notwendige Entscheidungen
  - fördert die Fremdbestimmung der Arbeitnehmer
  - fördert die Fremdbestimmung der Betriebsräte durch die Gewerkschaften.

Andererseits verstärkt sich die Einsicht über die Notwendigkeit einer frühen und umfassenden Information und Beratung.

**Kontrollfragen zu Kapitel A:**

1. Welche Marktanforderungen beeinflussen den Einsatz Neuer Technologien?
2. Wie sind die Einstellungen der Mitarbeiter zu Neuen Technologien zu beschreiben?
3. Welche sektoralen Beschäftigungsveränderungen sind im letzten Vierteljahrhundert festzustellen und für die nächsten Jahre zu erwarten?
4. Was lassen verschiedene Untersuchungen über die Arbeitsmarktwirkungen Neuer Technologien erkennen?
5. Welchen Einfluß auf die Beschäftigungsstruktur hat der Einsatz Neuer Technologien?
6. Was besagen einschlägige Untersuchungen über die Verbreitung Neuer Technologien in der Bundesrepublik Deutschland?
7. Welche Konsequenzen erfordert der zunehmende Einsatz Neuer Technologien für
   - 7.1 die betriebliche und überbetriebliche Aus- und Weiterbildung?
   - 7.2 die betriebliche Personalentwicklung?
   - 7.3 die Arbeitsgestaltung?
   - 7.4 die Entgeltpolitik?

**Literaturhinweise:**

Brockhoff 1988;
Detje 1988;
Dostal 1987;
Schmidtchen 1986;
Wagner 1989.

# B. Neue Technologien im Überblick

## I. Versuch einer Klassifikation

Wie der Überblick in diesem Kapital noch näher zeigen wird, gibt es ein vielfältiges Anwendungsspektrum Neuer Technologien. Dabei konzentrieren wir uns, wie auch im letzten Kapitel bereits erwähnt, auf mikroprozessorgesteuerte Technologien. Naturwissenschaftlich-technische Anwendungen bzw. biochemische Verfahren (z.B. die Gentechnologie) sollen hier außer Ansatz bleiben. Bei größerer Verbreitung und damit auch größerer Transparenz hinsichtlich der Auswirkungen auf die Arbeitswelt wird es jedoch sicherlich erforderlich sein, diese Verfahren in ein Lehrbuch aufzunehmen. In Anlehnung an Dostal (1987) wird der Begriff „Neue Technologie" für „aktuelle Techniken und ihre zukünftigen Tendenzen" verwendet.

Die hier behandelten Neuen Technologien beziehen sich auf unterschiedliche Einsatzorte, Funktionsbereiche und Prozeßphasen (vgl. Abb. B.1). Darüber hinaus ist ihr Umfang u.U. recht unterschiedlich. Insofern unterscheidet man zwischen isolierten, kombinierten und integrierten Anwendungen, so daß insgesamt ein mehrdimensionales Einsatzspektrum entsteht.

| | |
|---|---|
| – Planung/Konstruktion | z.B. Produktionsplanung und -steuerung<br>computer-aided-engineering<br>computer-aided-design<br>computer-aided-planning<br>computer-aided-manufacturing<br>computer-aided-quality assurance |
| – Maschine/Operation | z.B. Computergestützte Werkzeugmaschinen (NC-, CNC-, DNC-Maschinen)<br>Industrieroboter/Handhabungsautomaten |
| – Material/Produkt | Lager-, Transport-, Versandsysteme<br>Materialflußüberwachung |
| – Funktion | z.B. Datenträgeraustausch |
| – Information | Text-, Datenkommunikation<br>Festbild-, Textkommunikation<br>Sprach-, Bewegtbilderkommunikation |

**Abb. B.1:** Einsatzgebiete und Anwendungsbereiche Neuer Technologien

## II. Einsatzgebiete Neuer Technologien in Produktion und Materialwirtschaft

Industrie-, Dienstleistungs- und Handelsunternehmen verarbeiten in allen Abteilungen Informationen. Manche Abteilung oder Stelle hat als Hauptaufgabe die Informationsverarbeitung. Folglich können in allen Abteilungen informationsverarbeitende Techniken zur Unterstützung oder gar vollständigen Übernahme von Aufgaben eingesetzt werden.

Für die integrierte Informationsverarbeitung der betriebswirtschaftlichen und technischen Aufgaben eines Industriebetriebes hat sich der Begriff „Computer Integrated Manufacturing" (CIM) gebildet.

Mit CIM werden zwischen technischen Funktionen wie Konstruktion, Arbeitsvorbereitung und Fertigung und den begleitenden administrativen Prozessen wie Fertigungsplanung und -steuerung Datenverbindungen aufgebaut, mit deren Hilfe Informationen gezielt, sofort und so papierarm wie möglich an andere Abteilungen weitergegeben werden.

In einem ersten Schritt kann CIM als die Zusammenführung von PPS-Systemen mit planerischen und betriebswirtschaftlichen Funktionen und von CAD/CAM-Systemen mit technischen Funktionen zu einem computergesteuerten Fertigungsbetrieb verstanden werden (vgl. Abb. B.2: Scheer 1988, S. 3).

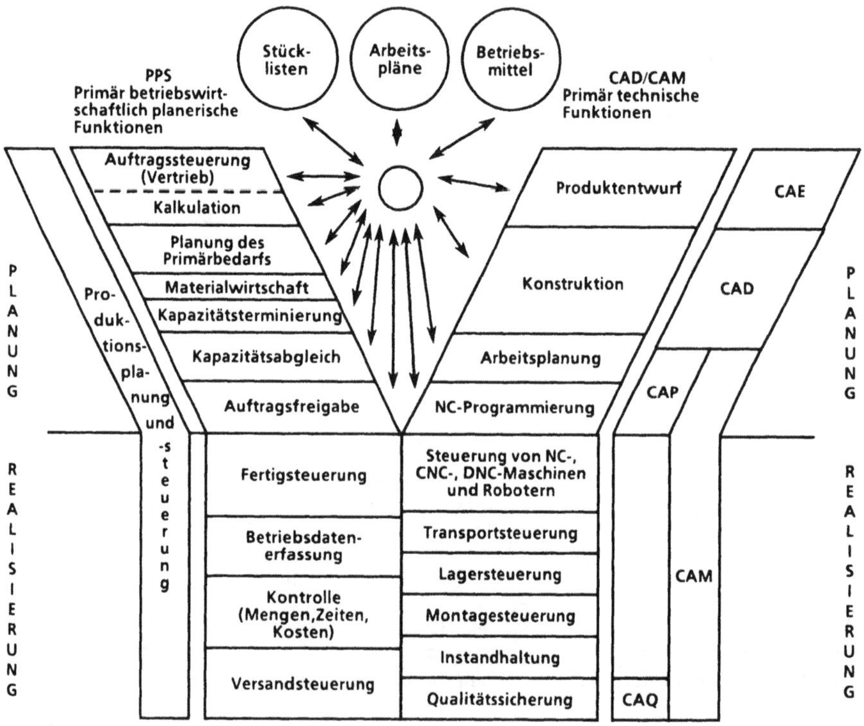


**Abb. B.2:** Funktionsbereiche von CIM (Scheer 1988, S. 3)

Derartige Systeme können in weiteren Schritten durch die Bereiche Büroinformation und Kommunikation sowie Informationssysteme zu einem CAI-Konzept (Computer Assisted Industry) ausgebaut werden. Letztlich endet die Integration jedoch nicht an den Toren eines Unternehmens, da ein Datenaustausch auch mit Zulieferanten und Abnehmern erfolgt (Grabowski 1988; Mayer-List 1990).

## 1. Produktionsplanung und -steuerung (PPS)

Ziel dieser Planungs- und Steuerungssysteme ist, „den zeitlichen und mengenmäßigen Produktionsablauf zu ordnen und damit einen wirtschaftlichen Produktionsvollzug sicherzustellen" (Wildemann 1987, S. 17).

Systeme zur Produktionsplanung und -steuerung bestehen aus fünf Basiskomponenten:

- Produktions- und Programmplanung
- Mengenplanung
- Termin- und Kapazitätsplanung
- Auftragsveranlassung
- Auftragsüberwachung

Diese fünf Basiskomponenten lassen sich entsprechend dem Produktionsablauf in weitere Planungsstufen unterteilen (Scheer 1988, S. 21ff.):

a) Auftragssteuerung und Angebotserstellung (Kalkulation)

Die Auftragssteuerung dient der Erfassung der Kundenaufträge, der Termindisposition möglichst entsprechend den Kundenwünschen und der Erfassung der für die Fertigung benötigten Informationen über spezielle Kundenwünsche. Hier ist häufig eine Angebotskalkulation aufgrund Einzelfertigung oder Sonderausstattungen notwendig.

b) Primärbedarfsplanung

Hier erfolgt eine Zusammenfassung des in den folgenden Perioden durch Kundenaufträge gesicherten und evtl. des erwarteten Absatzes der Produkte. Außerdem wird die Bereitstellung aller benötigten Materialien geplant, um ein Optimum hinsichtlich Art, Qualität, Menge, Termin und Kosten zu erreichen.

c) Materialwirtschaft

Die Materialwirtschaft dient der Feinabstimmung der Bedarfsplanung mit Hilfe der Stückliste, die die Zusammensetzung der Endprodukte aus den Komponenten beschreibt. Durch den Vergleich mit den Lagerbeständen im Rahmen einer Brutto-Netto-Rechnung erhält der Einkauf die benötigten Bestellungen.

d) Kapazitätsterminierung und -abgleich

Hier wird der zeitliche Ablauf der Aufträge in der Produktion vorbereitet und koordiniert. Zur Vorbereitung gehört die Zusammenführung der Fertigungsaufträge mit den Arbeitsplänen. Hiermit kann gesagt werden, wann bestimmte Aufträge mit welchen betrieblichen Fertigungseinheiten hergestellt werden (Maschinenbelegung). Im Rahmen des Kapazitätsabgleichs erfolgt eine Feinabstimmung, die dem Ausgleich von Kapazitätsengpässen z.B. mit Hilfe von Überstunden dient.

e) Auftragsfreigabe

Im Rahmen der Auftragsfreigabe wird ähnlich einer Checkliste geprüft, ob alle benötigten Materialien, Maschinenkapazitäten, Personal usw. vorhanden sind.

f) Fertigungssteuerung

Durch die Fertigungssteuerung werden die Aufträge optimal den einzelnen Betriebsmitteln zugeordnet mit dem Ziel

- der Vermeidung von Abfall bei Zuschnittoptimierungen,
- der Vermeidung von Umrüstkosten unter Berücksichtigung der fertigungstechnischen Bedingungen, wie z.B. der gleichmäßigen Auslastung bestimmter Einrichtungen.

g) Betriebsdatenerfassung (BDE)

Informationen über den Fertigungsablauf werden durch ein BDE-System an die Fertigungssteuerung zurückgemeldet. BDE ermöglicht somit die Transparenz des augenblicklichen betrieblichen Geschehens und eine Übersicht über den aktuellen Stand der Aufträge.

Hierbei werden im einzelnen erhoben:

- auftragsbezogene Daten (Fertigungszeiten, Fertigungsmengen, Qualitäten),
- maschinenbezogene Daten (Störungen, Laufzeiten, Unterbrechungen, Instandhaltungsmaßnahmen),
- mitarbeiterbezogene Daten (Anwesenheitszeiten, Zu-/Abgänge) und
- materialbezogene Daten (Zu-/Abgänge).

Die Daten der Betriebsdatenerfassung sind nicht nur Voraussetzung für eine aktuelle zeitnahe Fertigungssteuerung, sondern sind Infrastruktur für unterschiedliche Anwendungsbereiche. So werden mitarbeiterbezogene Daten auch für die Bruttolohnberechnung benötigt sowie zeitnahe auftragsbezogene Daten für eine mitlaufende Kalkulation. Aus diesem Grunde können im Rahmen von Soll-/Istabweichungsanalysen nicht nur Mengen, sondern auch Kosten aktuell kontrolliert werden, um zeitnah korrigierend in den Fertigungsablauf eingreifen zu können (Scheer 1988, S. 25).

h) Versandsteuerung

Anhand der Informationen aus dem BDE-System können u.a. Touren und Verpackungseinheiten optimal zusammengestellt werden.

Die Planungs-, Dispositions- und Kontrollaufgaben im PPS stellen hohe Anforderungen an datenverarbeitungstechnisch unterstützte Verfahren.

Als Lösungsansätze werden angeboten (Scheer 1988):

- MRP 1 = Material Requirement Planning
- MRP 2 = Management Resources Planning
- das Fortschrittszahlenkonzept
- die belastungsorientierte Auftragsfreigabe
- die Engpaßsteuerung sowie
- das Kanban-System (Wildemann/Bühner 1986).

Abb. B.3 (Hackstein 1987, S. 8) gibt eine Übersicht über den Verbreitungsgrad von PPS mit Computerunterstützung.

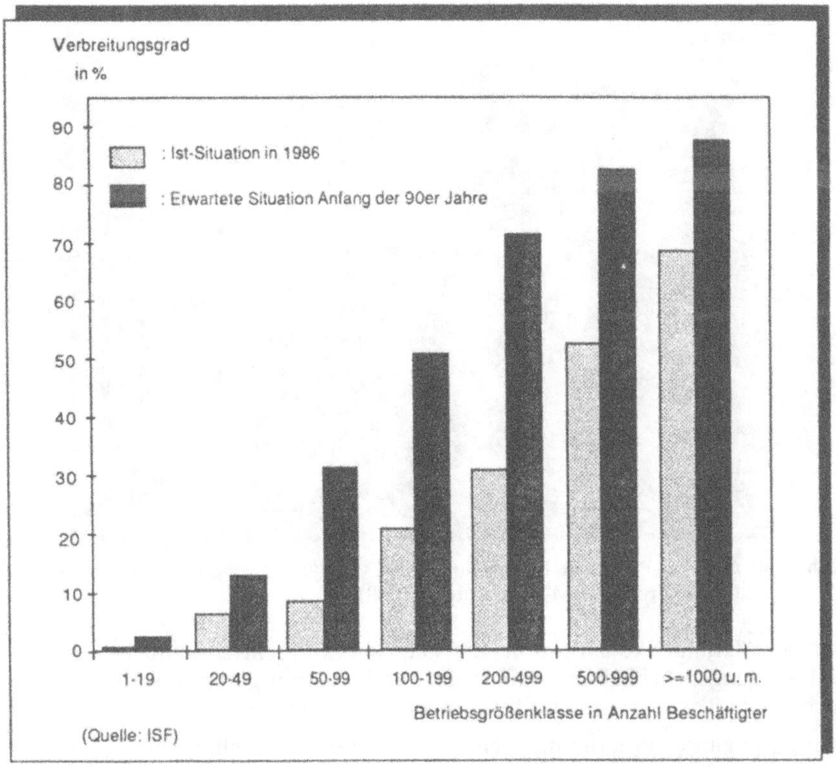


**Abb. B.3:** Computereinsatz in der Produktionsplanung und -steuerung (PPS)

## 2. Computer Aided Engineering (CAE) – Computer Aided Design (CAD) – Rechnerunterstütztes Entwickeln und Konstruieren

Der Prozeß der Entwicklung und Konstruktion neuer Produkte gliedert sich in drei Phasen:

1. Konzipierung (Analyse der Anforderungen, Erarbeitung von Lösungsvarianten und Bewertung der Lösungen)
2. Gestaltung (Konkretisierung des Lösungskonzepts, maßstabsgerechter Entwurf, Aufstellen von Modellen, Anfertigung von Zeichnungen, Bewertung der Lösungen)
3. Detaillierung (Darstellung der Einzelteile, Erstellung von Stücklisten, Bewertung der Lösungen (Scheer 1988).

Zu den wichtigsten Tätigkeiten eines Konstrukteurs in der Praxis zählen:

- die Erstellung von Zeichnungen und
- die Berechnung von Belastungen (z.B. Statik).

Für diese Bereiche gibt es branchenspezifische, hochentwickelte CAD-Systeme, die den Konstrukteur in vielfältiger Weise entlasten (vgl. Abb. B.4).

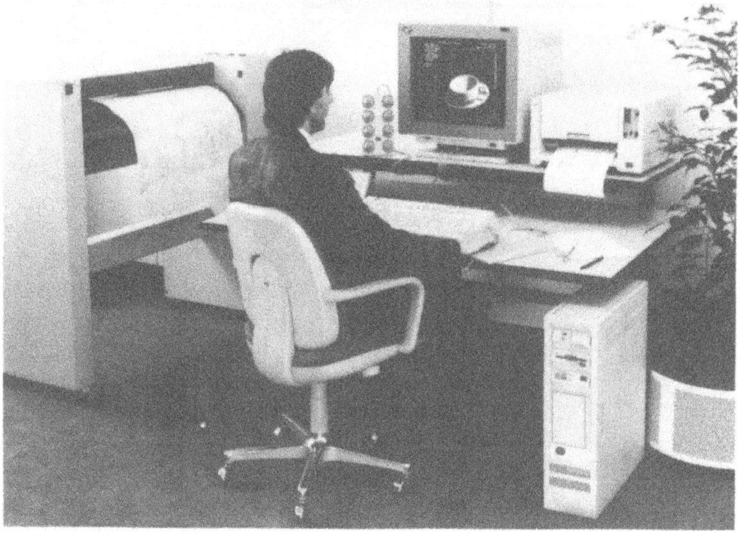

**Abb. B.4:** Graphik-Prozessor IBM 5086 Modell 001 für Anwendungen im CAD/CAM/CAE-Bereich (IBM-Pressefoto 02/1989)

Bei der Variantenkonstruktion, die aufgrund vermehrter kundenspezifischer Anforderungen an ein Produkt immer mehr Bedeutung gewinnt, kann auf bereits vorhandene Teile und Standard-Lösungen zurückgegriffen werden.

Weiterhin gibt es Programmsysteme zur Zeichnungserstellung für 2- bzw. 3-dimensionale Darstellungen.

Die Belastung der konstruierten Teile bzw. Produkte kann im Rechner simuliert und somit überprüft werden. Andere Systeme ermöglichen die Berechnung des Gewichts der konstruierten Teile.

Verbindungen von CAD-Systemen zu anderen CIM-Systemkomponenten gibt es vor allem zur Arbeitsplanung und Fertigungssteuerung.

Die im CAD-System erstellten Stücklisten sind Grundlage für die Erstellung von Arbeitsplänen. Die gespeicherten Geometriedaten können zur Steuerung der Fertigungsmaschinen genutzt werden (z.B. bei NC-gesteuerten Maschinen).

### 3. Computer Aided Planning (CAP) – Computergestützte Arbeitsplanung

Im Arbeitsplan werden die einzelnen Schritte der Fertigung (z.B. Fräsen, Bohren, Schleifen usw.), der Montage und der Qualitätsprüfung eines Teils beschrieben. Der Arbeitsplan informiert über die Schrittfolge bis zur Fertigstellung, die in den einzelnen Schritten benötigten Betriebsmittel, z.B. Maschinen mit den dazugehörigen Werkzeugen, sowie über Lohngruppen und Vorgabezeiten.

Wichtige Vorinformationen für die Arbeitsplanerstellung werden entnommen aus:

- der Konstruktionszeichnung, die ergänzt werden kann durch Angaben über Materialeigenschaften, und aus
- der Stückliste.

In CIM-Systemen mit computergesteuerten Produktionsanlagen (NC-Maschinen) wird der Arbeitsplan durch NC-Programme ersetzt bzw. ergänzt.

## 4. Computer Aided Manufacturing (CAM) – Computerunterstützte Produktherstellung

Die rechnerunterstützte Produktherstellung umfaßt die Steuerung von Fertigungs-, Handhabungs-, Transport- und Lagereinrichtungen.

Im folgenden werden zunächst die einzelnen Komponenten einer rechnerunterstützten Produktherstellung beschrieben. Im Anschluß werden die Möglichkeiten einer Zusammenfassung dieser Komponenten zu Formen der flexiblen Fertigung aufgezeigt.

### a) Computergestützte Werkzeugmaschinen

Der Maschinenbediener steuerte die traditionelle Werkzeugmaschine (z.B. Bohr-, Fräs- oder Hobelmaschinen) analog durch Handräder und mit Hilfe von Schablonen. Die Informationen hierzu entnahm er aus der Konstruktionszeichnung bzw. dem Arbeitsplan.

Bei computergesteuerten Werkzeugmaschinen erfolgt die Steuerung digital durch entsprechende Steuerungsimpulse.

Bei sog. NC-Maschinen (NC = Numerical Control) wird das Steuerungsprogramm über einen Lochstreifen eingegeben und kann daher an der Maschine vom Bediener nicht mehr geändert werden.

CNC-Maschinen (CNC = Computerized Numeric Control) verfügen im Unterschied hierzu über einen integrierten Kleinrechner, der die Steuerung übernimmt. Das Steuerungsprogramm kann durch den Maschinenbediener verändert und somit der Arbeitsablauf optimiert werden. DNC-Maschinen (DNC = Direct Numerical Control) bestehen aus einem Verbund mehrerer Maschinen, die durch einen Rechner zentral gesteuert werden.

In neueren Entwicklungen werden einzelne Werkzeugmaschinen durch zusätzliche technische Funktionen zu flexiblen Fertigungszellen (FFZ) bzw. zu umfassenden flexiblen Fertigungssystemen (FFS) ausgebaut.

Durch entsprechende arbeitsorganisatorische Maßnahmen entstehen Fertigungsinseln.

Flexible automatisierte Fertigungsanlagen sind gekennzeichnet durch:

- ein Bearbeitungssystem, das die automatische Bearbeitung von unterschiedlichen Werkstücken in wahlfreier Folge sowie den automatischen Werkstück- und Werkzeugwechsel erlaubt;
- ein Materialflußsystem, in dem Transport-, Lager- und Handhabungsfunktionen automatisch ablaufen sowie
- ein Informationssystem, das die Prozeßsteuerung und Überwachung übernimmt (Altmann 1988).

Den modularen Aufbau flexibler Fertigungsanlagen von der NC-Maschine bis zum flexiblen Fertigungssystem zeigt Abb. B.5 (Altmann 1988, S. 98).

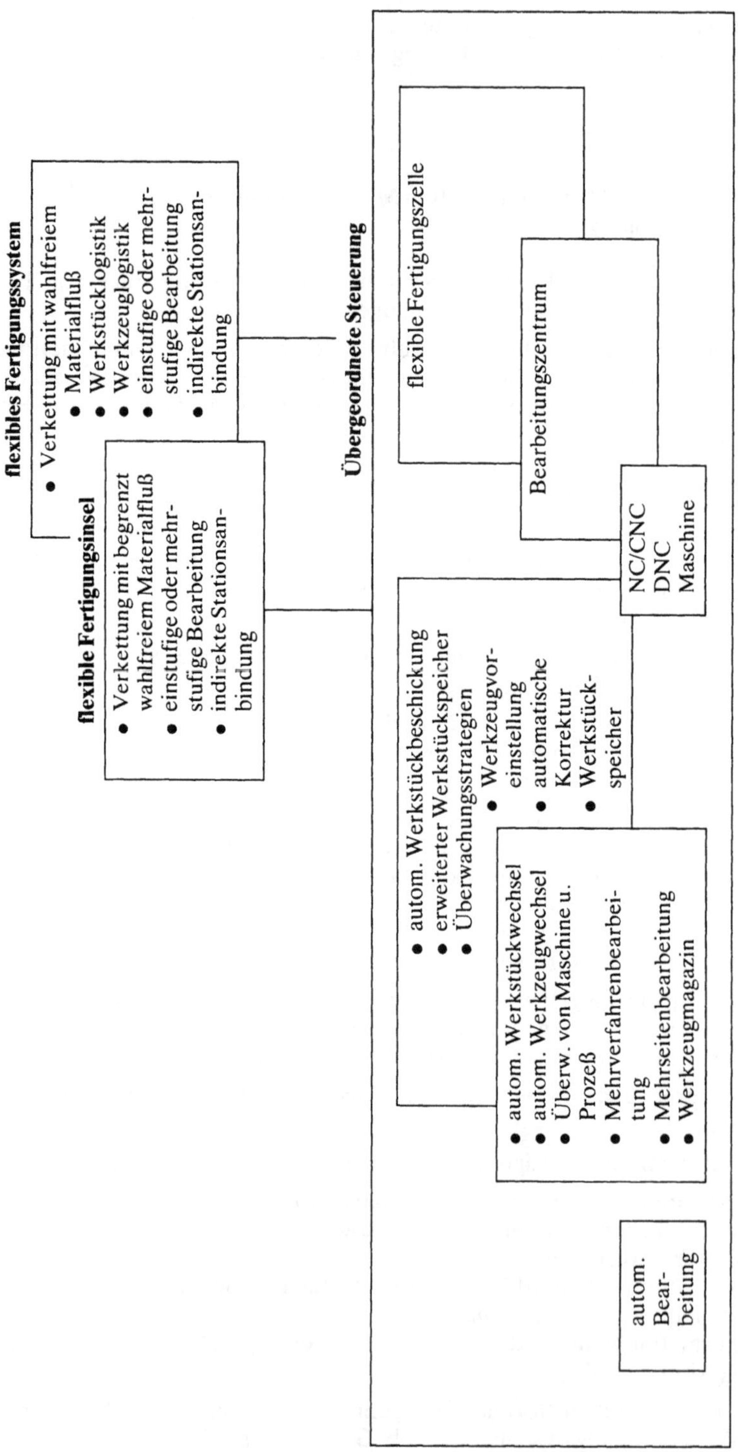


**Abb. B.5:** Strukturen flexibel automatisierter Fertigungsanlagen

- Bearbeitungszentren

Ein Bearbeitungszentrum verfügt neben einer NC-Steuerung über einen automatischen Werkzeugwechsel. Hierdurch wird es möglich, mehrere Arbeitsgänge (z.B. Bohren und Fräsen) an einem Werkstück auszuführen, ohne das Werkstück in eine neue Bearbeitungsposition bringen zu müssen. Hiermit werden Umrüstzeiten eingespart und somit die Durchlaufzeit gesenkt.

- Flexible Fertigungszellen

Flexible Fertigungszellen setzen sich zusammen aus mikro-prozessorgesteuerten Maschinen, einem Pufferlagersystem für Werkstücke sowie einer automatischen Spann- und Beladestation. Flexible Fertigungszellen werden zur automatischen Bearbeitung von ähnlichen Werkstücken eingesetzt.

b) Industrieroboter

Industrieroboter sind in mehreren Bewegungsachsen frei programmierbare Geräte, die, mit Greifern oder Werkzeugen ausgerüstet, Handhabungs- oder Bearbeitungsaufgaben übernehmen können.

Nach Einsatzgebieten können Roboter einmal dadurch unterschieden werden, ob sie Werkstücke (z.B. elektronische Bauteile) oder Werkzeuge (z.B. eine Schweißelektrode oder ein Schneidwerkzeug) handhaben. Sind die Geräte mit einem Greifer bzw. mit Werkzeugwechseleinrichtungen ausgestattet, so ist auch eine kombinierte Anwendung möglich.

Ein weiteres Unterscheidungskriterium besteht darin, ob der Roboter (z.B. mit einer Schweißelektrode) bestimmte Punkte ansteuert oder auch entlang von Linien (Bahnen) führen kann (vgl. Abb. B.6).

<table>
<tr><th></th><th colspan="2">Punktsteuerung</th><th colspan="2">Bahnsteuerung</th></tr>
<tr><td>Handhaben von Werkstücken</td><td>• Be- und Entladen von Maschinen<br>• Verkettung</td><td rowspan="2">Handhaben von Werkstücken und Werkzeugen mit kombiniertem Greifer/ Werkzeughalter (z.B. Greifer und Schweißzange)</td><td>• Entgraten<br>• Polieren<br>• Montage</td><td rowspan="2">Handhaben von Werkstücken und Werkzeugen mit kombiniertem Greifer/ Werkzeughalter (z.B. Greifer und Schweißelektrode)</td></tr>
<tr><td>Handhaben von Werkzeugen</td><td>• Punktschweißen<br>• Bohren</td><td>• Lackieren<br>• Entgraten<br>• Bahnschweißen<br>• Montage (z.B. Handhabung eines Schraubers)</td></tr>
</table>

**Abb. B.6:** Anwendungsgebiete von Industrierobotern (Quelle iFF, IPA, Stuttgart)

Roboter werden zunehmend mit Sensoren ausgerüstet, die

- eine sichere Positionierung der zu bearbeitenden Werkstücke gewährleisten;
- die Bearbeitung unterschiedlich geformter Teile ermöglichen;
- zur Qualitätsprüfung eingesetzt werden können;

- die Handhabung von biegeschlaffen (weichen) Materialien (z.B. Textilien) erlauben.

Typische Einsatzgebiete von Industrierobotern sind:

- Lackieren

Der Roboter führt eine Sprühpistole nach einem vorgegebenen Ablauf. Dies ist ein typisches Beispiel für eine einfache, montone, körperlich anstrengende und gesundheitsgefährdende Arbeit. Hier dient der Roboter nicht zuletzt der Humanisierung der Arbeit.

- Schweißen

Eine weites Anwendungsgebiet ist das Zusammenschweißen von Karosserien im Fahrzeugbau oder von Fahrradrahmen.

- Montieren

- elektronische Bauelemente auf eine Leiterplatte
- automatisches Auftragen eines Zwei-Komponenten-Klebers und anschließendes Einfügen der Windschutzscheibe in die Karosserie.

Durch die Verbindung eines Expertensystems mit einem bildverarbeitenden Prüfsystem und einem Industrieroboter entsteht eine flexible Prüfzelle, die im Rahmen des CAQ eingesetzt werden kann. Der Industrieroboter führt eine Kamera und positioniert das zu prüfende Werkstück, die Bilder des Werkstücks werden digitalisiert und in das Expertensystem übertragen. Dieses prüft, ob das vorliegende Werkstück z.B. in seinen Abmessungen den Konstruktionsvorgaben entspricht (Strauch/Ahlers/Schmidberger 1985).

## 5. Computer Aided Quality Assurance (CAQ) – computergestützte Qualitätskontrolle

Qualitätssicherung und -prüfung erfolgt begleitend zum gesamten Materialfluß, beginnend mit der Eingangsprüfung von Materialien, der Qualitätsprüfung des Fertigungsprozesses selbst und der Endkontrolle für fertiggestellte Enderzeugnisse (Bläsing 1989).

Neue Technologien werden bei der Qualitätsförderung in zwei Ebenen eingesetzt:

- Prüfungen durch Automaten
- Planung des Prüfvorgangs analog der computergestützten Fertigungsplanung.

Das heißt, Qualitätssicherung kann in einem CIM-Konzept nicht am Ende des Ablaufs angesiedelt sein. Es gilt hier vielmehr das Prinzip der Vorne-Verteidigung, da gilt: je später der Fehler entdeckt wird, umso teurer ist die Reparatur oder der Ausschuß. Ziel muß es daher sein: Weg von der Endabnahme von Produkten, hin zu einer Prüfung während der Fertigung bzw. Prozeßüberwachung.

Teilfunktionen der Qualitätsprüfung wie

- Qualitätsplanung
- Prüfplanung

- Wareneingangsprüfung
- Fertigungsprüfung
- Fehlerdatenerfassung und -analyse

können als Module zu einem CAQ-Gesamtkonzept integriert werden.

Ziel eines integralen Qualitätssicherungssystems soll sein, jedem Mitarbeiter in allen Funktionsbereichen entsprechend aufbereitete Qualitätsdaten verfügbar zu halten.

Der Computer erstellt Prüfpläne, führt Messungen durch, erfaßt die Daten, wertet sie aus, speichert die Ergebnisse und schreibt Prüfberichte.

Ziel von CAQ ist also, daß der Computer anhand automatisch erhobener Meßwerte regelnd in den Produktionsprozeß eingreifen und die Fehlerursache beseitigen kann.

Am Ende der CAQ-Entwicklung stehen EDV-unterstützte Regelkreise für die Qualitätskontrolle an allen Stationen der Fertigung.

## 6. Lager-, Transport- und Versandsysteme

Automatisierte Fertigungsanlagen werden ergänzt durch automatisierte Lager-, Transport- und Versandsysteme, die Werkstücke, Werkzeuge und Materialien zeitgerecht bereitstellen.

Wichtige Anwendungsformen sind:

### Hochregallager

Hochregallager erlauben eine automatische Ein- und Auslagerung von Paletten durch mikrorechnergesteuerte Regalbediengeräte. Die Einlagerung kann nach einem bestimmten System gesteuert werden bzw. auch chaotisch erfolgen, d.h. nur der Computer weiß, wo eine bestimmte Palette im Hochregal steht (vgl. Abb. B.7).

### Fahrerlose Transportsysteme

Fahrerlose Transportsysteme werden mittels Induktionsschleifen gesteuert. Fahrerlose Transportsysteme können auch als fahrende Roboter ausgelegt sein, die das Transportgut selbsttätig auf- und abladen, z.B. auf eine Palettenförderanlage.

### Kommissioniersysteme

Kommissioniersysteme können Fertigware in der gemäß Kundenauftrag benötigten Menge an bestimmte Plätze befördern. Dies ist insbesondere dann von Bedeutung, wenn ein Kunde mit einer Lieferung viele unterschiedliche Teile erhält, die gleichen Teile aber auch an mehrere andere Kunden auszuliefern sind.

**Abb. B.7:** Hochregallager (IBM-Pressefoto)

## 7. Zukünftige Entwicklungstendenzen Neuer Technologien in der Produktion

Umfassende Anwendungen von integrierten Systemen sind bisher sehr selten. Dies gilt sowohl für die Verbindung von CAD/CAP- als auch von CAD/CAM-Systemen. Für die Mehrzahl der Konzepte lassen sich zwei Entwicklungslinien unterscheiden:

- Die rechnergestützte Integration von Konstruktionsfunktionen mit Planungsfunktionen, insbesondere der NC-Programmierung in Form von CAD/CAP-Systemen;
- die Integration von fertigungstechnischen Systemen (CNC = Computer Numerical Control, FFZ = Flexible Fertigungszellen, FFS = Flexible Fertigungssysteme) mit der Planung und NC-Programmierung über DNC-Systeme (Direct Numerical Control) (Altmann 1988).

Außerdem gibt es in sehr vielen Unternehmen nur Insellösungen in ganz bestimmten Bereichen. Während in Büro und Verwaltung insbesondere Datenverarbeitungssysteme eine weite Verbreitung gefunden haben, weisen die produktionsnahen Abteilungen und die Fertigungsbereiche große Entwicklungspotentiale auf (vgl. Abb. B.8).

Die o.g. Untersuchung hat außerdem den Grad der Vernetzung aufgezeigt. In den Produktionsbereichen stehen bis auf wenige Ausnahmen die Unternehmen noch am Anfang. Erst Anfang der 90er Jahre wird es zu einer spürbaren Vernetzung kommen.

Einsatz computerunterstützter Techniken in bundesdeutschen Unternehmen der Investitionsgüterindustrie (in Prozent der Unternehmen) Anfang 1987 ▭ geplant für Anfang der 90er Jahre ■

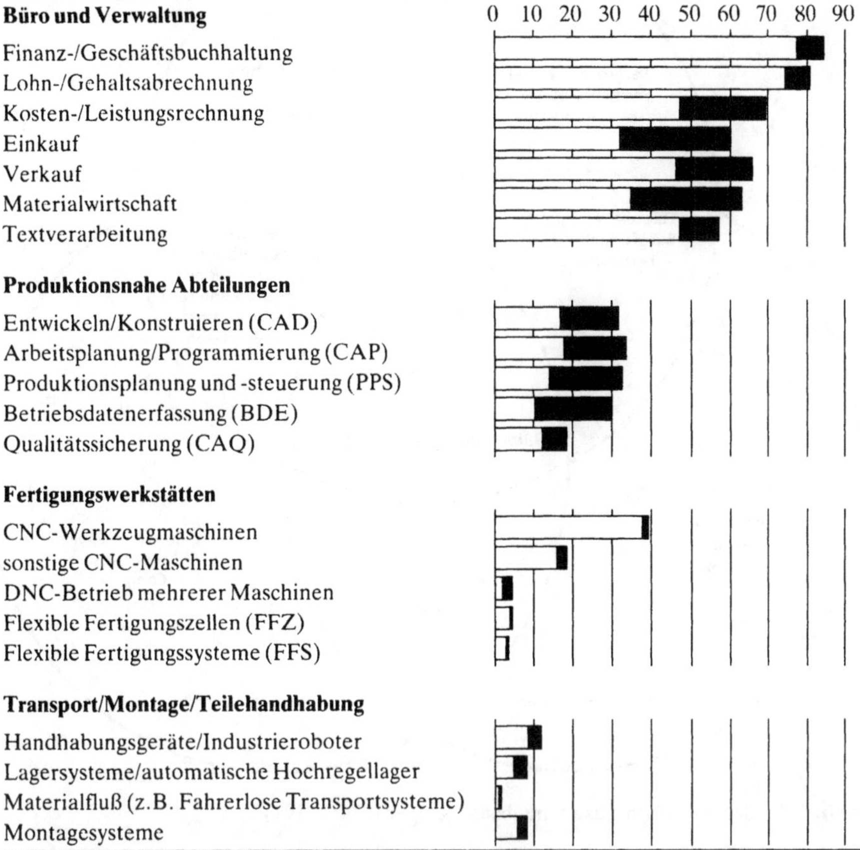


Quelle: ISF

**Abb. B.8:** Verbreitungsgrad und Entwicklungspotentiale computerunterstützte Techniken (ISF 1988)

## III. Einsatzgebiete Neuer Technologien in Büro und Verwaltung

Büro- und Verwaltungstätigkeiten sind alle Tätigkeiten gedanklich-produktiver Art sowie ausführend mechanische Tätigkeiten mit geistiger Zielsetzung.

Diese Tätigkeiten dienen drei Zwecken:

- Erarbeiten und Dokumentieren von betrieblichen Informationen, um die Basis für Entscheidungsprozesse zu schaffen;
- Übermitteln von betrieblichen Informationen, um räumliche und zeitliche Differenzen zwischen Sender und Empfänger zu überbrücken und

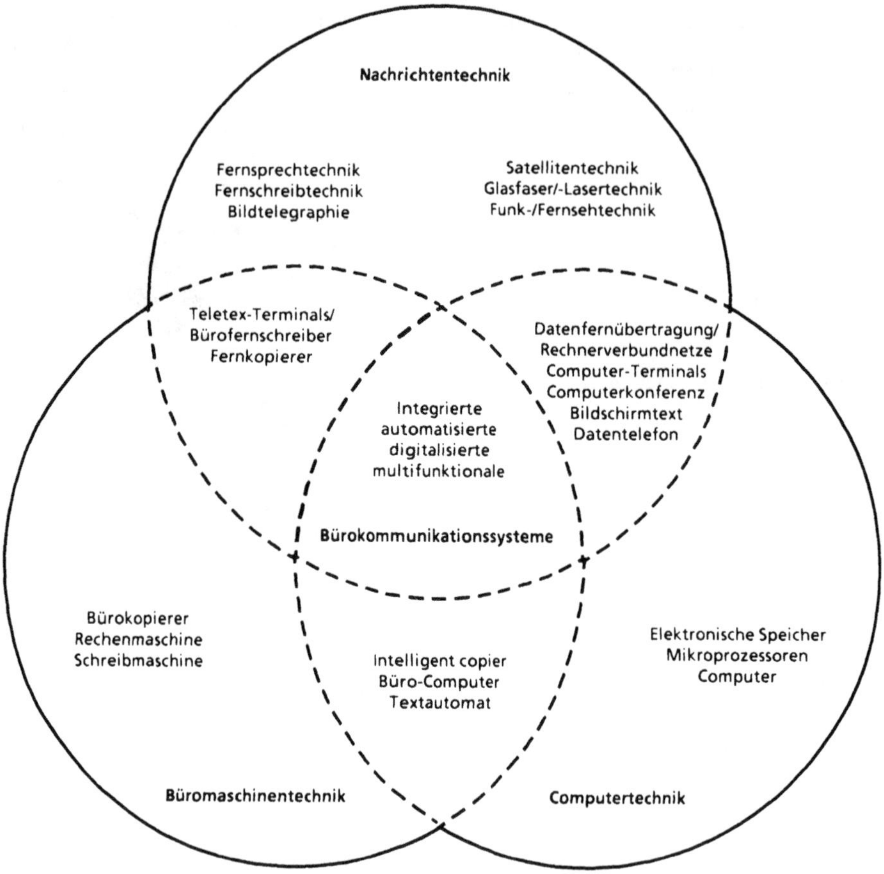


**Abb. B.9:** Sachmittel im Zusammenhang (Krüger 1984, S. 191)

- Auswerten von betrieblichen Informationen, d.h. Auswahl, Zusammenfassung und Aufbereitung von Informationen im Sinne der entsprechenden Aufgabenstellung (Schmidt-Prestin 1987).

Zur Erreichung dieser Ziele sind vielfältige und zeitaufwendige Informations- und Kommunikationsaufgaben zu erledigen, die z.B. beim mittleren – höheren Management zwei Drittel der Arbeitszeit ausmachen (Picot/Reichwald 1984).

Der Informationsprozeß (Information = zweckorientiertes Wissen) gliedert sich in vier Phasen (Schmidt-Prestin 1987):

- **Informationsbeschaffung**, d.h. Suche und bewertende Auswahl von Informationen. Voraussetzung für die Ausgabe von Informationen ist naturgemäß die vorherige Eingabe z.B. in ein Personalinformationssystem.
- **Informationsverarbeitung**: das Erzeugen und Auswerten von Informationen zur Erfüllung einer Aufgabe bzw. zur Lösung eines Problems.
- **Informationsspeicherung**: Fixieren und Wiederauffinden von Informationen zur Überbrückung des zeitlichen Auseinanderfallens von Informationsgewinnung und -verwendung sowie zur Dokumentierung.

- **Informationsübermittlung**: Suchen und Empfangen von Informationen zur Überbrückung des räumlichen Auseinanderfallens von Informationsgewinnung und -verwendung bzw. des Auseinanderfallens von Informations-Erzeuger und -Benutzer.

Werden diese Informationen mit dem Ziel einer aufgabenbezogenen Verständigung zwischen Personen oder im Mensch-Maschine-Dialog ausgetauscht, spricht man von Kommunikation. Informationen sind Kommunikationsinhalte. Die Informationen können in verschiedenen Formen auftreten: Daten, Texte, Festbilder, Bewegtbilder und Sprache.

Abb. B.9 zeigt, mit welchen technischen Systemen die Tätigkeiten in Büro und Verwaltung einschließlich der dargestellten Informations- und Kommunikationsprozesse unterstützt werden können. Hierbei kann unterschieden werden zwischen Kommunikations-, Datenverarbeitungs- und Bürosystemen.

**Kommunikationssysteme** unterstützen in erster Linie die Tätigkeit der Ein-/Ausgabe, der lokalen Übermittlung und der Fernübermittlung von Sprache, Daten, Texten, Fest- und Bewegtbildern.

**Datenverarbeitungssysteme** unterstützen alle Funktionen für Daten, aber zunehmend auch für Texte und Festbilder.

**Bürosysteme** unterstützen Bürofunktionen bis hin zur lokalen Übermittlung vorwiegend für Texte, Daten und Festbilder.

## 1. Systeme zur Text-/Datenkommunikation

### a) Telex

Das Fernschreiben stellt die klassische Form für die weltweite Textkommunikation dar. Die Ablösung des mechanischen durch den elektronischen Fernschreiber führt zu mehr Komfort, z.B. magnetische Speicher, einfachere Bedienbarkeit und Korrekturmöglichkeiten in Verbindung mit einem Bildschirm zur Textanzeige. Der große Vorteil des Telex-Dienstes besteht in der weltweit hohen Zahl von 1,7 Mio. Anschlüssen. Der große Nachteil ist der beschränkte Zeichenvorrat.

### b) Teletex-Dienst

Der Teletex-Dienst wird über das Telex-Netz übermittelt und stellt im Grunde genommen eine Weiterentwicklung des Fernschreibens dar. Teletex bietet folgende Vorteile:

- Es steht der Zeichenvorrat einer Büroschreibmaschine zur Verfügung, d.h., es ist eine normale Korrespondenz möglich. Im Vergleich zum „normalen" Brief spart man Kuvertieren, Frankieren und Postbearbeitung sowie viel Zeit, und in vielen Ländern vermeidet man die Unsicherheit, ob die Post auch ankommt.
- Es ist die Übertragung von Texten, Daten und Graphiken möglich.
- Als Endgeräte stehen Speicherschreibmaschinen, Textautomaten, Personal-Computer und neuerdings auch größere Bürosysteme und Universalcomputer zur Verfügung.
- Texte können nach der Übertragung beim Empfänger sofort weiterverarbeitet werden.
- Hohe Übertragungsgeschwindigkeit.

```
?a
?d

pp 88
.201
mrocl
.hbgclcl


an  :  schiffsleitung monte rosa

vn  :  per-b/schoenberg

bootsmann kannen kann leider auch diese reise noch nicht
einsteigen ( mutter sehr krank ). abloesung prinz deshalb
erst naechste reise ( frau prinz bereits informiert ). bitte
bestaetiget.

gruss per-b/schoenberg

++++

?s

nxv119 15h46 19/09/88
```

**Abb. B.10:** Fernschreiben (Telex)

## 2. Systeme zur Festbild/-Textkommunikation

Der Telefax-Dienst ermöglicht die Übermittlung von Festbildern und Texten mittels einer Telefonverbindung. Die beiden Endgeräte beim Sender und Empfänger arbeiten ähnlich wie ein Kopierer.

Moderne Telefax-Geräte erlauben:

- Rundsenden an mehrere Adressaten;
- zeitversetztes Übermitteln zu Niedrigtarifzeiten;
- Wahlwiederholung bei besetztem Empfänger.

Seit die Erweiterung von Personal-Computern zu Telekopierern mit Hilfe einer sog. Faxkarte möglich ist, fällt die Verwendung von Spezialpapier weg, da via Drucker auf normales Papier gedruckt werden kann.

Weitere Zukunftsmöglichkeiten sind:

- Anschluß eines Modems zur Datenfernübertragung,
- Anschluß eines Scanners, mit dessen Hilfe auch Texte und Graphiken, die nicht im Speicher des PC stehen, gefaxt werden können.

Die Post bietet in vielen Postämtern die Möglichkeit, „Telebriefe" direkt an einen Telefax-Teilnehmer zu übermitteln oder an ein anderes Postamt, das die Kopie an den Empfänger ausliefert.

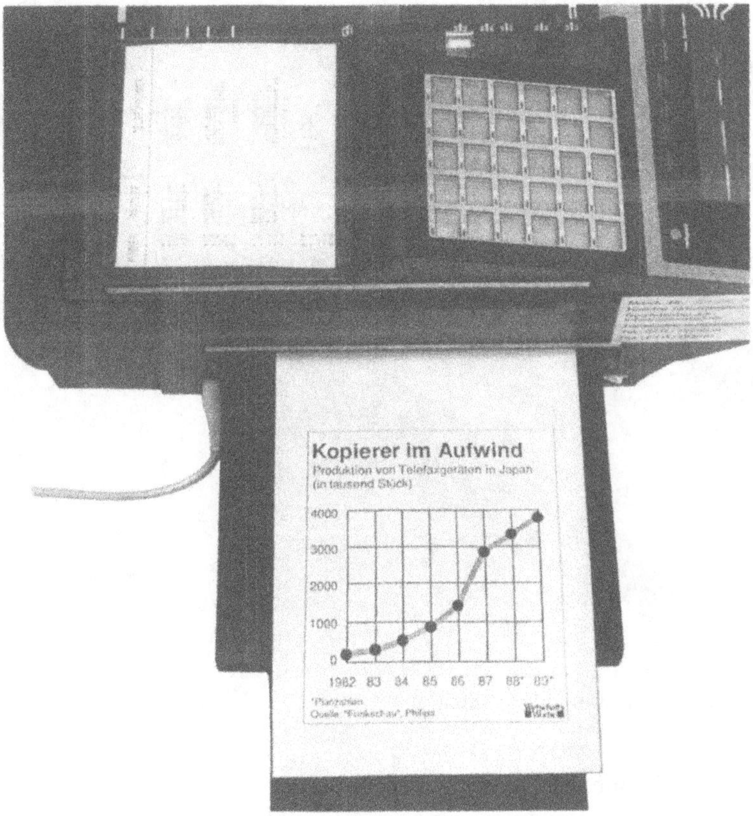


**Abb. B.11:** Telefax-Gerät

## 3. Systeme zur Sprach-/Bewegtbilderkommunikation

a) Telefon

Das Telefon stellt die weltweit mit 550 Mio. Sprechstellen wichtigste Kommunikationsform dar. Eine wichtige Erweiterung stellen Telefonkonferenzen dar, die in öffentlichen Netzen, aber auch in hauseigenen Nebenstellenanlagen geschaltet werden können. Ein Beispiel für ein derartiges, auch optisch ansprechendes System zeigt Abb. B.12 (Quelle: Telenorma).

b) Bild-Fernsprechen und Video-Konferenzen

Die Post ermöglichte im Rahmen des Pilotversuchs BIGFON (Breitbandiges integriertes Glasfaser-Fernmelde-Ortsnetz) die Übertragung von Bewegtbildern. Sind mehr als zwei Personen beteiligt, spricht man auch von einer Videokonferenz.

Entsprechende Räume gibt es 1988 in ca. 40 Unternehmen der Bundesrepublik Deutschland. Dies entspricht einem Bedürfnis nach einer „natürlichen“ face-to-face Kommunikation, die auch Mimik und Gestik als bedeutsame Elemente einer menschlichen Kommunikation anerkennt.

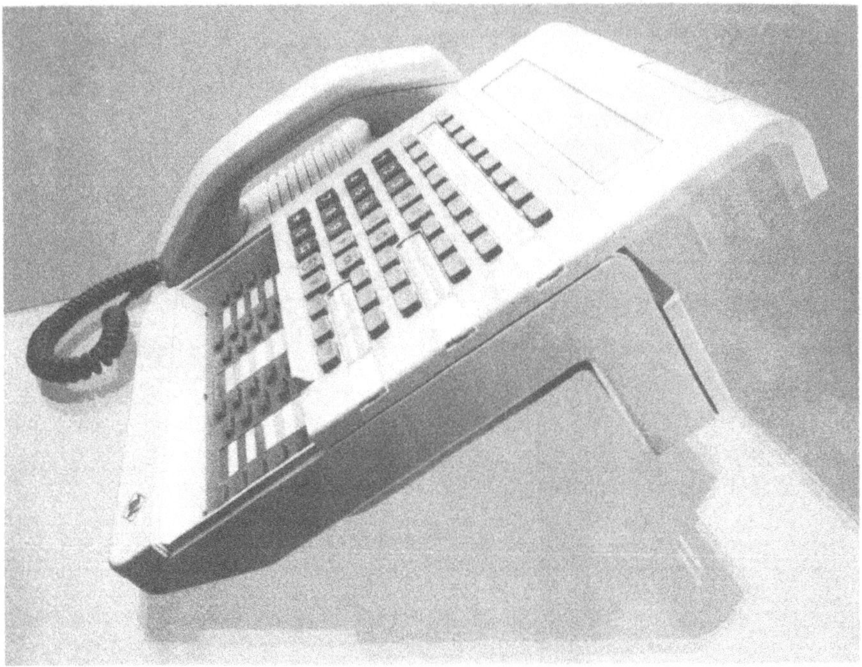

**Abb. B.12:** Modernes Komforttelefon

Neuere Bildtelefone verfügen über zwei Bildschirme:

- einer zeigt den Gesprächspartner
- ein zweiter steht für Unterlagen, Zeichnungen, Werkstücke usw. zur Verfügung.

c) Bildschirmtext (BTX)

Bildschirmtext ermöglicht die elektronische Übertragung von Texten und Festbildern. BTX besteht aus folgenden technischen Komponenten:

- einem Fernsehempfänger (ausgerüstet mit einem BTX-Decoder) bzw. Bildschirmterminal als Endgerät, verbunden durch ein Modem mit
- dem Fernmeldenetz bzw. ISDN-Netz als Übertragungskanal sowie
- der BTX-Zentrale, in der mit Hilfe von EDV-Anlagen die Steuerung und Speicherung der Daten erfolgt (vgl. Abb. B.13).

Die Einsatzmöglichkeiten können am Beispiel Frankreich verdeutlicht werden, wo das „Minitel" eine wesentlich größere Bedeutung hat als in der Bundesrepublik Deutschland. Bis Ende 1988 sind 5 Millionen Minitelgeräte kostenlos an die Telefonkunden verteilt worden. Die wichtigsten Anwendungsmöglichkeiten sind:

- elektronische Fernsprechauskunft;
- Informationsaustausch zwischen Unternehmen; z.B. kann ein Autohändler über BTX die aktuellen Lieferbedingungen erfragen und Bestellungen direkt aufgeben; Studenten können sich per BTX in die Universität einschreiben;

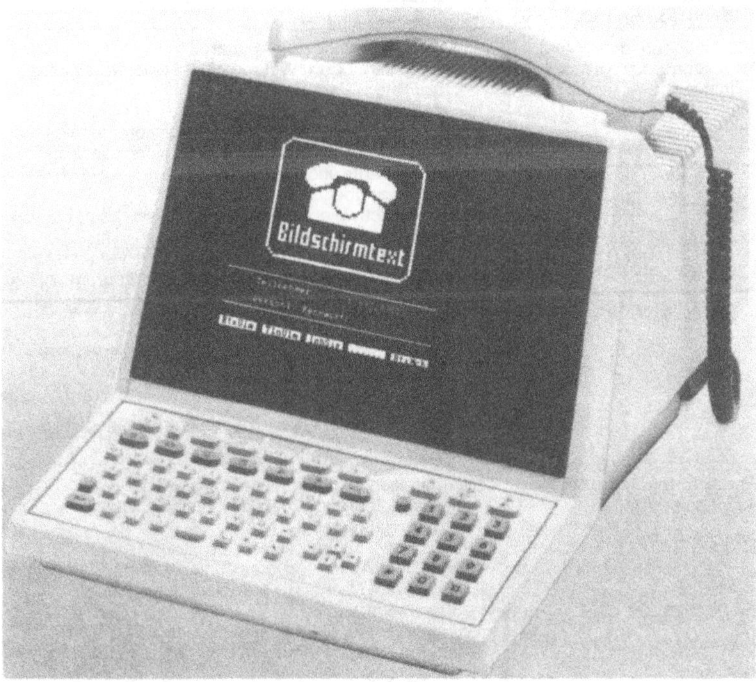


**Abb. B.13:** Bildschirmtexttelefon (Quelle: Siemens)

- EDV-Dialog über BTX, z.B. Buchungs- oder Bestellprogramme von Banken (Stichwort: Homebanking) und Versandhäusern;
- Informationssystem für Kinoprogramme, Fahrpläne.

Einsatzfelder von BTX-Büroalltag zeigt Abb. B.14 (Döbele-Berger 1985, S. 66).

Weitere Einsatzmöglichkeiten ergeben sich durch die Verknüpfung mit dem Telex-Netz und der geplanten Verbindung zu den Teletex- und Telebox-Diensten der Deutschen Bundespost.

d) Mailbox (elektronischer Briefkasten)

Mailbox-Dienste werden von der Deutschen Bundespost unter dem Namen „Telebox" angeboten. Den größten Marktanteil haben jedoch private Mailbox-Anbieter.

Mailbox-Systeme funktionieren einfach nach folgendem Prinzip:

Jeder Teilnehmer besitzt ein Speicherfach im Mailbox-Rechner, wo andere Teilnehmer Texte, Daten, Festbilder und Sprache speichern können. Per Telefon, tragbarem oder stationärem Computer mit Anschluß an das Telefonnetz über ein Modem kann der Teilnehmer sein elektronisches Postfach öffnen und die Mitteilungen lesen. Er kann die Nachrichten, z.B. eine Tabelle, auf den eigenen Computer übertragen, dort speichern oder sich ausdrucken lassen.

**Bildschirmtext-Anwendungen**

| Anwendungskategorien | Anwendungsbeispiele |
|---|---|
| 1 Informationen für mehrere<br>1.1 Abrufinformationen für alle Teilnehmer | Aktuelle Übersichtsinformationen<br>– Nachrichten, Sport, Wirtschaft, Lokales, Notdienste, Lotto/Toto<br>Informationen von Behörden<br>– Besuchszeiten, Sitzungstermine von kommunalen Parlamenten, lokale Verordnungen, Verzeichnisse (Adressen, Straßen, Tarife und Gebühren)<br>Informationen über Reisen und Verkehr<br>– Zimmernachweis, Urlaubsreisen, Reisewetter, Wandervorschläge, Fahrplanauskünfte<br>Informationen über kulturelle und sonstige Veranstaltungen<br>– Theater- und Konzertprogramme, Filmprogramme, lokaler Veranstaltungskalender, Bestseller und Neuveröffentlichungen<br>Informationen der Wirtschaft<br>– Branchenverzeichnis, Konditionen, Kurse (Devisen, Papiere, Rohstoffe)<br>Informationen für Haushalte<br>– Hobby, Rezepte, Kleinanzeigen, Verkaufsangebote, Immobilien, Stellenangebote |
| 1.2 Abrufinformationen für Teilnehmergruppen | Informationen für gewerbliche Verbraucher<br>– Hersteller-, Bezugsquellenverzeichnis, interne Fernsprechauskunft<br>Informationen für Freiberufe<br>– Ärzte (Medikamentenverzeichnis, Kurmöglichkeiten), Apotheken, Rechtsanwälte (Rechtsauskünfte), Steuerberatung<br>Informationen für Mitglieder in Vereinen, Clubs<br>– Veranstaltungshinweise, Wahlergebnisse, Satzungsänderungen |
| 1.3 Mitteilungen an mehrere Teilnehmer | Hinweise<br>– Geschäftseröffnungen, Mitgliederversammlungen, Zahlungstermine, Mahnungen, Mitteilungen an Klienten und Patienten |
| 2 Informationen für den Einzelnen | |
| 2.1 Mitteilungen eines anderen Teilnehmers | Glückwunsch- und Grußkarten, Verabredungen, briefliche Mitteilungen, Spiele mit Partnern |
| 2.2 Mitteilungen von mehreren Teilnehmern | Warenbestellungen, Reservierungen, Buchungen, Schadensmeldungen |
| 2.3 Abrufinformationen persönlicher Art | Kontostand, persönlicher Terminkalender |
| 3 Dialog mit dem Rechner | |
| 3.1 Rechendienstleistungen | Mathematische Berechnung, programmgeführte Berechnungen (Kalkulationen, Renten, Finanzierungen, Steuererklärungen) |
| 3.2 Aus- und Weiterbildung Tests | Heimkurse, Schulaufgaben, Erwachsenenbildung, IQ-Tests, Eignungstests |
| 3.3 Computerspiele | Labyrinth |

(Quelle: Deutsche Bundespost)

**Abb. B.14:** Bildschirmtext-Anwendungen

Mailbox-Systeme mit der Möglichkeit zur Speicherung von Sprache sind vergleichbar mit einem zentralen Anrufbeantworter, der von jedem Telefon aus angewählt werden kann.

Mailbox-Systeme haben folgende Vorteile:

- Durch die zunehmende Mobilität wird es immer schwieriger, den erwünschten Kommunikationspartner zu erreichen. Flexible Arbeitszeitregelungen unterstützen diese Tendenz, der durch die Mailbox entgegengewirkt werden kann.
- Mailbox-Systeme können an das Telex-Netz der Deutschen Bundespost angeschlossen werden. Mehrmaliges Schreiben des Textes entfällt.
- Es gibt die Möglichkeit zur Anbindung an praktisch jede große Datenbank der Welt.
- Es besteht die Möglichkeit, Mitteilungen an einem „schwarzen Brett" zu machen, die für jeden Teilnehmer oder einen bestimmten Teilnehmerkreis zugänglich sind.

Z.B. ist es denkbar, daß der Sachbearbeiter und sein Chef per Electronic-Mail kommunizieren. Nach dem „ok" des Chefs wird das geprüfte und genehmigte Angebot an den Kunden versandt, z.B. per Teletex oder Telefax.

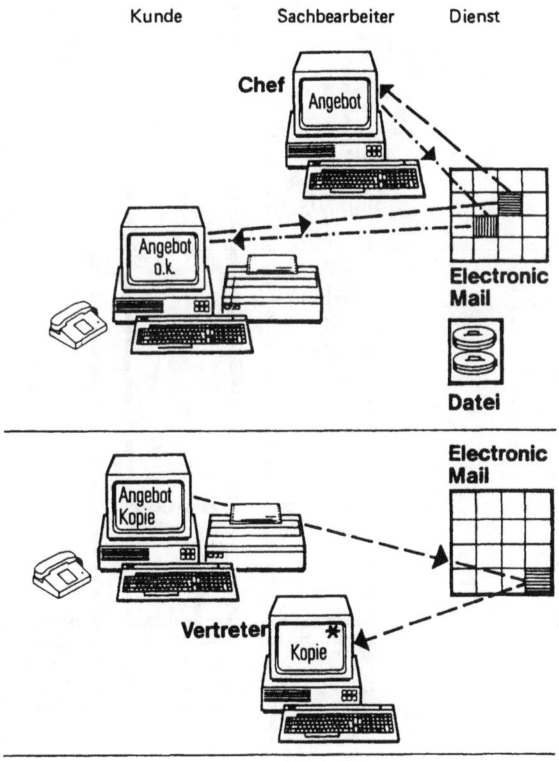


**Abb. B.15:** Anwendungsbeispiel für Electronic-Mail

e) Maschine-Maschine-Kommunikation

Die Kommunikation zwischen Computern ist für Unternehmen, die an verschiedenen nationalen und internationalen Standorten arbeiten, immer wichtiger. Innerhalb des Unternehmensverbundes kann die Kompatibilität der Kommunikationsendgeräte durch entsprechende Hardware-Einkaufspolitik gesichert werden. Dies ist bei Kommunikation zwischen Unternehmen mit Hardware unterschiedlicher Anbieter erschwert.

Erst die Entwicklung von Computern entsprechend der OSI-Norm (Open Systems Interconnection) der ISO (International Organization for Standardization)

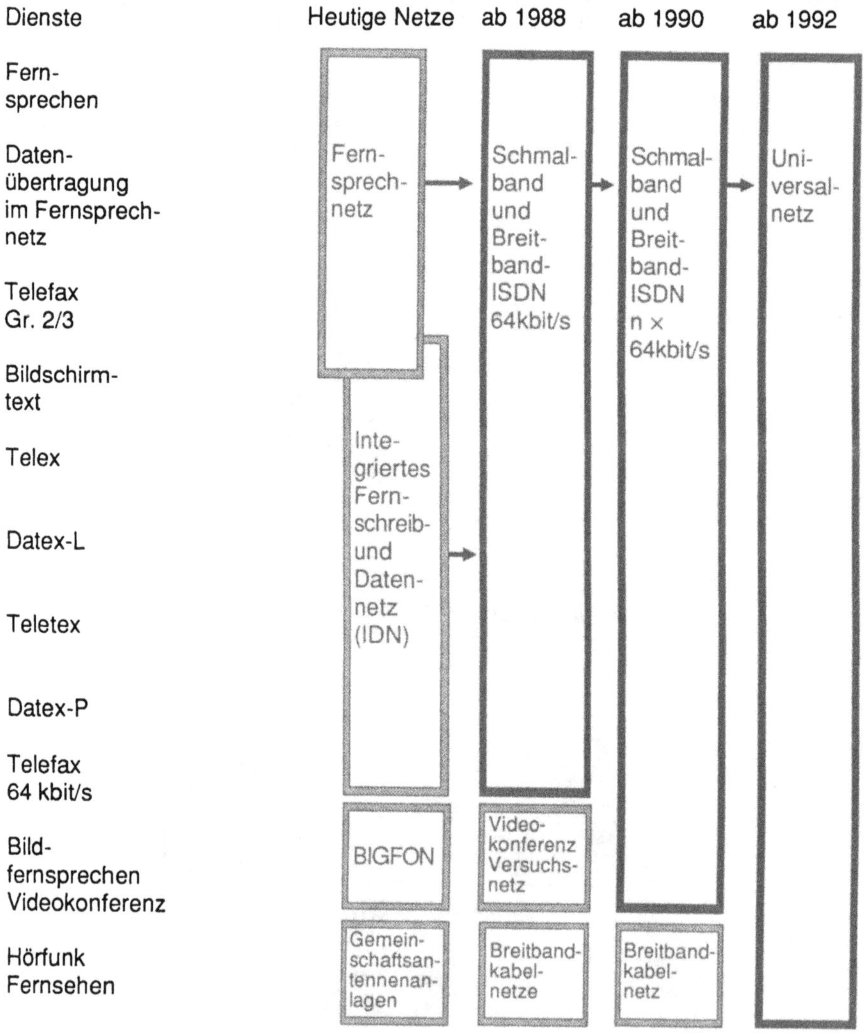


**Abb. B.16:** Entwicklung vom analogen Funksprechnetz zum ISDN-Universalnetz (Quelle: Siemens)

kann in Zukunft eine reibungslose Kommunikation zwischen Computern ermöglichen. Als Übertragungskanal stehen folgende Alternativen zur Auswahl:

- leitungsvermittelte Netze: Fernsprechnetz, Telexnetz, Datex-L-Netz;
- ein speicher- bzw. paketvermitteltes Netz: Datex-P-Netz;
- Festverbindungen (Standleitungen): über das Direktnetz.

Eine ständige Verbesserung der Leistungsmerkmale des öffentlichen Kommunikationsnetzes ist das Ziel der Deutschen Bundespost. Dies soll durch eine Integration der bisher getrennten Kommunikationskanäle erreicht werden (vgl. Abb. B.16).

Seit Ende 1988 steht neben dem Fernsprechnetz ein integriertes Fernschreib- und Datennetz (IDN) zur Verfügung. Diese Netze wurden schrittweise zum ISDN-Netz (Integrated Services Digital Network) entwickelt. Mit ISDN laufen alle Dienste über einen einzigen computergesteuerten Kabelstrang.

Wichtigste Voraussetzung für ISDN sind digitale Vermittlungsanlagen und ein entsprechender ISDN-Anschluß beim Kunden. Von geringer Bedeutung ist die Beschaffenheit des Kabels, obwohl Glasfaserkabel auch hier Verbesserungen bewirken.

## IV. Computerunterstützung in Vertrieb und Marketing

Aufgrund der herrschenden Wettbewerbsbedingungen, die eine schnelle Reaktion auf die Marktentwicklung erfordern, wird eine Unterstützung der Vertriebs- und Marketingfunktionen durch Informations- und Kommunikationssysteme immer wichtiger.

- Die Notwendigkeit einer schnellen Reaktion auf Markterfordernisse bedingt eine möglichst direkte Anbindung zwischen Kunden und Lieferanten. Der vermehrte Einsatz von Warenwirtschaftssystemen im Handel ermöglicht eine schnelle Information über den Abverkauf der einzelnen Produkte. Der Informationsaustausch mit dem Lieferanten bildet die Grundlage für Entscheidung hinsichtlich der Produktionsmengen, der notwendigen verkaufsfördernden Maßnahmen usw.
- Die Beschaffungsabteilung des Kunden kann auf der Basis der Daten des Warenwirtschaftssystems mit Hilfe eines computergestützten Systems automatisch die benötigten Produkte bestellen.
- Außendienstmitarbeiter nutzen Kommunikations-Informationssysteme im dispositiven und beratenden Bereich sowie im operativen Bereich. „Der Außendienstmitarbeiter erscheint beim Kunden mit einem tragbaren, graphikfähigen Personal Computer, schließt diesen über ein Netz der DBP an die Datenbank seines Unternehmens an und demonstriert seinem Kunden am Bildschirm die aktuelle Absatzsituation mit Stärken und Schwächen, zeigt Markt- und Trendentwicklungen, veranschaulicht das Verbraucherverhalten und das Konkurrenzumfeld, erläutert Daten aus dem Warenwirtschaftssystem des Partners, macht Berechnungen zur Ausschöpfung des Marktpotentials und schlägt Alternativen für Angebot und Plazierung vor“ (Katsch 1986, S. 4).

Operative Informationssysteme in Vertrieb und Marketing dienen der Vorbereitung und Kontrolle von Entscheidungen. Sie bestehen aus folgenden Komponenten:

- Verkaufsstatistiken,
- Vertriebserfolgsrechnungen,
- Außendienstberichten,
- Absatzplanungsrechnungen.
- Strategische Marketing Informationssysteme stellen Expertensysteme dar, in denen die relevanten Markt- und Umfelddaten gespeichert sind. Im Wege von Planspielen können mehrere Alternativen anhand unterschiedlicher Methoden verglichen werden (Heinzelbecker 1986).

Abb. B.17 zeigt einen tragbaren PC (Laptop), laut Angaben des Herstellers geeignet „ob als Journalist auf Reisen, als Handelsvertreter beim Kunden, als Projektleiter auf der Baustelle", etc.). In vielen Bereichen ist es schon nichts besonderes mehr.

**Abb. B.17:** Tragbarer PC (Laptop) (Quelle: Toshiba)

## V. Expertensysteme

Im Kern handelt es sich bei einem Expertensystem um ein Softwareprogramm, das in Datenbanken abgespeichertes Wissen logisch verknüpft.

Das durch Fachliteratur und Interviews mit Experten erworbene Wissen wird im Computer abgespeichert. Dieses Wissen wird durch logische Regeln verknüpft.

**Einsatzgebiete von Expertensystemen**

| Einsatz \ Branche | Kreditgewerbe, Versicherungen | Industrie | Handel, Dienstleistungen | Öffentlicher Auftraggeber |
|---|---|---|---|---|
| Prozeßüberwachung, -steuerung | • Trendbeobachtung | • Prozeßkontrolle<br>• Prozeßsteuerung<br>• Meldung von Ausnahmezuständen | • Trendbeobachtung | • Überwachung von Kernreaktoren oder von großen Netzen (Wasser, Gas) |
| Design | | • Konfigurierung<br>• Fabrikanlagen<br>• Produktdesign | • Produktanforderung | • von Netzwerke (Post, Energieversorgung) |
| Diagnose | • Kreditvergabe<br>• Hypothekenprüfung<br>• Risikoabschätzung<br>• Schadensfallbearbeitung | • Fehlerursache<br>• Wartung | • Kreditvergabe<br>• Risikoabschätzung | • Medizinische Diagnose (Krankenhäuser)<br>• Technische Diagnose (Energiewirtschaft) |
| Planung | • Risikoanalyse<br>• Wertpapieranalyse<br>• Investmentplanung | • Entwurf logischer Funktionen<br>• Projektierung | • Risikoanalyse<br>• Marktanalyse | • Investmentplanung<br>• Notfallplanung<br>• Verteilungsplanung |
| Beratung | • Kundenberatung | • Kundenberatung | • Kundenberatung<br>• Spez. Dienstleistungen | • Kundenberatung |
| Schulung | • Mitarbeiterschulung<br>• Außendienstschulung | • Mitarbeiterschulung | • Mitarbeiterschulung<br>• Außendienstschulung | • Interne Schulung in Rechtsfragen |

**Abb. B.18:** Einsatzgebiet von Expertensystemen (Quelle: Siemens 1987)

Es gibt unterschiedliche Arten von Expertensystemen:

- Selektionssysteme
- Diagnosesysteme
- Konfigurationssysteme
- Planungssysteme
- Expertisesysteme
- Entscheidungssysteme
- Beratungssysteme
- Hilfssysteme für den Mensch-Maschine-Dialog
- Unterrichtssysteme
- Zugangssysteme zu konventionellen Entscheidungs- und Planungshilfen
- Intelligente Checklisten

(Mertens 1990).

Beispiel für eine Regel in einem Entscheidungssystem im Bereich Marketing:

**Preisgestaltungsregel bei Nischenstrategie**

Berechne 2 bis 5% mehr, als der Durchschnittspreis der anderen Unternehmen im letzten Quartal betrug. Wenn der Durchschnittspreis für ein Produkt zwei Perioden hintereinander stetig fällt, reduziere den Preis um die Hälfte. Wenn der Durchschnittspreis für ein Produkt zwei Perioden hintereinander stetig steigt, erhöhe den Preisaufschlag um 50%.

In Expertensystemen ist auch die Angabe von Wahrscheinlichkeiten möglich.

Zur Lösung des vom Nutzer vorgelegten Problems befragt das Expertensystem den Benutzer, um diejenigen Informationen zu erhalten, „die es für die Ableitung spezifischer Schlußfolgerungen benötigt, z.B. bei einem Expertensystem im Bereich Lebensversicherung etwa Familienstand, Nettobezüge und Gesundheitszustand des zu Versichernden. Im Anschluß daran ist das System in der Lage, eine Empfehlung auszusprechen und diese zu begründen, etwa eine konkrete Variante der Lebensversicherung.

Eine Überblick über Einsatzgebiete von Expertensystemen gibt Abb. B.18. Eine ausführliche Beschreibung von Expertensystemen in betriebswirtschaftlichen Anwendungsbereichen findet sich darüber hinaus bei Scheer (1988), während sich Luczak insbesondere mit der Struktur von Expertensystemen beschäftigt (1988).

## VI. Telearbeit

Durch Informations- und Kommunikationstechnologien kann eine „Heimarbeit“ ausgebaut werden. Sie ist räumlich und zeitlich von den übrigen Arbeitsplätzen eines Unternehmens entkoppelt. Telearbeit wird auch definiert als kommunikationstechnisch unterstützte Büroarbeit (Krüger 1986). Zusätzlich ist Teleheimarbeit durch eine teilweise disziplinarische Entkopplung gekennzeichnet. Der Teleheimarbeiter kann an einen Auftraggeber arbeitsvertraglich gebunden sein oder aber auch als selbständiger Unternehmer tätig werden. Die technischen Grenzen der Teleheimarbeit werden durch verbesserte Datenübertragungsnetze (ISDN) immer weiter hinausgeschoben. Wirtschaftlich verbessern sich die Chancen für Teleheimarbeit durch preiswertere Hardware – insbesondere auch der Multifunktionsgeräte – sowie andererseits durch immer höhere Immobilienpreise, die zentrale, räumlich integrierte Arbeitsplätze immer teurer werden lassen.

Voraussetzung für die Teleheimarbeit ist eine gute Aufgaben- und Organisationsplanung, damit die Aufgaben ohne dauernde persönliche Abstimmung erledigt werden können. Folgende Aufgaben werden z.Z. vorwiegend in Teleheimarbeit erledigt:

- Programmierung
- Sachbearbeitung (z.B. in Versicherungen)
- Sekretariatsaufgaben sowie
- Dateieingabe.

Die Teleheimarbeit findet z.Z. vor allem in der Druckindustrie Anwendung, wo Texterfassungs- und Satzerstellungsarbeiten von Frauen an elektronischen Textverarbeitungsanlagen in Privatwohnungen durchgeführt werden. Ein weiteres Aufgabengebiet ist die Auftragserfassung und -übermittlung, z.B. im Versandhandel.

Arbeitgeber gehen eher davon aus, daß von vielen Teleheimarbeitern diese Art der Arbeit als sinnvoller und befriedigender Weg in die freiberufliche Erwerbstätigkeit gesehen wird, der regelmäßig mit einer Höherqualifizierung verbunden ist. Bedenken betreffen primär:

- Einkommensunsicherheit
- Auftragsunsicherheit bei formal selbständigen Teleheimarbeitern
- eingeschränkte Aufstiegschancen
- Abbau von sozialpolitischen Errungenschaften
- Abbau von Arbeitnehmerrechten

(Mueller/Schmidt 1989; Bahl-Benker 1984).

## VII. Bürosysteme zur Textverarbeitung

Textverarbeitung umfaßt Organisation und Ablauf aller textorientierten Informationsaufgaben. Textverarbeitung erfüllt hierbei drei Grundfunktionen:

- Dokumentenerstellung (Informationsgewinnung und -darstellung einschließlich Be- und Verarbeitung)
- Dokumentenverwaltung (Ablegen und Wiederfinden)
- Dokumentenverteilung und -austausch (physisch oder über elektronische Kommunikationsmittel).

In den vergangenen Jahren ist vor allem die Erstellung und Bearbeitung von Texten durch elektronische Speicherschreibmaschinen geprägt worden, die eine Visualisierung des Textes mit Hilfe von Zeilendisplays und Bildschirmen ermöglichen. Sie bieten u.a.:

- Korrekturen vor Ausdruck auf dem Papier;
- automatische Unterstützung spezieller Funktionen (Fettschrift, Einrücken, Zentrieren usw.);
- Ausdruck mehrerer Zeichen auf einen Tastendruck (Speicherung ganzer Textpassagen wie Datum, Anrede, Gruß);

| Anwendungen | Vorteil | Nutzen |
|---|---|---|
| **Korrekturschreiben** | * Null-Fehler-Brief<br>* schneller<br>* weniger Ausschuß | * Zeitgewinn<br>* Imagegewinn<br>* Überstundenabbau<br>* Schnelligkeit<br>* bessere Zusammenarbeit |
| **Autorenkorrektur am Bildschirm** | * aktuell<br>* klar und eindeutig<br>* kein Neuschreiben | * hohe Produktivität<br>* Zeitersparnis<br>* Kostenersparnis<br>* hohe Flexibilität |
| **Textgestaltung** | * Erscheinungsbild<br>* Prestige<br>* übersichtlicher<br>* Layout<br>* Kontrolle | * interessanter<br>* besser lesbar<br>* Image |
| **Entwurfs- und Dokumentationsschreiben** | * kein Neuerfassen<br>* einfache Bewältigung umfangreicher Texte<br>* keine Scheu vor Überarbeitung | * leichte Fortschreibung<br>* hohe Effizienz<br>* hohe Produktivität<br>* exakte Darstellung |
| **Ganzbriefe** | * hohe Produktivität<br>* Ersatz gesichtsloser Formulare<br>* mehr Individualität<br>* einfach | * Zeitgewinn<br>* Kostensenkung<br>* Serviceleistung |
| **Serienbriefe** | * Flexibilität<br>* Erscheinungsbild<br>* Schnelligkeit | * Zeitersparnis<br>* Imagegewinn<br>* Verkaufsförderungsinstrument<br>* hohe Erfolgsquote |
| **Zielgruppenkorrespondenz/ Anschriftenverarbeitung** | * geringe Streuverluste<br>* Erweiterung von Dienstleistungen<br>* Schnelligkeit<br>* automatische Abläufe | * Individualität<br>* Erscheinungsbild<br>* höhere Effizienz<br>* hohe Reaktionsfähigkeit<br>* Vermeidung personeller Engpässe |
| **Formulare** | * Bedienerführung im Dialog<br>* bequeme Arbeitsweise<br>* Schnelligkeit<br>* Integration von Rechenfunktionen<br>* Kombination mit gespeicherten Texten<br>* Plausibilitätsprüfung | * hoher Entlastungseffekt<br>* hohe Produktivität<br>* Einfügung aus bestehenden Dateien<br>* Vermeidung von Personalproblemen |

**Abb. B.19:** Vorteile und Nutzen einzelner Textverarbeitungsanwendungen (Pfeil 1987, S. 9f.)

| Anwendungen | Vorteil | Nutzen |
|---|---|---|
| **Textbaustein-verarbeitung** | * Entlastung Korrespondenten<br>* Erhöhung Schreibleistung<br>* Senkung Schreibkosten<br>* stilistisch und sachlich einwandfreie Texte<br>* bessere und einheitlichere Argumentation<br>* schnellere Einarbeitung<br>* mehr Zeit für wichtigere Aufgaben | * hohe Produktivität<br>* starke Kostensenkung<br>* Verkürzung Durchlaufzeiten<br>* schnellere Reaktion nach außen<br>* Verbesserung Erscheinungsbild |
| **Rechnen im Text** | * integrierter Taschenrechner<br>* 10er-Tastaturblock<br>* zwei Geräte in einem<br>* Kontrolle der richtigen Eingabe<br>* neue Anwendungen<br>* Entlastung beim Schreiben<br>* komplexe Abläufe lösbar<br>* Fortfall separater Rechenvorgänge<br>* erhöhte Wertschöpfung des Computersystems<br>* hoher Komfort<br>* integrierte Abläufe<br>* Folgestufenfunktionen | * Verkettung von Bausteinen<br>* Überschreibung in Dateien<br>* Übernahme von Rechenergebnissen in Dateien, Tabellen, Statistiken<br>* Informationen müssen nur einmal gespeichert werden |
| **Dateiverarbeitung** | * Zugriff auf EDV-Dateien<br>* einfaches Sortieren und Selektieren<br>* ständige Aktualität<br>* einfache Handhabung | * Vermeidung von »Karteileichen«<br>* bessere Dispositionskontrolle<br>* bessere Terminüberwachung<br>* erhöhte Bewältigung komplexer Abläufe<br>* erhöhte Wertschöpfung des Computersystems |
| **Kommunikation** | * Anschluß an öffentliche Datendienste und -netze<br>* Datenfernübertragung<br>* lokale Netze | * einfache Nutzung von Teletex und Electronic Mail<br>* Vernetzung von Einplatzsystemen<br>* Einbindung in Bürokommunikation |
| **Integrierte Abläufe** | * Integration von Text- und Datenverarbeitung<br>* eine Anlage, ein Betriebssystem, einmalige Datenerfassung<br>* einfache Dateipflege<br>* automatische Aktualisierung<br>* automatische Verknüpfung von Text und Daten | * Doppelnutzen, da keine Doppelinvestition<br>* hoher Komfort, Automatisierungs- und Rationalisierungsgrad<br>* einmalige Speicherung des Datenbestands<br>* Zeitgewinn, Pflegeaufwand für Datenbestände muß nur einmal aufgebracht werden |

**Abb. B.19:** (Fortsetzung)

- Aufbau von Standardbriefen nach dem Baukastenprinzip.

Einen Überblick zum gesamten Anwendungsbereich der Textverarbeitung gibt Abb. B.19 (Pfeil 1987, S. 9f.).

Ausgehend vom Funktionsumfang lassen sich folgende Gruppen von Bürosystemen unterscheiden (Scherf 1987):

- **Elektronische Speicher-Schreibmaschinen**: Sie unterstützen einfache Textbearbeitung von der automatisierten Sofortkorrektur bis hin zu elektronischen Standards (z.B. automatischer Papiereinzug).
- **Textsysteme**: Es gibt Einplatz- und Mehrplatzsysteme zur komfortablen Textbearbeitung und -verarbeitung, deren Leistungsmerkmale bis zur Erstellung von Serienbriefen hinreichen.
- **Arbeitsplatzrechner (Personal Computer)**: Neben einer komfortablen Textbearbeitung und -verarbeitung ermöglichen sie die Integration von kommerziellen Anwendungen wie z.B. Tabellen-Kalkulation, Graphik-Erstellung und Datenbankverwaltung.
- **Multifunktionale Arbeitsplatzstationen**: Gegenüber den Arbeitsplatzrechnern wurden sie einerseits um komfortable Büroservice- und Bedienungsfunktionen ergänzt (z.B. elektronische Ablage, Lichtgriffel). Andererseits unterstützen sie mit Ausnahme von Bewegtbildern alle Nachrichtenformen, also auch Sprach- und Festbildeingabe bzw. -ausgabe.

## VIII. Integrationstendenzen

In den vorangegangenen Kapiteln sind die im Büro umsetzbaren Büro- und Kommunikationssysteme jeweils einzeln und isoliert dargestellt worden.

Zukünftig werden integrierte Systeme an Bedeutung gewinnen. Die Integration vollzieht sich hierbei auf drei Ebenen (Karcher 1984, S. 112ff.).

### 1. Integration auf der Geräteebene

Verschiedene Endgeräte (z.B. Telefon, Telefax, Textverarbeitungsgerät werden an einem Arbeitsplatz mit Hilfe eines Multifunktionsterminals zusammengefaßt. Die an einem derartigen Arbeitsplatz möglichen Anwendungen und Funktionen sind in Abb. B.20 dargestellt.

Durch derartige Multifunktionsterminals werden die Anforderungen erfüllt, wie sie auch an einen zukünftig zu gestaltenden Managerarbeitsplatz zu stellen sind (Sommerlatte 1989, S. 22) (vgl. Abb. B.21).

### 2. Integration auf der Ebene hausinterner Netze und öffentlicher Übertragungsnetze

In den meisten mittleren und größeren Unternehmen gibt es heute eine Vielzahl dezentral installierter Systeme und Terminals. Um Informationen zwischen diesen Endgeräten austauschen zu können, benötigt man ein hausinternes Daten-

| **Anwendungen** | **Funktionen** |
|---|---|
| Tasten, Schrift, Sprache Grafik | Eingabe |
| Schrift, Sprache Zeichnungen, Faksimile | Ausgabe |
| Briefe, Berichte | Textverarbeitung |
| Rechnen, Schreiben, Suchen Speichern, Einordnen | Logik |
| Vorgänge, Karteien | Ablage und Retrieval |
| Dateizugriff, Dokumentations- und Informationssysteme | DÜ-Verbindung zum Computer |
| Telefon, Fernschreiber, Faksimile | Kommunikation |
| Kalender, Uhr, Wiedervorlage | Zeitkontrolle |

**Abb. B.20:** Anwendungen und Funktionen eines Multifunktionsterminals

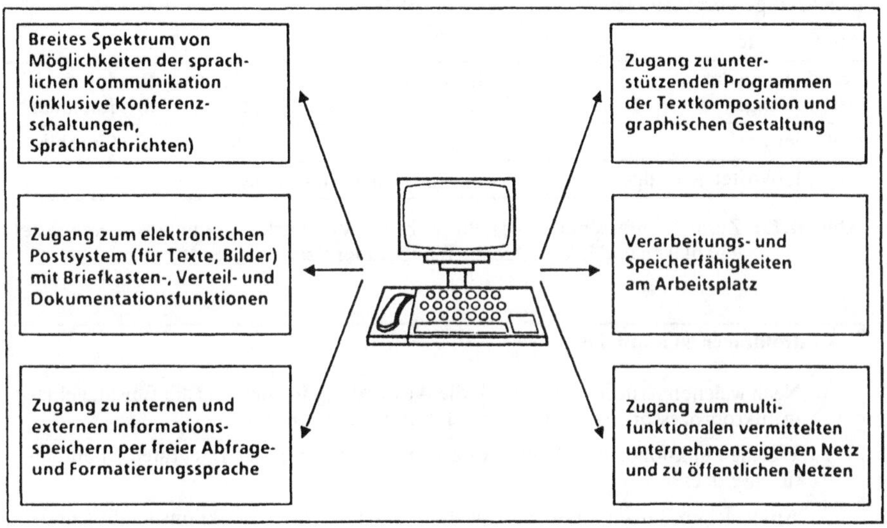


**Abb. B.21:** Der zukünftige I & K-Managerarbeitsplatz muß multifunktional und integriert sein (Quelle: Karcher 1984).

netz, das auch die Verbindung z.B. von mehreren Personal-Computern untereinander bzw. mit dem Großrechner erlaubt. Im Bürobereich werden hausinterne Netze heute als Computergesteuerte volldigitale Nebenstellenanlagen (Computerized Private Branch Exchange CPBX) auf der Basis von ISDN (Integrated Services Digital Network) oder eines Local Area Network (LAN) realisiert.

Nebenstellenanlagen haben Vorteile in der Sprachkommunikation, in der Möglichkeit, mehrere Kommunikationsmöglichkeiten (Sprache, Text, Bild und Daten) zu vereinen und in der einfachen Verbindung zum öffentlichen (ISDN) Netz. Die Kosten sind aufgrund der notwendigen zentralen Vermittlung und Steuerung hoch.

LAN's sind gekennzeichnet durch eine dezentrale Steuerung und einen wahlfreien Zugriff. Sie eignen sich für schnelle Übertragung großer Datenmengen, hochauflösende Farbgraphiken und breitbandige Bewegtbildanwendungen. Grundkonzept der LAN's sind die intelligenten Kommunikationssteckdosen, über die verschiedene, eigentlich inkompatible Computer, Textsysteme, Multifunktionsterminals, Drucker u.a. an ein gemeinsames, hausinternes Kommunikationsnetz angeschlossen werden und über dieses in einen Kommunikationsverbund treten können. Meistens liegen die Vorteile von LAN bei höheren Kanalbandbreiten, höheren Übertragungsgeschwindigkeiten und niedrigeren Basis-Einstandskosten. Schwächen haben LAN meist im Bereich der Sprachkommunikation. Eine vergleichende Übersicht gibt Abb. B.22.

| | Nebenstellenanlage | LAN |
|---|---|---|
| Netzintelligenz | zentral | verteilt |
| Datenübertragungsrate | 64 KBit/s | bis zu mehreren MBit/s |
| Anzahl Stationen | beliebig viele | bis zu 100, z.T. mehr |
| gleichzeitige Verbindungen | 25–30% | 100% |
| Antwortzeiten | länger | kürzer |
| Freizügigkeit der Anwendungen | durch Vorschriften der Bundespost begrenzt | sehr weitgehend, jedoch abhängig vom Hersteller |
| Optimierung für | Sprache | Daten, Texte, Graphik |
| Anschlußkosten je Endgerät | nur geringe Unterschiede | |

**Abb. B.22:** Zusammenfassende Übersicht wichtiger Vergleichsmerkmale von Nebenstellenanlagen und LAN (Quelle: Wuppertaler Kreis 1988, S. 46)

**Kontrollfragen zu Kapitel B:**

1. Nach welchen Kriterien lassen sich die Anwendungsformen und die Einsatzgebiete mikroprozessorgesteuerter Neuer Technologien unterscheiden?
2. Welche Funktionen und Anwendungsgebiete des Computer-Integrated-Manufacturing gibt es?
3. Aus welchen Basiskomponenten bestehen Systeme zur Produktionsplanung und -steuerung?
4. Wo wird CAD im Prozeß der Entwicklung und Konstruktion neuer Produkte eingesetzt?
5. Welche Verbindung besteht zwischen CAP- und CAM-Systemen?
6. Wo werden NC/CNC-Maschinen eingesetzt?
7. Wie ist ein flexibles Fertigungssystem aufgebaut?
8. Was sind typische Einsatzgebiete von Industrierobotern?
9. Welche Teilfunktionen der Qualitätsprüfung lassen sich zu einem CAQ-Gesamtkonzept integrieren?

10. Beschreiben Sie die wichtigsten Anwendungsformen von Lager-, Transport- und Versandsystemen!
11. Welche Entwicklungstendenzen Neuer Technologien in der Produktion gibt es?
12. Welche technischen Systeme (Sachmittel) lassen sich grundsätzlich in Büro und Verwaltung unterscheiden?
13. Nennen Sie die Einsatzgebiete und Anwendungsvoraussetzungen von:
    - Telex
    - Teletex
    - Telefax
    - Telefonsystemen
    - Bildtelefon
    - Videokonferenzen
    - Bildschirmtext
14. Was ist ein elektronischer Briefkasten?
15. Wie läßt sich Teletex, Btx und Electronic Mail miteinander verbinden?
16. Was verstehen Sie unter einem ISDN-Netz?
17. Welche Informations- und Kommunikationssysteme sind in Vertrieb und Marketing sinnvoll?
18. Welche Einsatzgebiete und Entwicklungstendenzen gibt es bei Expertensystemen?
19. Wie sind die Möglichkeiten und Grenzen der Telearbeit zu beschreiben?
20. Welche Integrationstendenzen gibt es im Bereich der Textverarbeitung („Office of the Future")?
21. Inwieweit gibt es Integrationstendenzen bei der Anwendung Neuer Technologien in Produktion und Materialwirtschaft, Büro und Verwaltung, Marketing und Vertrieb?

**Literaturhinweise:**

Altmann 1988;
Döbele-Berger u.a. 1985;
Grabowski 1988;
Hackstein 1987;
Karcher 1984;
Krüger 1984;
Scheer 1988;
Wildemann 1987.

# C. Organisatorische Auswirkungen Neuer Technologien

Die in Kapital A bereits beschriebene zunehmende Vielfalt der Kundenwünsche und die damit einhergehende Heterogenität des Produktprogramms gilt gleichermaßen für Produktions- als auch für Dienstleistungsunternehmen.

Dies bedeutet auch in organisatorischer Hinsicht, daß bei der Leistungserstellung hinreichende Flexibilität in qualitativer und in quantitativer Hinsicht bestehen muß. Dies ist jedoch leichter gesagt als getan, weil vielfach kein eindeutiger Zusammenhang zwischen einer bestimmten Technologie und der ausschließlich für sie geltenden Organisationsstruktur besteht. Insofern sind Spielräume bei der organisatorischen Gestaltung vorhanden. Sie bedeuten Chance und Verpflichtung zugleich.

## I. Zusammenhänge zwischen Technologie und Organisationsstruktur

Aus mehreren Untersuchungen und auch aus praktischen Beispielen wird deutlich, daß es nicht unbedingt zu einer steigenden Zentralisierung von Entscheidungsaufgaben durch den zunehmenden Technik-Einsatz kommen muß.

Unabhängig davon, welches Verhältnis von Zentralisation und Dezentralisation von Entscheidungsaufgaben konkret eintreten wird, ist jedoch darüber hinaus davon auszugehen, daß Tätigkeiten, die früher vorwiegend manuell an Einzelarbeitsplätzen verrichtet wurden, immer stärker integriert bzw. vernetzt werden. Dies gilt sowohl für verschiedene Arbeitsbereiche (z.B. Beschaffung und Produktion) als auch für verschiedene Phasen des Arbeitsprozesses, so. z.B. für Planung, Ausführung und Kontrolle.

Ein Beispiel für eine integrierte Arbeits-Organisation liegt bei Just-in-Time vor. „Ziel einer nach Just-in-Time-Prinzipien gestalteten Produktion ist es, die Bestände auf allen Fertigungsstufen ... zu reduzieren ...“ (Bühner 1990, S. 13). Mit Just-in-Time sollen in erster Linie Durchlaufzeiten verkürzt werden. Die notwendige straffe logistische Kette ist nur mit Hilfe Neuer Technologien, z.B. durch CIM unter Einbeziehung der Zulieferfirmen, aufrechtzuerhalten.

Beim Einsatz von CAD/CAM-Systemen ebenso wie bei NC-Maschinen ist eine Dezentralisierungstendenz unverkennbar. Dies setzt allerdings eine hinreichende Vielseitigkeit und eine breitere Ausbildung insofern voraus, weil die dort eingesetzten Facharbeiter zusätzliche Aufgaben hinsichtlich Programmierung, Steuerung und Instandhaltung übernehmen müssen.

Diese Überlegungen gelten tendenziell auch für den Verwaltungsbereich z.B. bei der computergestützten Sachbearbeitung. Die Möglichkeiten der on-line-Datenverarbeitung mit entsprechenden Terminals und auch der zunehmende Einsatz von Personal Computer deuten auf entsprechende Dezentralisierungsrichtungen hin. Auf diese Aspekte soll später noch näher eingegangen werden.

Grundsätzlich ist jedoch zunächst zu unterstellen, daß Neue Technologien neben anderen Faktoren auch Einfluß auf die **Handlungsumgebung** der an organisatorischen Entscheidungsprozessen Beteiligten haben. Davon kann bei nachhaltigen Änderungen die Organisationsstruktur, wie insbesondere die Management- oder Führungsorganisation als auch die Ablauf- oder Arbeitsorganisation nicht unberührt bleiben. Dabei ist in den Extremfällen eine zunehmende **Autonomisierung** als auch eine zunehmende Hierarchisierung der Arbeit denkbar. Dieser Zusammenhang ist in Abb. C.1 näher dargestellt, ohne daß beim derzeitigen Stand der Forschung genauere Wirkungszusammenhänge hinsichtlich Art und Intensität festzustellen sind, wenn man einmal von der Beschreibung relevant erscheinender Einflußgrößen wie **Marktstruktur, Produkttechnologie, Informationstechnik** oder **Produktionstechnik** absieht (Hackstein 1987, S. 139, Wood o. J. 238).

Reichwald unterscheidet in diesem Zusammenhang zwischen dem **Autarkie**- und dem **Kooperationskonzept**. Beide gibt es wiederum, je nachdem, ob von einer Individualisierung der Handlungs- und Gestaltungsfreiheit oder von einer ausgeprägten Standardisierung, Formalisierung und Programmierung gesprochen werden kann, in einer individualisierten und in einer deterministischen Variante. Typisch für das Kooperationskonzept ist die Situation, in der eine Gesamtaufgabe im Extremfall in klassisch-tayloristischer Form in Teilaufgaben zerlegt wird, während beim Autarkiekonzept der Aspekt der Aufgabenintegration und der Ganzheitlichkeit dominiert (vgl. Abb. C.1; Reichwald 1988, S. 99).

Reichwalds Klassifikation ist bei insgesamt wohlwollender Aufnahme nicht ohne Widerspruch geblieben (Rühl 1988, S. 109ff.). Er bezieht sich zum Teil auf die Bezeichnung der verwendeten Begriffspaare, aber auch auf den Sachverhalt, daß in erster Linie Idealtypen beschrieben werden, während „in der Realität die Mischformen überwiegen“ (ebenda, S. 110). Darüber hinaus kann es auch zu Verschmelzungstendenzen kommen:

„Die Durchdringung der industriellen Produktion mit Computertechnik wird betriebswirtschaftlich zu einer grundlegenden Verschiebung in der Einordnung von Fließfertigung und Werkstattfertigung führen. Die Elektronik schafft in der Fließfertigung zunehmenden Spielraum für marktlich bedingten Flexibilitätsbedarf, z.B. für Programm- und Prozeßänderungen. In der Werkstatt verschafft der Computer am Arbeitsplatz direkten Datenzugriff, Zugang zu Planungshilfen und Steuerungsprogrammen, d.h. Koordinations- und Abstimmungsprozesse können erheblich verbessert werden. Die Fließfertigung wird flexibler, die Werkstattfertigung wird produktiver (vgl. hierzu Abb. C.2). Die Vorzüge und Nachteile von Fließ- und Werkstattfertigung verschmelzen, die traditionelle Antagonismusdebatte verliert betriebswirtschaftlich an Bedeutung“ (Reichwald 1988, S. 82).

Dabei ist noch einmal an die personellen Auswirkungen zu erinnern, die zu Beginn von Kapitel C näher beleuchtet wurden. Qualifikation und Technikgestaltung sind untrennbar miteinander verbunden. Erst ihre angemessene Berücksichtigung ermöglicht Handlungsspielräume für den arbeitenden Menschen, beeinflußt positiv seine Motivation und sorgt für ein hinreichendes Kreativitäts- und Innovationspotential.

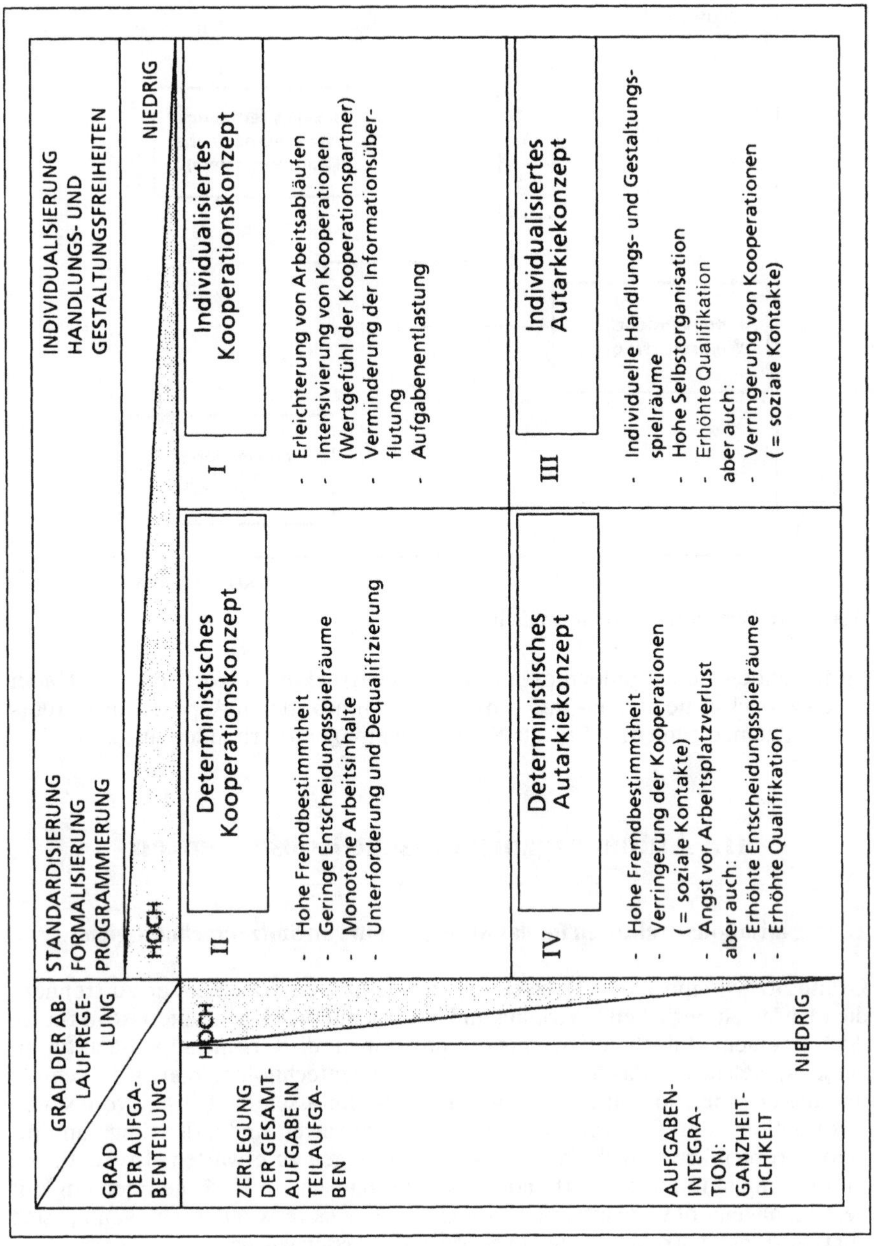


**Abb. C.1:** Gestaltungsmodelle der Büroarbeit und Auswirkungen auf die Humansituation (Reichwald 1988, S. 99)

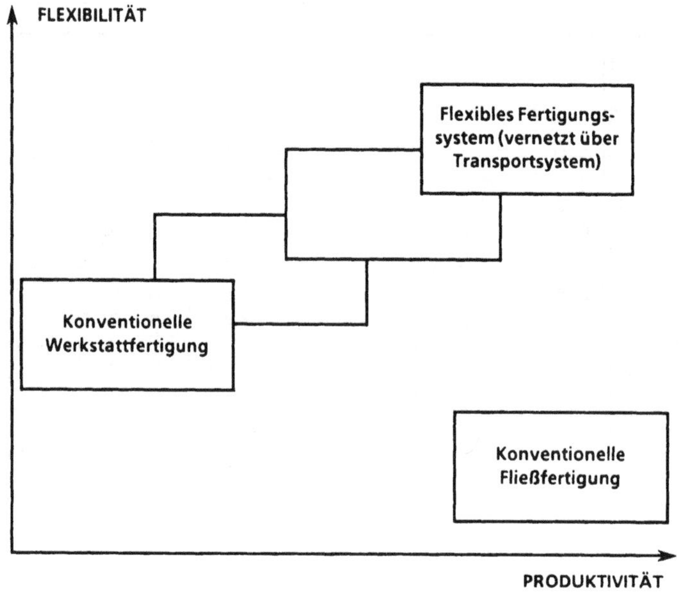


**Abb. C.2:** Fertigungskonzepte im Zielbeziehungsfeld

Im folgenden stehen jedoch organisatorische Aspekte im Vordergrund. Dabei sollen zunächst die aufbau- und führungsorganisatorischen Aspekte im Vordergrund stehen, die mit dem Einsatz Neuer Technologien verbunden sind.

## II. Aufbauorganisatorische Konsequenzen

### 1. Organisationsstrukturen für das Management von Spitzentechnologien

Grundsätzlich sind zwei verschiedene Problemkreise voneinander zu trennen, die in ihrer „äußerlichen" Wirkung im Hinblick auf die Organisationsstruktur jedoch zu einem ähnlichen Ergebnis führen können: die Organisationsstruktur einerseits, welche für das Management von Spitzentechnologien erforderlich ist, und die Organisationsstrukturen, welche beim umfassenden Einsatz von Neuen Informations- und Fertigungstechnologien zu erwarten sind. Allerdings sind für beide Problemkreise nicht nur ähnliche Wirkungen zu erwarten. In der Praxis sind sie eng miteinander verbunden; beschäftigt sich ein Unternehmen eng mit dem Management von Spitzentechnologien, wäre es verwunderlich, wenn es sich auf traditionelle Strukturen und Prozeduren verlassen würde.

Im Hinblick auf ein effizientes Management von Spitzentechnologien hält Knut Bleicher folgende „arteigene Organisationsstrukturen" für erforderlich (Bleicher 1983):

- überschaubare, flexible Geschäftseinheiten
- eine Zentralisierung der funktionalen Logistik im Hinblick auf eine sich integrierende Technologie. Dabei führt die notwendige Ausgewogenheit von „de-

zentraler Innovationsbewältigung und zentraler Vorhaltung einer Logistik zu Matrixstrukturen" (Bleicher 1983, S. 250).

- Darüber hinaus führt die Dezentralisierung von Entwicklung und Marketing zu flachen Organisationspyramiden.
- Modelle und Formen der Führung müssen die individuelle Kreativität und Gruppenkohäsion sicherstellen, wobei das vielfach erforderliche visionäre Urteilsvermögen und funktionale Charisma (Wagner 1988, S. 297f.) der an Problemlösungsprozessen Beteiligten sowie ihre Kreativität und Identifikation durch besondere Kommunikationsmaßnahmen zu fördern sind.

## 2. Auswirkungen auf die Führung und Zusammenarbeit

Insgesamt werden neue Informations- und Kommunikationstechnologien den Bereich der Führung und Zusammenarbeit an entscheidenden Punkten verändern. Heiner Müller-Merbach spricht von einer neuen Computer-Generation der Wissensverarbeitung, welche sich von der traditionellen Daten- und Informationsverarbeitung deutlich unterscheidet.

Sie ist insbesondere „gekennzeichnet durch

- Datenbanksysteme mit gewaltigen Speicherkapazitäten und
- intelligente Wissensverarbeitung im Sinne der „künstlichen Intelligenz" (Artificial Intelligence) und der „Expertensysteme"

mit einer gewaltigen Vielseitigkeit der Auswertung und Verknüpfung von Wissen." Das betrifft sowohl

- das epistemische Wissen, also die Kenntnis über Dinge der Lebenswelt und deren Zusammenhänge, als auch
- das heuristische Wissen, also die Kenntnis von Methoden, mit denen das epistemische Wissen verarbeitet werden kann" (Müller-Merbach 1986, S. 500).

Hieraus ergeben sich neue Anforderungen an die Arbeitnehmer, welche von der Betriebswirtschafts- und der Managementlehre noch eingehend zu untersuchen sind.

Welche Strukturen sind nun durch den umfassenden Einsatz Neuer Technologien zu erwarten? Rolf Bühner sieht folgende Tendenzen:

- „Im Zeitalter der rechnerintegrierten Fertigung (CIM) gewinnen gruppenbezogene Arbeitsstrukturen zunehmend an Bedeutung. Sie gehen einher mit einer Funktionsbündelung am Arbeitsplatz, die den mehrfach qualifizierten Facharbeiter verlangt.
- Das rechnergestützte Büro (Computer-Aided Office) erlaubt eine Umschichtung und Zusammenfassung von Koordinations- und Kontrollaufgaben auf immer weniger Manager. Betroffen ist davon vor allem die mittlere Führungsebene. Ersatz für die entfallenden Tätigkeiten könnten die Schaffung einer starken Unternehmenskultur, Mitarbeiter-Motivation und andere soziale Aufgaben sein.
- Der Trend zu flachen, flexiblen und marktnahen Organisationen erlaubt die Dezentralisierung der Entscheidungsfindung. Die Verantwortung und Zuständigkeit für Planung, Durchführung und Haftung könnte wieder in einer Hand liegen" (Bühner 1986a, S. 7).

Die Integration von ausführenden und von disponierenden Tätigkeiten in der Verwaltung und in der Produktion fördert das vertikale Zusammenwachsen von

Bereichen. Integrierte Kommunikationsnetze innerhalb und außerhalb der Unternehmung als auch zwischen Unternehmung und Umwelt unterstützen diese Tendenz.

Die Eliminierung bestimmter Verwaltungsfunktionen (z.B. Übertragung, Speicherung, Dokumentation) erlauben eine „Umschichtung und Zusammenfassung von Koordinations- und Kontrollaufgaben auf weniger Führungskräfte" (Bühner 1986a, S. 9). Die Funktionen der Führungskräfte wandeln sich hierdurch. Sie verlagern sich von traditionellen Disziplinierungs-, Aufsichts- und Kontrollfunktionen hin zu Motivations-, Kohäsions-, Moderations- und Kooperationsfunktionen.

Gaitanides u.a. sprechen am Beispiel des Einsatzes von Personal Computer (PC) von gegenläufigen Kaskadeneffekten: Die Anwendungsebene nimmt zu: „Der PC ist Arbeitsmittel Nr. 1 auf der Sachbearbeiterebene. Auf der Ebene des Middle-Managements rangiert er (noch) hinter dem Telefon auf Platz 2" (Gaitanides u.a. 1988, S. 90f.). Gleichzeitig sind Entscheidungen auch auf unteren Ebenen nun möglich (vgl. Abb. C.3).

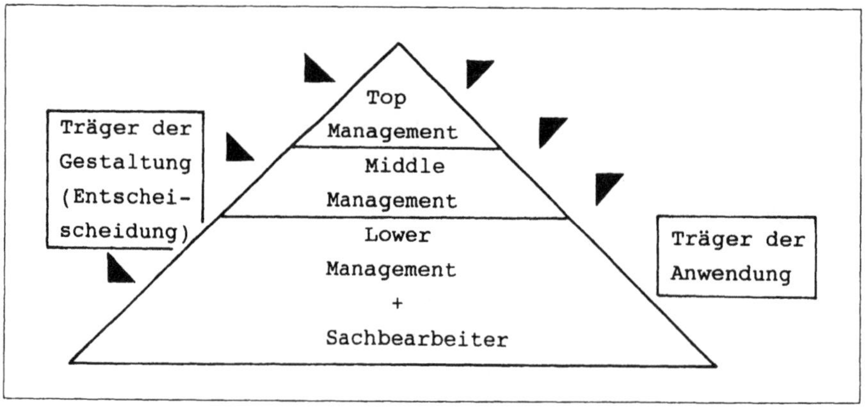


**Abb. C.3:** Einsatz von PC's: Auswirkungen auf Entscheidungsträger und Anwender

Kaskadeneffekte entstehen dadurch, daß die Teilaufgaben mit dem höchsten Routinegrad auf die nächst tiefere Ebene delegiert werden. Wird der PC nun verstärkt auch auf mittleren Ebenen eingesetzt, könnte eine Re-Delegation von Aufgaben eintreten. „Die Konsequenz dieses Gedankenganges zeigt: Findet die Informationstechnik auf einer unteren Hierarchieebene ihre Anwendung, während die nächst höhere Hierarchieebene sich der Informationstechnik selbst nicht bedient, so tritt der Kaskadeneffekt auf, das heißt, es werden Teilaufgaben delegiert. Bemächtigt sich die nächsthöhere Hierarchieebene selbst der Informationstechnik, so tritt der Kaskadeneffekt und der reziproke Kaskadeneffekt auf, das heißt, es werden Teilaufgaben von der nächst höheren Hierarchieebene delegiert (selbst kein Computereinsatz) und von der nächst unteren Hierarchieebene Aufgaben re-delegiert. Diese Entwicklung ist mit der Anwendung der Informationstechnik nicht zwingend, das heißt, beide Effekte können einzeln oder auch nebeneinander auftreten" (Gaitanides u.a. 1988, S. 91).

Insofern ist es fraglich, ob die mittleren Führungsebenen an sich an Bedeutung verlieren oder sogar wegrationalisiert werden. Vielmehr ist davon auszugehen, daß oftmals der Sinn einer neuen Bürotechnik erst im nächsten oder übernächsten Automatisierungsschritt erschlossen wird. Als Konsequenz müssen die Mitarbeiter (auch die Führungskräfte) oft zunächst mehr arbeiten, bis dann bei einer späteren Integration die Abläufe evtl. wieder einfacher werden.

Mittlerweile gibt es Hinweise, daß der Einsatz von Mailbox-Systemen zunimmt (elektronische Post). Als Statussymbol eingesetzt zunächst auf den obersten Hierarchie-Ebenen nimmt auch der Wunsch anderer Manager zu, in den Kommunikationsprozeß einbezogen zu werden. Abzuwarten bleibt aber in der Tat, in welchem Umfang ein radikaler Abbau des Middle-Managements zu befürchten ist. Vieles spricht dafür, daß sich, wie bereits erwähnt, die Führungsfunktionen in Richtung Moderation, Teamfähigkeit und laterale Zusammenarbeit wandelt, wobei sich auch der Manager selbst in zunehmendem Maße (im Gegensatz zu heute) Neuer Technologien bedient. Dies gilt z.B. für Personal Computer, den Einsatz von Datenbanken und Expertensystemen sowie für die elektronische Post.

Ein bekannter Unternehmensberater sieht in aufbauorganisatorischer Hinsicht – und z.T. durchaus recht spekulativ – insgesamt folgende organisatorische Entwicklungstendenzen bis zum Jahre 2000:

„1980 –
Deutliche Ausprägung zur zielorientierten Unternehmensführung durch Strategien. Durch strategische Unternehmensführung erhalten die zweiten und dritten Führungsebenen eine weitere Aufwertung und wesentlich mehr Mitverantwortung am Unternehmenserfolg. Die Zusammenarbeit zwischen Unternehmensführung und diesen Ebenen wird sachlicher, weil zielorientiert. Da Unternehmensstrategie das gesamte Unternehmen einschließt, entwickeln sich die Beziehungen der Sparten und Bereiche untereinander zwangsläufig über das Formale hinaus. Die Kluft dazwischen sowie die Abteilungs-Egoismen reduzieren sich und ressortübergreifende Lösungen (auch im Sinne von Flexibilisierung) nehmen stark zu. Das Management versteht sich zur Erhaltung der Wettbewerbsfähigkeit zunehmend als Förderer von Innovationen. Für die Unternehmensspitze werden zunehmend Generalisten mit natürlicher Autorität gesucht. Integrierte und vernetzte Systeme hingegen bedingen Spezialisten mit guten Kenntnissen auch in den vor- und nachgelagerten Funktionen. Informationen werden allmählich als Produktionsfaktor gesehen und ihre zeitgerechte Bereitstellung und Organisation in einem Informations-Management als zwingende Notwendigkeit erkannt.

1990 –
Unternehmensführung und Führungsebenen arbeiten fast stufenlos zusammen. Das Wissens- und Entscheidungsniveau hat sich hierarchisch erneut weiter abgesenkt. Als Konsequenz strategischer Unternehmensführung sind Sparten und Bereiche so gut wie zusammengewachsen. Vernetzte und integrierte Systeme fördern diese Entwicklung zusätzlich. Als Ausdruck der Flexibilisierung werden bestimmte Bereiche wie „Unternehmen im Unternehmen" geführt. Ressortübergreifende Kenntnisse werden für Führungspositionen Voraussetzung. Techniker werden deshalb mehr von Betriebswirtschaft, Betriebswirte mehr von Technik und beide viel mehr vom Markt verstehen müssen. In integrierten Logistik- und Fertigungssystemen wirken Kunden unmittelbar bis in die Fertigung – in Grenzfällen sogar bis auf spezielle Maschinen – und umgekehrt. Dafür sind die entsprechenden Führungsstrukturen zu entwickeln, deren Basis Informationen sind. Die Funktionalität dieser Führungsstrukturen ist somit ohne unternehmenskonfor-

mes Informations-Management undenkbar, und auch eine höhere Flexibilisierung ist ohne Informations-Management nicht zu erreichen.

2000 –
In diesen Strukturen wird fast jeder mit jedem zusammenarbeiten. Die Kommunikation wird sich nach allen Seiten hin entwickeln und einen Höchststand erreicht haben. Wahrscheinlich wird in diesem Stadium auch die zweite Führungsebene mit Generalisten besetzt sein müssen. Der Anteil an Führungskräften mit operativer Verantwortung wird dann größer sein als jener mit durchführenden Aufgaben. Sowohl die Flexibilität als auch das Spezialistentum dürften einen Reifegrad erreicht haben, der nicht mehr verfeinert werden kann. Derartige Strukturen werden von den Unternehmensführungen selbst ein ungewöhnliches Maß an Flexibilität erfordern." (Baumgartner 1986).

### 3. Zentralisierung oder Dezentralisierung von Entscheidungen

Geht die Entwicklung z.B. nach Ansicht von Bleicher und Bühner hin zu flachen, marktorientierten Organisationsstrukturen, wird dennoch von beiden darauf verwiesen, daß hiermit nicht zwingend eine Dezentralisierung von Entscheidungen verbunden ist. Der direkte Zugriff auf Informationen mit Hilfe von On-line-Systemen ermöglicht ebenso eine Dezentralisierung wie zugleich die zentrale Verfügbarkeit von Informationen mit Hilfe anspruchsvoller Datenbanksysteme die Tendenz zur Zentralisation fördert. Wahrscheinlich wird es zu beiden Tendenzen kommen. Zentralisation und Dezentralisation schließen sich dann gegenseitig nicht aus. Insofern liegt kein Nullsummen-Spiel vor. Peter Röthig beschreibt diesen Zusammenhang wie folgt:

„Sicher gilt, daß die versprochenen Leistungspotentiale des Technikangebotes der Organisationsrealität weit vorauslaufen, zumal das Innovationsverhalten der Unternehmungen ausgesprochen weit streut. Trotzdem zeigen Stichworte wie „CIM Computer Integrated Manufacturing", „FI Fertigungsinseln" und „Büroautomation" einen Trend auf: der Einfluß der Technik auf strategische und auf eher tagtägliche, operative Organisationsentscheidungen wird weiterhin zunehmen. Das Management in Strukturen wird – systemverträgliche Implementierung einmal unterstellt – dadurch entlastet. Gleichzeitig wird weitaus mehr „Sophistication" in das Machen von Strukturen eingehen; das Change-Management von Strukturen der Zukunft wird rigider und störanfälliger, die Anforderungen an die Systemgestalter und -mitglieder wachsen." (Röthig 1989).

Im Hinblick auf neue Informationstechnologien spricht Joachim Schweim von einer „beherrschbaren Dezentralisierung" (Schweim 1984, S. 331). Im Hinblick auf die Aufbauorganisation sieht er die Tendenz von der arbeitsteiligen, eher funktionalen Organisation zu einer mehr prozeßorientierten Arbeitsteilung: „Die integrierte Sachbearbeitung läßt die funktionale Sachbearbeitung in den Vordergrund treten." (ders., S. 332). Ablauf- und Arbeitsorganisation nehmen also an Bedeutung zu. Auf entsprechende Punkte soll im nächsten Abschnitt noch näher eingegangen werden. Darüber hinaus entstehen neue Funktionsfelder neben der herkömmlichen elektronischen Datenverarbeitung. In großen Unternehmen läßt sich das erweiterte informationstechnische Aufgabenspektrum mit Hilfe eines Bündels von Spezialisten bewältigen; für Netzwerke, Dialogsysteme, Datenbanksysteme, Textsysteme, neue Medien, Fertigungssysteme und Spezialtechniken. Hier besteht dann die Koordinierungsaufgabe. Je kleiner jedoch ein Unternehmen wird, desto universeller müssen die Verantwortlichen denken können – organisatorisch und informationstechnisch.

## III. Ablauf- und arbeitsorganisatorische Konsequenzen

### 1. Grundsätzliche Wirkungsbereiche

Die vorhergehenden Abschnitte haben u.a. verdeutlicht, daß es im Bereich der industriellen Produktion ebenso wie auch in Büro und Verwaltung Bestrebungen gibt, mit Hilfe moderner Informations- und Kommunikationstechniken Arbeitsteilung wieder abzubauen. Dabei handelt es sich um eine geringere

- „horizontale Spezialisierung, d.h. eine allmähliche Rücknahme der intensiven Arbeitsteilung mit Tendenzen zum „job enrichment",
- vertikale Spezialisierung, d.h. weniger externe hierarchische Kontrolle und eher wieder mehr Autonomie am Arbeitsplatz" (Frenzel 1986).

Erich Staudt sieht in diesem Zusammenhang Tendenzen zur Flexibilisierung von Arbeitsverhältnissen durch Neue Technologien bzw. zur Entkopplung von Mensch-Maschine-Systemen. Er unterscheidet je nach Charakter der zu bewältigenden Aufgabe und der dem Organisationsschema zugrunde liegenden Artenteilung (Staudt 1982, S. 182) die folgenden traditionellen Kopplungsarten:

(1) **die kooperative Kopplung**
Das heißt, zur Aufgabenerfüllung ist das gleichzeitige Zusammenwirken eines größeren Personenkreises erforderlich

(2) **die konsekutive Kopplung**
Das heißt, die Arbeitsaufgabe wird so zerlegt, daß einer größeren Gesamtheit von Personen Teilaufgaben zugewiesen werden können, die im Prinzip unabhängig voneinander erfüllt werden können (ebenda, S. 182f.).

Durch den Einsatz Neuer Technologien sind folgende Wirkungsbereiche zu unterscheiden:

- Zunehmende Substitution des Menschen in Bereichen niederer organisatorischer Intelligenz und aus der Kombination konventioneller technischer Ausführungsfunktionen mit diesen technischen Intelligenzleistungen zunehmende Substitution im Handhabungsbereich.
- Zunehmende Entkopplung des Menschen vom Materialfluß, verbunden mit zunehmender Abhängigkeit vom Informationsfluß und kommunikativen Vernetzungen zwischen Personen und zwischen Personen und technischen Aggregaten.
- Zunehmende Technisierung der informatorischen und kommunikativen Tätigkeit (ebenda, S. 187).

Staudt weist selbst auf mögliche Wirtschaftlichkeitsgrenzen von Entkopplungsstrategien hin, die im Hinblick auf die Kostenhöhe, den Lagerbestand oder den Zeitbedarf vorhanden sein können. Andererseits sieht er beachtliche Optionen für eine arbeitsorganisatorisch geprägte Flexibilisierung von Arbeitsverhältnissen und eine Individualisierung von Arbeitsstrukturen.

| Ansatz | Verhältnis von Technik und Organisation | Größe des Organisationsspielraumes | Begründung des Organisationsspielraumes |
|---|---|---|---|
| a) Organisatorische Wahl (Trist/ Bamforth 1951) | Technik (im Konzept) als Variable, Rahmenbindungsthese | großer Organisationsspielraum, auch bei gegebener Technik | Im Zuge der technischen Entwicklung zunehmender Organisationsspielraum; Behauptung gleich effizienter Organisationsformen |
| b) Strategische Wahl (Child 1972) | Technik als Variable, die ebenso wie Organisationsstruktur von der Wahl der Strategie abhängt | großer Organisationsspielraum wegen der Möglichkeit zur strategischen Wahl | begründet Möglichkeit zur strategischen Wahl mit<br>- geringer und schwer bestimmbarer Effizienzwirkung von Strukturen<br>- widersprüchlichen Forderungen an Strukturgestaltung<br>- Umweltbeeinflussungsmöglichkeit |
| c) Handlungstheoretischer Ansatz (Schreyögg 1978) | Technik als Variable, die nur aufgrund vorgängiger Investitionen als gegeben erscheint | größerer Organisationsspielraum, dessen Nutzung rechtfertigungspflichtig ist | Möglichkeit der strategischen Wahl, die vor allem wettbewerbstheoretisch begründet wird; im Unterschied zu Child wird dennoch definitiver auf die Grenzen der Wahl hingewiesen, die systembedingt sind. |
| d) Begrenzte Wahl von Begrenzungen (Kubicek 1980) | Technik als Variable, der ebenso wie Organisation ein Rahmen durch konstitutive Entscheidungen gesetzt ist | größerer Organisationsspielraum, wenngleich er ges.-ökonomisch determiniert ist und interessenbezogen genutzt wird | Möglichkeit, konstitutive Entscheidungen innerhalb des ges.-ökonomisch bestimmten Rahmens zu treffen, die die Möglichkeiten techn.-org. Gestaltung weiter einschränken, u.U. aber auch revidierbar sind. |
| e) Ressourcenabhängigkeit (Pfeifer/Salancik 1978) | Vernachlässigung organisationsinterner Variablen und Kontextfaktoren | geringer Organisationsspielraum | Anpassungszwang der Organisation an Umweltzwänge, die aber z.T. gemanagt werden können; intraorganisationale Verteilung der sich daraus ergebenden Wahlmöglichkeiten über (ebenfalls umweltabhängige) Machtstruktur der Organisation. |
| f) Natürliche Wahl (Aldrich 1979) | Vernachlässigung der Technik sowohl als Variable als auch als interner Kontextfaktor | geringer Organisationsspielraum, erst ex post feststellbar | Abhängig vom Wettbewerb und anderen Auslesemechanismen innerhalb einer Nische |

**Abb. C.4:** Organisationstheoretische Ansätze zum Organisationsspielraum nach Sydow (1985, S. 413)

Margit Osterloh kommt dabei bei einer Diskussion vergleichbarer Schlußfolgerungen von Kern/Schumann und von Staudt zu der Schlußfolgerung, daß die Personalpolitik bzw. -planung nicht mehr nur eine Anpassungsfunktion bezüglich Personalqualität und -quantität an die technische und Markt-Entwicklung hat, sondern daß sie eine Initiativfunktion für die Einführung Neuer Technologien bekommt (Osterloh 1986, S. 616). Dies wird insbesondere deutlich, wenn man die **Spielräume** bedenkt, die im Verhältnis zwischen Technik und Organisation die Bandbreite der organisatorischen und personalwirtschaftlichen Gestaltung bestimmen (vgl. Abb. C.4) (Sydow 1985, S. 413).

Kennzeichnend für den Stand der Forschung zu diesem Problemkreis dürfte folgende Aussage von Staehle und Sydow sein, die unter spezieller Berücksichtigung der Büroarbeit, Büroorganisation und Büroautomation feststellen, daß die meisten betriebswirtschaftlichen Untersuchungen „von einer grundsätzlichen Vereinbarkeit individueller, betrieblicher und gesellschaftlicher Interessen ausgehen und meinen, diesen Bereich der Interessenkomplementarität bzw. -indifferenz durch eine (begrenzt) bedürfnisorientierte Organisation automatisierter Büroarbeit und Gestaltung von Bürotechnologien ausschöpfen zu können. Dieser Spielraum für eine humanere Organisation automatisierter Büroarbeit wird jedoch nicht konzeptionell erfaßt“ (Staehle/Sydow 1986, S. 199).

Dabei dürfte es sich in Anlehnung an Ortmann nicht nur um Handlungskonstellationen und Entscheidungsoptionen an sich handeln, sondern zugleich auch um **mikropolitische Machtspiele**. Sie finden in **Entscheidungskorridoren** statt, wo subjektiv und objektiv bedingte Zwänge die Entscheidungssituation beeinflussen. Es sind Zwänge, „die die Rationalität und die freie Wahl der Akteure zwar begrenzen, aber nicht ausmerzen“ (Crozier/Friedberg 1979, S. 92). Das erst stiftet die Möglichkeit der Mikropolitik (Küpper/Ortmann 1986, S. 600).

Im folgenden sollen diese Organisationsspielräume am Beispiel neuer Informations- und Fertigungstechnologien näher beschrieben werden.

## 2. Informationstechnologien in Büro und Verwaltung

### a) Organisationsanalyse und Arbeitsplatzorganisation

Ablauforganisation und Informationstechnologie stehen in einem komplexen Zusammenhang zueinander. Dies gilt nicht nur für den bereits beschriebenen Gestaltungsspielraum im Hinblick auf aufbau- und ablauforganisatorische Gestaltungsalternativen, der einem Determinismus zwischen Technologie und Struktur widerspricht, sondern auch für die Auswahl zwischen unterschiedlichen Technologieformen im Hinblick auf isolierte oder kombinierte bzw. integrierte Datenverarbeitungs-, Textverarbeitungs- und Kommunikationstechnologien. Dies gilt z.B. für die Entscheidung, ob Maxi-, Mini- oder Mikro-Computer zum Einsatz kommen sollen. Das Vorstandsmitglied eines namhaften Elektronik-Konzerns bemerkt hierzu folgendes:

„Viele Unternehmen haben in der Vergangenheit den zweiten Schritt vor dem ersten getan. Sie haben Computeranlagen angeschafft, ohne vorher sorgfältig zu planen, was an substantieller Aufgabenlösung herauskommen soll. Die Folgen waren unzureichende Lösungen, überhöhte Kosten und Frustration der Beteiligten.“ (Peisl 1979, S. 676).

Peisl betont weiterhin, daß Hard- und Software konsequent von den wirtschaftlich notwendigen Bedürfnissen der Benutzer abgeleitet werden müsse.

Die Auswahl einer neuen Informationstechnologie ist deshalb in der Regel eine Projektaufgabe. Peisl schlägt hierzu folgende Phasengliederung vor, bei der nicht nur unterschiedliche Technologiealternativen, sondern insbesondere die betriebliche Zielsetzung und der vorherrschende Aufgabentyp zu beachten sind (vgl. Abb. C.5 Peisl 1979, S. 678).

Die Einführung neuer Bürotechniken setzt also eine gezielte Arbeitsplatzorganisation voraus. Mangelnde organisatorische Vorbereitung war oft der Grund, daß erhoffte Effizienzwirkungen nicht eingetreten sind (Maydl 1987). Darüber hinaus sind die Mitarbeiter vielfach nur bedingt aufnahmebereit für die heute bereits angebotenen multifunktionalen Systeme. Die zentrale Datenverarbeitung und die organisierte Textverarbeitung sind auch heute noch in vielen Unternehmen unterschiedlichen Ressorts zugeordnet. Soll jedoch eine integrierte Text-Datenverarbeitung erfolgen, bei der Zahlen, Daten, Texte, Bilder und Sprache auf einem gemeinsamen – multifunktionalen – System verarbeitet werden sollen, muß die bestehende Arbeitsorganisation mitarbeitergerechter, funktioneller und wirtschaftlicher ausgelegt werden.

Schlüsselproblem ist die Veränderung der verrichtungsorientierten Vorgangsbearbeitung zu einer fall- und vorgangsorientierten Bearbeitung. Wenn nun die Tätigkeiten der Mitarbeiter nicht so verändert werden, daß sich die heutigen Möglichkeiten auch nutzen lassen, wird der Einsatz einer neuen, teuren und intelligenten Technik letztlich unwirtschaftlich sein. Andererseits kann es durch eine veränderte Organisation der Arbeitsabläufe ermöglicht werden, daß Arbeitsgruppen bzw. Teams einen Vorgang verantwortlich bis zum Abschluß durchführen. Damit wird letztlich eine zu große Aufsplitterung von Tätigkeiten vermieden und die zum Teil frustrierende Monotonie abgebaut.

Um dies zu erreichen, ist eine Büroanalyse erforderlich, bei der folgende Gesichtspunkte zu untersuchen sind (Hancke 1988, S. 1ff.):

- Die Funktionsperspektiven des Büros, bei der sowohl sachlogische Aspekte als auch die Interessen der Betroffenen und Beteiligten zu berücksichtigen sind.
- Implementationsperspektiven, die auf den Funktionsperspektiven aufbauen. Dabei geht es insbesondere um Fragen der Informationsverarbeitung im Hinblick auf erforderliche Aktivitäten, Kommunikation und Informationshandhabung.
- Die Ressourcenperspektive (Allokation, Beschaffung, Einsparung, Verbrauch von personellen, technischen und zeitlichen Ressourcen).
- Personelle Perspektiven (Motivation der Büroangestellten, die Deckung zwischen Arbeitsanforderungen und individuellen Erwartungen).

Vor dem Hintergrund dieser Perspektiven sind Instrumente der Funktions-, Kommunikations-, Informations-, Arbeits- und Bewertungsanalyse erforderlich, um realistische Bürosituationen untersuchen zu können. Dabei sollen Aspekte der Funktionsanalyse den Schwerpunkt der nachfolgenden Ausführungen bilden.

### b) unterschiedliche Typen der Büroarbeit

Welche Aufgabentypen sind zu unterscheiden? Reichwald differenziert hierbei zwischen:

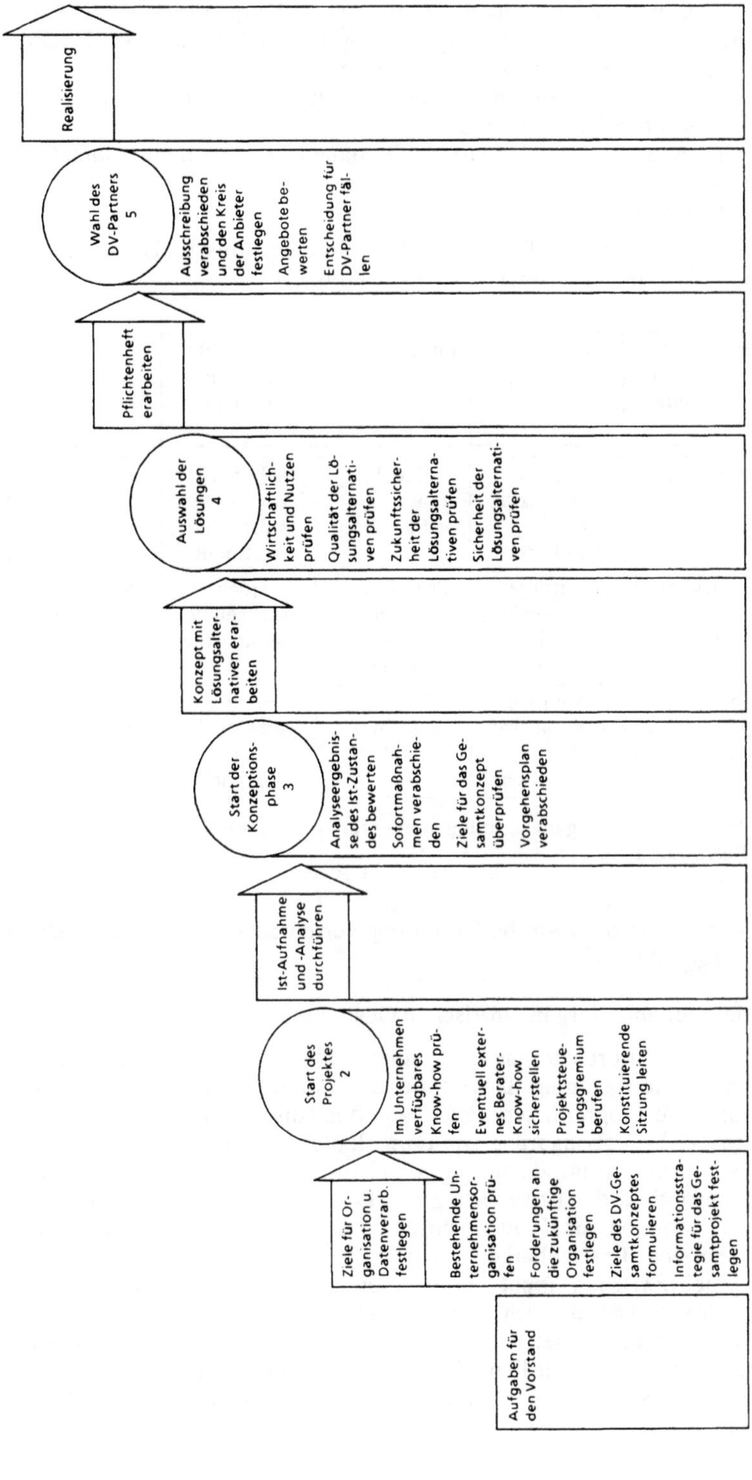


**Abb. C.5:** Phasen der Organisationsanalyse bei der Auswahl eines DV-Systems

- Einzelfall/improvisatorische Aufgabenabwicklung, Domäne der persönlichen Kommunikation und der Konferenzsysteme, gilt für viele Führungstätigkeiten und die laterale, fachbezogene Zusammenarbeit;
- sachbezogene, administrative Aufgabenabwicklung (Domäne der Textkommunikation, Sachbearbeitungstätigkeiten) und
- Routinefall (determinierte Aufgaben, Domäne der Datenkommunikation, Unterstützungstätigkeiten)
(Reichwald 1988, S. 88).

Sie lassen sich u.a. hinsichtlich Problemstellung, Informations- und Kommunikationsbedarf wie folgt näher differenzieren (vgl. Abb. C.6).

| Merkmale der Aufgabenerfüllung / Aufgabentyp | Problemstellung | Informationsbedarf | Kommunikationsbedarf und Kooperationspartner | Lösungsweg |
|---|---|---|---|---|
| Büroaufgaben vom Typ 1 (einzelfallorientiert) | Hohe Komplexität Niedrige Planbarkeit | Hoch, unbestimmt, nicht planbar | Sehr hoch, Koop.partner i.d.R. unbestimmt | individuell, offen |
| Büroaufgaben vom Typ 2 (sachbezogen) | Mittlere Komplexität Mittlere Planbarkeit | Problemabhängig (un)bestimmt, teilweise | Hoch, wechselnde Koop.partner | in festgelegtem Rahmen frei |
| Büroaufgaben vom Typ 3 (routinefallorientiert) | Niedrige Komplexität Hohe Planbarkeit | Niedrig, bestimmt, planbar | Niedrig, gleichbleibende Koop.partner | standardisiert, festgelegt |

**Abb. C.6:** Merkmale der Aufgabenerfüllung bei unterschiedlichen Typen der Büroarbeit (Reichwald 1988, S. 87)

Einen Überblick über die **zeitliche** Verteilung verschiedener Aufgaben speziell im Sekretariat gibt Abb. C.7.

c) Formalziele der ablauforganisatorischen Gestaltung

Hinzu kommt die Differenzierung nach der jeweiligen Handlungssituation. Ist Kostenreduktion die vorrangige Devise, bei der primär durch Standardisierung, Formalisierung und Programmierung die Senkung von Personal- oder Materialkosten oder z.B. die Verringerung von Durchlaufzeiten angestrebt wird? Oder geht es in erster Linie darum, das bisherige Leistungsangebot zu verbessern? Dabei steht insbesondere die Erweiterung des Leistungsangebots, die schnellere und flexiblere Reaktion auf Kundenwünsche und entsprechende Merkmale der Büroarbeit (Service, Erreichbarkeit u.ä.) im Vordergrund. Reichwald unterscheidet hierbei zwischen **input-** und **output**orientierten Einsatzkonzepten (Reichwald 1988, S. 96), die sich grundsätzlich nicht gegenseitig ausschließen, aber je nach primärer Zielsetzung die Arbeitssituation und das Organisationsklima wesentlich beeinflussen dürften. Einen Überblick über einzelne Formalziele bei der ablauforganisatorischen Gestaltung im Büro ist aus nachfolgender Abbildung zu ersehen (vgl. Abb. C.8).

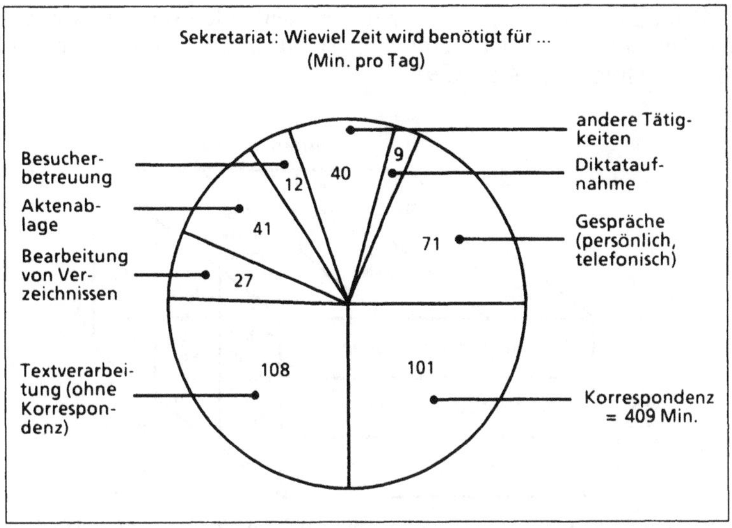


**Abb. C.7:** Zeitliche Verteilung von Sekretariatsaufgaben (Peters 1988, S. 211)

| Ablauforganisatorische Gestaltungsziele | n |
|---|---|
| wirtschaftliche Ziele (Mehrfachnennungen möglich) | 20 |
| Minimierung der Durchlaufzeit | 17 |
| Maximierung der Kapazitätsauslastung | 9 |
| Minimierung der Terminüberschreitungen | 12 |
| Einsparung von Bürokosten | 16 |
| qualitative Verbesserungen der Büroarbeit | 10 |
| soziale Ziele (Mehrfachnennungen möglich) | 12 |
| Schafffung interessanter, abwechslungsreicher Tätigkeitsfelder | 6 |
| Realisierung „ganzheitlicher" Verarbeitungsfolgen | 4 |
| statt Routine mehr Beschäftigung mit der Ausnahme | 3 |
| Steigerung der Motivation bei den Mitarbeitern | 3 |
| Übertragung von Verantwortung | 1 |
| flexibilitätsorientierte Ziele (Mehrfachnennungen möglich) | 14 |
| Verhinderung von „Starrheit" bei der Aufgabenerfüllung im Büro | 8 |
| Einfügung von „neuen" Bürotätigkeiten ohne Änderung der gesamten Ablauforganisation im Büro | 4 |
| ohne nähere Angaben | 4 |

**Abb. C.8:** Formalziele bei der ablauforganisatorischen Gestaltung im Büro (Peters 1988, S. 137)

Hinzu kommt die Differenzierung der zu verarbeitenden **Informationen**. Peters unterscheidet hier hinsichtlich Verdichtungsgrad, Informationsträger und Informationszeit wie folgt (vgl. Abb. C.9).

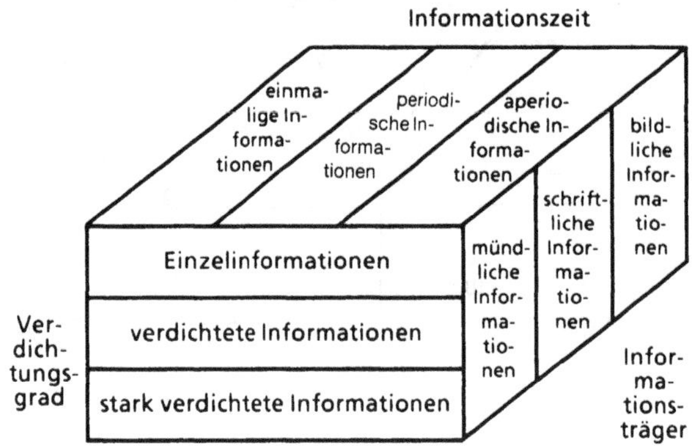


**Abb. C.9:** Formale Aspekte der zu verarbeitenden Informationen (Peters 1988, S. 33)

d) Schwachstellenanalyse als organisatorischer Ansatzpunkt

Unter Beachtung der zu verfolgenden Ziele, der zu verarbeitenden Informationen und der vorherrschenden Aufgabentypen sind ablauforganisatorische Gestaltungsbereiche zu unterscheiden, die an folgenden Schwachstellen ansetzen:

- zu lange Durchlaufzeiten, schwerfällige Arbeitsabwicklung;
- ungenügend Koordination zwischen Teilaufgaben;
- mangelnde Kommunikation (z.B. kaum erreichbare Kommunikationspartner, Informationen, die nicht transparent genug sind);
- Tätigkeitsfelder, die als einseitig und monoton empfunden werden (Peters 1988, S. 243).

Insofern sind Arbeitsgänge unter sinnvoller **räumlicher** und zeitlicher Reihenfolge so auf Personen und verschiedene Technologien als sachliche Hilfsmittel zu verteilen (**Arbeitsverteilung**), daß eine sinnvolle **Leistungsbestimmung** und Informationsübertragung möglich ist. Dabei sind sowohl sachbezogene Erfordernisse als auch die Verbesserung persönlicher **Entfaltungsmöglichkeiten** und die Erweiterung der **Autonomiebereiche** der Büromitarbeiter zu berücksichtigen (Meyer 1987, S. 384).

Das Spektrum verschiedener Technologien im Hinblick auf unterschiedliche Funktionen wie Schreiben, Zeichnen, Rechnen usw. ist jedenfalls sehr groß, so daß sowohl im Hinblick auf die Funktionsbreite als auch auf die Funktionstiefe viele Kombinationen möglich sind (vgl. Abb. C.10).

Dabei zeigt nachstehende tabellarische Übersicht einige mögliche Zusammenhänge zwischen Arbeitsverfahren und Automatisierungsstufe einerseits sowie unterschiedlichen Organisationskonzepten andererseits (IfaA 1982, S. 127).

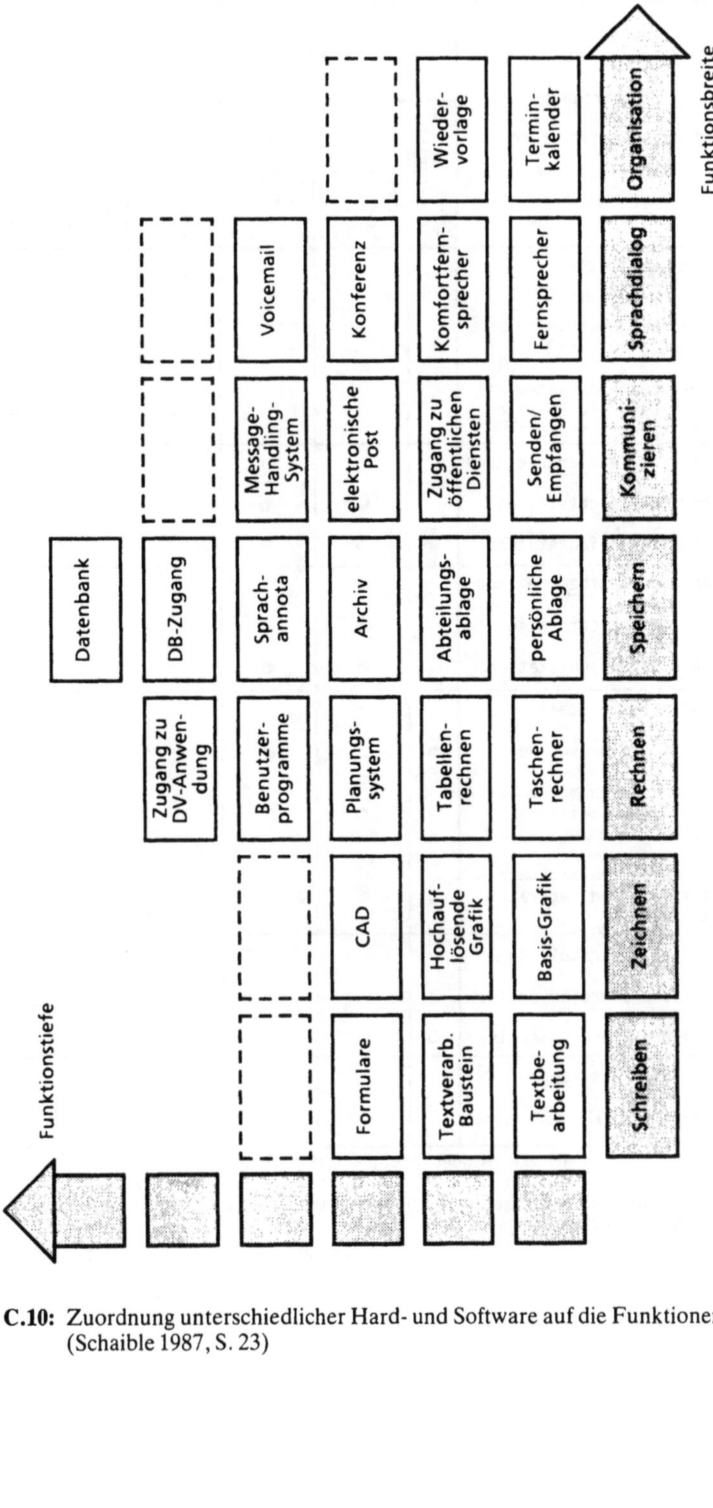


**Abb. C.10:** Zuordnung unterschiedlicher Hard- und Software auf die Funktionen im Büro (Schaible 1987, S. 23)

| Arbeitsverfahren und Automatisierungsstufen | Organisationskonzepte | | | | | |
|---|---|---|---|---|---|---|
| | Einzel-Sekretariat | Einzel-Sekretariat und Schreibpool | Einzel-Sekretariat und kleine Schreibgruppe | Zentralisierte Textverarbeitung | Verwaltungs- und Textverarbeitungssekretariat | schreibender Sachbearbeiter |
| **Computerunterstützte Textverarbeitung** | | | | | | |
| - Textverarbeitungssystem unter Steuerung einer Groß-EDV | | | | ○ | ● | ○ |
| - Textverarbeitungssystem mit mehreren Datensichtstationen an einer Zentraleinheit | | | | ● | ● | ● |
| **Programmierte Textverarbeitung** | | | | | | |
| - ... mit Datensichtstation | | ● | ● | ● | ● | |
| - ... ohne Datensichtstation | | ○ | ● | | | |
| **Programmierte Textbearbeitung** | | | | | | |
| - ... mit Datensichtstation | | ● | ● | | | |
| - ... ohne Datensichtstation | | ● | ● | | | |
| **Maschinelle Texterstellung** | | | | | | |
| - Speicherschreibmaschine | ● | | ● | | | |
| - Schreibautomaten mit einer oder mehreren Speicherstationen | | ○ | ○ | | | |
| - Schreibautomaten mit Datensichtstation und separater Druckausgabe | ○ | ● | ● | ● | ● | ○ |
| **Maschinelle Texterstellung** | | | | | | |
| - elektrische Schreibmaschine | ○ | | ○ | | | |
| - mechanische Schreibmaschine | ○ | | | | | |
| **Manuelle Texterstellung** | | | | | | |
| - Bleistift ... Füllfederhalter | ○ | | | | | |

Legende: ● sehr geeignet, ○ möglich

**Abb. C.11:** Organisationskonzepte bei alternativen Technologien der Textverarbeitung (Quelle: IfaA 1982)

e) Vorgangsorientierung vs. Funktionsorientierung

Beim Einsatz einzelner Technologien ist zu beachten, daß die **Vorgangsorientierung** der Abläufe zugunsten der klassischen **Funktionsorientierung** an Bedeutung gewinnt (vgl. Abb. C.12). Ebenso üblich ist die Unterscheidung zwischen der **sequentiellen** und der parallelen Organisation (Schwetz 1987, S. 75).

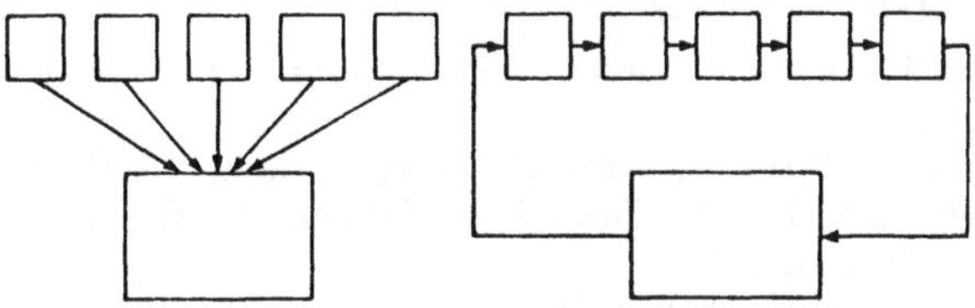

**Abb. C.12:** Funktionsorientierung und Vorgangsorientierung

Dabei läßt sich festhalten, daß bei der funktionsorientierten Gestaltung am einzelnen Arbeitsplatz der Umfang an horizontalen Kooperationsbeziehungen und damit ablauforganisatorischen Gestaltungserfordernissen wesentlich höher ist als bei der vorgangsorientierten Gestaltung. Aufgrund der Tatsache, daß im Rahmen der Vorgangsorientierung eine ganzheitliche Leistung erbracht wird, nehmen die horizontalen Kooperationsbeziehungen ab, die vertikalen dagegen zu. An die Stelle der gemeinsamen Aufgabenerfüllung auf gleicher hierarchischer Ebene rückt nun bei der Sachbearbeitung die alleinige Erledigung von Informationsprozessen durch einzelne Aktionseinheiten. Anstatt eines horizontalen Austauschs von Teilergebnissen zur Weiterverarbeitung werden Endleistungen an die nächst höhere Ebene gegeben, wo sie nach ihrer Kontrolle als Basis für weitere Verarbeitungsschritte dienen (Peter 1988, S. 205).

Verschiedene Untersuchungen deuten darauf hin, daß die parallele Organisation unter Einsatz moderner Informationstechnologien mit Effizienzvorteilen verbunden sein kann. Dies gilt sowohl für die benötigten **Arbeits-** und **Durchlaufzeiten** (z.B. Schwetz 1987, S. 75) bzw. **Schriftguterstellungs-** und **Transportzeiten** (Zangl, Bodem, Hanke 1982, S. 401ff.) als auch für Merkmale der **Arbeitszufriedenheit** (Udris/Ulich 1987, S. 64). Zangl, Bodem und Hanke kommen zu folgender Schlußfolgerung:

Die Nutzung technischer Kommunikationssysteme wird umso intensiver, je näher sich das jeweilige Endgerät beim Nutzerarbeitsplatz befindet. Dies ist besonders wichtig, wenn man bedenkt, daß in der Regel der Prozeß des Aufgabenvollzugs in der Büroarbeit aus vielen Kommunikationsvorgängen besteht. Die Beschleunigung einzelner Vorgänge kann zwar punktuell zu ökonomischen Vorteilen führen, eine generelle Beschleunigung im Aufgabenvollzug wird damit aber kaum erreicht. Dieses Ziel kann nur dadurch erreicht werden, daß immer mehr Vorgänge elektronisch übertragen werden. Dies wird wiederum dann beschleunigt erreicht, wenn die Kommunikationssysteme nutzernah (d.h. dezentral) eingesetzt werden (ebenda, S. 404).

f) Einschätzungen der Betroffenen

Insofern kann sich die Ablauforganisation nicht nur auf den **Einzelarbeitsplatz** beschränken. Auch **Gruppenlösungen** in bestehenden Organisationseinheiten, **abteilungs-** und **bereichsübergreifende Lösungen** sind erforderlich (Baitsch 1986,

S. 420). Insgesamt dürfte die Tendenz zu Mischarbeitsplätzen zunehmen, die wegen der damit verbundenen Vorteile für die Arbeitnehmer (um nicht gleich von Humanisierung am Arbeitsplatz zu sprechen) unter bestimmten Voraussetzungen auch von Gewerkschaften und Betriebsräten gefördert werden. Im Hinblick auf einen Modellversuch in Teilbereichen der Lübecker Kommunalverwaltung wird im DGB-Angestellten-Magazin von folgenden eher positiven Erfahrungen berichtet (Lusebrink/Petrowsky 1986/12, S. 4):

- „Vor dem Modellversuch nannten 14 Prozent ihre Arbeit abwechslungsreich, danach 79 Prozent.
- Vorher konnten 24 Prozent selbständig arbeiten, danach 68 Prozent.
- Anfangs konnten 57 Prozent ihre Fähigkeiten nicht einbringen, später waren es nur noch 32 Prozent.
- Eintönig erschien die Arbeit anfangs 33 Prozent, zum Schluß nur noch fünf Prozent.

Sie stimmen grundsätzlich mit den Einschätzungen von betroffenen Arbeitnehmern überein, wie sie von Udris und Ulich untersucht worden sind, wobei diese in der nachfolgenden Abb. C.13 zwischen zwei unterschiedlichen Arbeitnehmergruppen unterscheiden:

| Merkmal | Antwortkategorien | | | | | |
|---|---|---|---|---|---|---|
| | überhaupt nicht/kaum | | etwas | | ziemlich/ vollkommen | |
| | Gruppe | | Gruppe | | Gruppe | |
| | 1 | 2 | 1 | 2 | 1 | 2 |
| Das Bildschirmgerät... | | | | | | |
| macht meine Arbeit interessant und abwechslungsreich | 53 | 48 | 33 | 12 | 15 | 40 |
| hat meinen Arbeitsbereich erweitert | 29 | 20 | 43 | 20 | 28 | 60 |
| ermöglicht besseren Einsatz meiner Kenntnisse und Fähigkeiten | 71 | 48 | 19 | 8 | 10 | 44 |
| verursacht lästige Zusatzarbeit | 67 | 76 | 10 | 24 | 24 | 0 |
| ist für meine Arbeit unzweckmäßig gestaltet | 90 | 96 | 10 | 4 | 0 | 0 |
| hat meinen Arbeitsablauf positiv verändert | 50 | 12 | 25 | 20 | 25 | 68 |
| erleichtert meine Arbeit | 48 | 4 | 24 | 12 | 28 | 84 |

**Abb. C.13:** Beurteilung von Dialogsystemen durch zwei Angestelltengruppen

- Gruppe 1: Sachbearbeiter eines Versicherungsunternehmens mit geringen Partizipationsmöglichkeiten
- Gruppe 2: Sachbearbeiter eines Handelsunternehmens mit ausgeprägten Partizipationsmöglichkeiten, jeweils bei der Planung und Einführung neuer Systeme

In der Tabelle sind die absoluten Zahlen dargestellt.

Diese Ergebnisse dürften verständlich machen, weshalb verschiedene Autoren zu dem Ergebnis kommen, daß zumindest in Teilbereichen eine Vereinbarkeit ökonomischer und personeller Zielsetzungen möglich ist. Entscheidend dürfte jedoch der Wille oder auch ggf. der Zwang sein, vorhandene Organisationsspielräume auszunutzen und sich nicht nur auf das „bequeme Ruhekissen" des technischen Sachzwanges zu verlassen. Dies dürfte gleichermaßen für die Fertigungstechnologien gelten. In den folgenden Abschnitten sollen diese Aspekte verstärkt untersucht werden.

## 3. Fertigungstechnologien in Produktion und Materialwirtschaft

### a) Entwicklungslinien der Fabrikorganisation

Computer-Integrated-Manufacturing gilt als größte Vollkommenheit im Bereich moderner Fertigungstechnologien. Doch der Weg dazu ist (noch) mit vielfältigen Hindernissen gepflastert. Allerdings sind diverse Entwicklungslinien zukünftiger Fabrikorganisation zu erkennen (Bühner 1986, S. 535ff.):

- Von der funktionalen zur prozeßbezogenen Fertigungsorganisation. Durch Funktionsbündelung am Arbeitsplatz (integrierte Werkstattorganisation) werden Aufgaben wie Instandsetzung, Wartung und Qualitätssicherung in der Fertigung mit übernommen. Entscheidungsprozesse werden verkürzt, indem Feinplanungsaufgaben und die Operationsverantwortung dezentralisiert werden.
- Gruppenbezogene Formen der Arbeitsorganisation gewinnen an Bedeutung. An Stelle der traditionellen Reihen- und Fließfertigung sowie der Transferstraßen gilt mehr das (objektorientierte) Gruppenprinzip (z.B. Fertigungsinseln

| | |
|---|---|
| 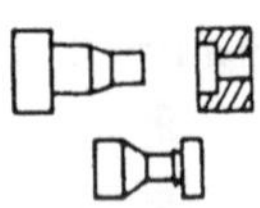 | 1. Stufe: Teilefamilie<br>Zusammenfassung fertigungstechnisch ähnlicher Teile |
| 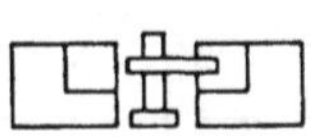 | 2. Stufe: Fertigungsmittel<br>Zusammenfassung der für Komplettbearbeitung einer Teilefamilie benötigten Fertigungsmittel |
| 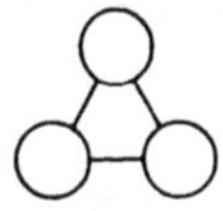 | 3. Stufe: Arbeitsgruppe<br>Zusammenfassung der zur Fertigung der Teilefamilie benötigten gleichartig qualifizierten Arbeiter in einer Gruppe |
| 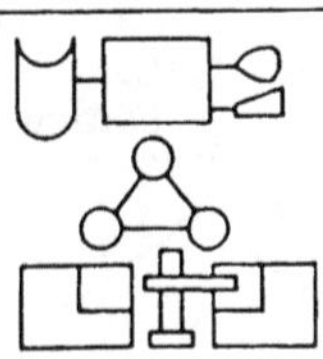 | 4. Stufe: Fertigungsinsel<br>Integration konstruktiver, planender und steuernder Tätigkeiten für die Fertigung der Teilefamilie |

**Abb. C.14:** Prinzipien der Gruppentechnologie (Bierbaum/Muster 1988, S. 26)

und flexible Fertigungssysteme). Hierbei sind Wirkungen der Arbeitserweiterung (Mehrmaschinenbedienung) und der Arbeitsbereicherung unverkennbar (vgl. Abb. C.14).

- Es entstehen parallele, überlappende Arbeitsfolgen, wie wir es bereits als ablauforganisatorische Auswirkungen im Bürobereich dargestellt haben.

b) integrierte DV-Technologien für Arbeitsvorbereitung und Logistik

Hierdurch verändern sich diverse Berufsbilder (vgl. Kap. D.II.6). Hinzu kommt der zunehmende Einsatz integrierter DV-Technologien und Systeme, etwa über gemeinsame Datenbanken, insbesondere im Hinblick auf die Schnittstelle der Arbeitsvorbereitung (vgl. Abb. C.15), die logistischen Funktionen im Unternehmen und Beziehungen zwischen ihnen (z.B. zu Kunden oder Lieferanten).

| | Arbeitsvorbereitung | |
|---|---|---|
| | **Fertigungsplanung** | **Fertigungssteuerung** |
| zentrale Funktionen | • Arbeitsablaufplanung<br>• Stückzeitplanung<br>• Fertigungsmittelkonstruktion und -planung | • Termin- und Auftragsplanung |
| variable Funktionen | • NC-/CNC-Programmierung<br>• Kalkulation<br>• Materialplanung<br>• Fertigungsmittelfertigung<br>• Technische DV<br>• Technisches Labor | • Beschaffung<br>• Transportplanung<br>• Mengen-/Bestandsverwaltung<br>• Fertigungsleitstände |

**Abb. C.15:** Funktionen der Arbeitsvorbereitung (Bühner 1986, S. 538)

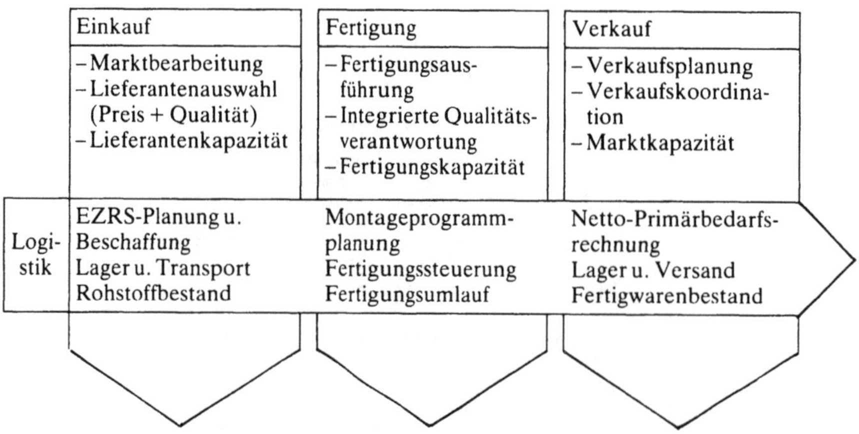


**Abb. C.16:** Integrierte Logistik-Organisation (Pfohl 1980)

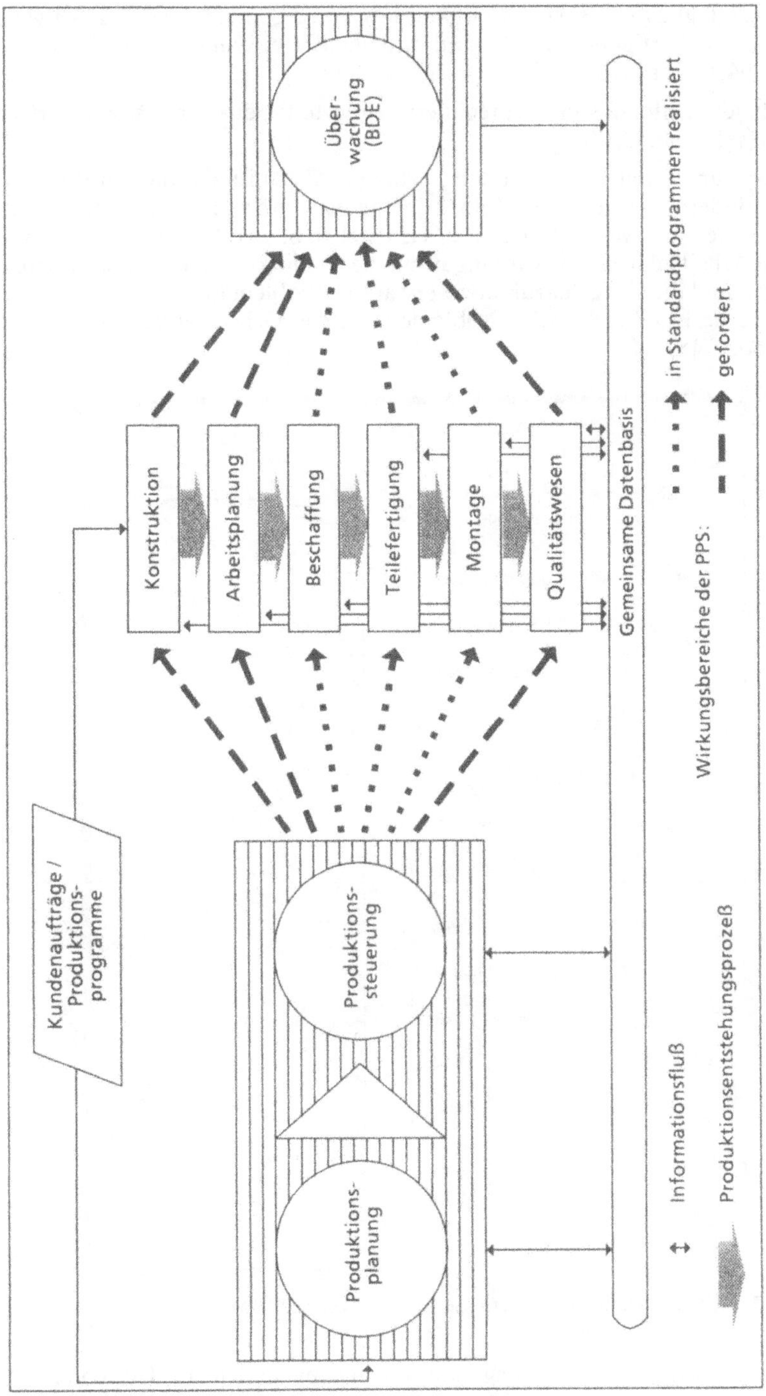


**Abb. C.17:** Rechnerintegrierte Produktion (Hackstein 1987, S. 13)

Bei der „integrierten" Logistik-Organisation wird deutlich, wie eng Aufgaben von Einkauf, Fertigung und Verkauf miteinander verzahnt sind (vgl. Schwarz 1988, S. 94; ferner Pfohl 1980, S. 1201ff.).

In Verbindung hierzu kann die rechnerintegrierte Produktion erst voll wirksam werden (vgl. Abb. C.17).

Der Weg zur computer-integrierten Fertigung (CIM) ist allerdings noch mit diversen Hindernissen versehen. Dabei sind neben den schon erwähnten organisatorischen Reibungsverlusten durch das Entstehen oder Wegfallen von Abteilungen und Arbeitsplätzen Auswirkungen auf die Qualifikation, die Leistungsanforderungen und die Entgeltstruktur zu erwarten. Problematischer dürften jedoch verschiedene EDV-technische Probleme sein, die nachstehend aufgeführt sind (vgl. Abb. C.18).

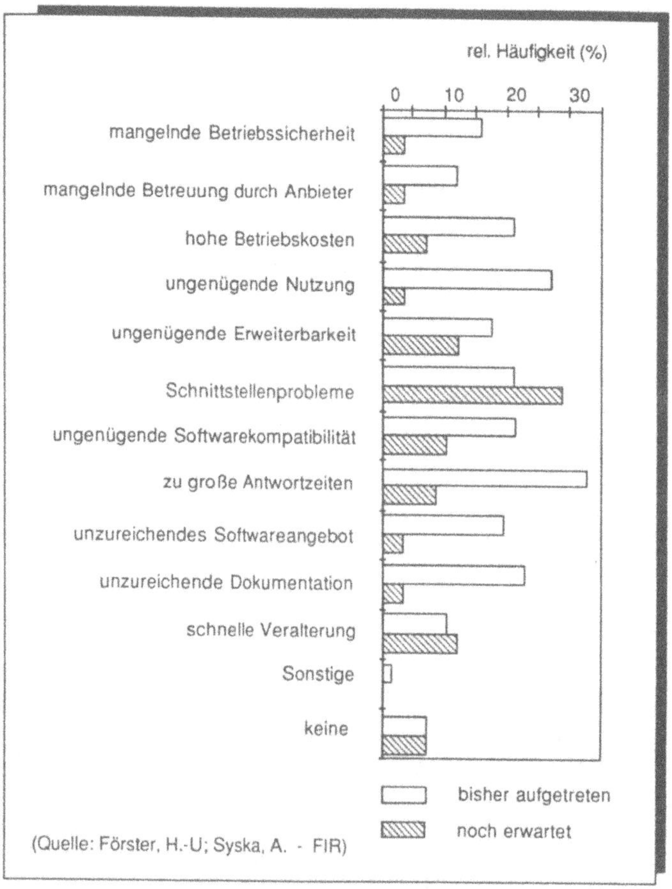


**Abb. C.18:** EDV-technische Hindernisse auf dem Wege zu CIM

Zu lange Antwortzeiten, ungenügende Nutzung, unzureichende Dokumentation bzw. Softwareangebot sind bisher am problematischsten, zukünftig dürften Schnittstellenprobleme und die schnelle Veralterung der Maschine Schwierigkeiten mit sich bringen. Dabei ist festzustellen, daß die theoretische Durcharbeitung von CIM schon relativ weit fortgeschritten ist und Pilotanwendungen für die Kopplung von Teilsystemen bereits vorhanden sind. Andererseits gibt es häufig ein Nebeneinander von neuen und alten Technologien. Software und Hardware sind oft nicht kompatibel (Degenhardt 1987, S. 149). Allerdings ist festzustellen, daß NC-Maschinen eine große Verbreitung haben und Teillösungen z.B. für CAE, CAD, CAP bereits vorhanden sind. Am Beispiel der Drehteile-Fertigung läßt sich denn auch anschaulich darstellen, wie eine stufenweise Automatisierung möglich ist (vgl. Abb. C.19).

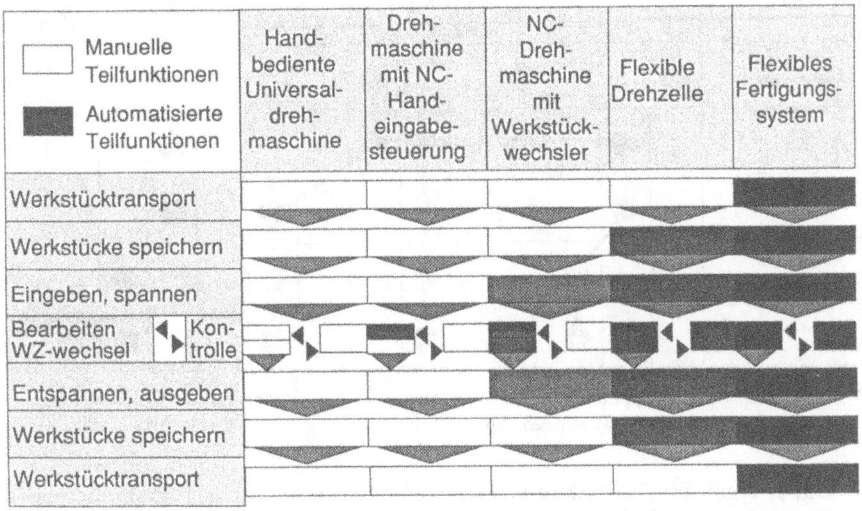


**Abb. C.19:** Von der Drehmaschine zum flexiblen Fertigungssystem (Bullinger/Traut 1986, S. 6)

c) Arbeitsorganisatorische Alternativen bei NC-/CNC-Maschinen

Bezüglich der arbeitsorganisatorischen Folgen von NC- bzw. CNC-Maschinen sind wiederum organisatorische Gestaltungsspielräume festzustellen. Dabei lassen sich zwei typische Alternativen voneinander unterscheiden:

- In den Hauptbereichen der mechanischen Fertigung wird die Arbeitsvorbereitung, insbesondere die NC-Programmierung personell ausgeweitet, um „den Fertigungsablauf einer möglichst weitgehenden zentralen Planung, Steuerung und Kontrolle zugänglich zu machen" (Hirsch-Kreinsen/Springer 1984, S. 116).
- In Teilbereichen der mechanischen Fertigung wird auf eine zentrale Planung, Steuerung und Kontrolle des Werkstattablaufs verzichtet; „den Facharbeitern in der Werkstatt wird ein umfangreicher Komplex dispositiver und ausführender Tätigkeiten übertragen. Zentriert um mehrere gleiche oder unterschiedliche CNC-Maschinen werden einer Gruppe von Facharbeitern die Aufgaben der Maschinenprogrammierung, der Werkzeugvoreinstellung, des Vorrichtungsbaus, der Teilebearbeitung sowie der Qualitätskontrolle zugeordnet" (ebenda, S. 117). Dabei handelt es sich um Werkstattprogrammierung im Ge-

gensatz zu Formen der Arbeitsteilung, die Heeg als „arbeitsteilig-hierarchisch“ bezeichnet (Heeg 1988, S. 103ff.).

Lay unterscheidet in diesem Zusammenhang fünf Grundtypen des arbeitsorganisatorischen Einsatzes von CNC-Werkzeugmaschinen (vgl. Abb. C. 20).

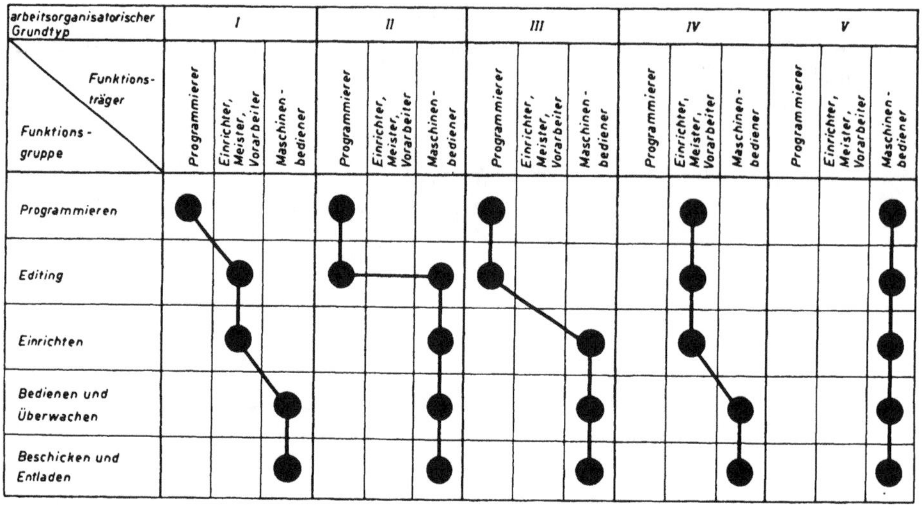


**Abb. C.20:** Grundtypen des arbeitsorganisatorischen Einsatzes von CNC-Werkzeugmaschinen (Lay 1987, S. 114)

Dabei ergab ein Wirtschaftlichkeitsvergleich hinsichtlich Programmierzeit und Programmanlaufzeit, Fertigungszeit, Arbeitsplatzkosten an der Maschine und Organisationsaufwand folgende „Abhängigkeiten zwischen der Organisation des Einsatzes von CNC-Werkzeugmaschinen und der Wirtschaftlichkeit der Fertigung: Die Werkstattprogrammierung an der Werkzeugmaschine war bei komfortablen CNC-Steuerungen einer rechnerunterstützten zentralen Programmierung in der Arbeitsvorbereitung wirtschaftlich überlegen. Diese Überlegenheit war bereits dann gegeben, wenn die Programmierung in vollem Umfang Maschinenstillstandszeiten verursachte.

Kann ganz oder teilweise parallel zur laufenden Maschine programmiert werden, nehmen die wirtschaftlichen Vorteile der Werkstattprogrammierung weiter zu.

Bei NC-Steuerungen mit weniger Programmierkomfort ist die Werkstattprogrammierung bei stehender Maschine einer Programmierung in der Arbeitsvorbereitung ohne Rechnerunterstützung nicht immer wirtschaftlich überlegen. Kann jedoch überlappend zur Abarbeitung des vorherigen Loses programmiert werden, so ist auch in diesem Vergleich die Werkstattprogrammierung generell kostengünstiger.

Die maschinenferne Werkstattprogrammierung ohne Rechnerunterstützung war nur bei Werkstücken von geringer Komplexität einer rechnergestützten Programmierung in der Arbeitsvorbereitung wirtschaftlich überlegen.

Diese Ergebnisse haben ihre Ursachen in organisatorisch bedingten Unterschieden, die sich vor allem auf die Programmierzeiten, die Programmierplatzkosten, die Programmanlaufzeiten, die Bearbeitungszeiten und die Schulungskosten auswirken (Lay/Lemmermeier 1984, S. 600f.).

d) Arbeitsorganisatorische Alternativen bei CAD-Arbeitsplätzen

Frieling und Sonntag unterscheiden zwischen der zentralisierten Aufstellung von CAD-Arbeitsplätzen (CAD-Pool) und der dezentralen Aufstellung, wo der Einzelplatz der jeweiligen Konstruktionsgruppe zugeordnet wird. Davon gehen die folgenden Vor- und Nachteile dieser Konzeptionen aus (Frieling/Sonntag 1987, S. 144f.).

- **Poolbildung**

Vorteile
- Zu Beginn der CAD-Einführung existieren meist nur wenige Workstations, die man, bedingt durch die hohen Kosten, möglichst optimal auslasten möchte. Dies ist bei einer Poollösung einfacher zu realisieren, da durch eine Einsatzplanung ein möglichst hoher Auslastungsgrad gewährleistet ist und die Benutzer andererseits eine größere Chance haben, einen leeren Arbeitsplatz vorzufinden.
- Durch die Einrichtung eines sog. „Poolbetriebs“ ist sichergestellt, daß „Anfänger“ beraten werden und bei Störungen schnell Abhilfe geschaffen werden kann.
- Bei unterschiedlicher Vertrautheit mit dem Arbeitsmittel CAD ist es im Pool wahrscheinlich, daß ein Kollege anwesend ist, der im Falle einer Störung, einer Fehlermeldung oder eines Ausführungsproblems helfend eingreifen kann.
- Zusatzgeräte wie Plotter, Leuchttische, Hardcopygeräte, Rechnerterminal usw. sind kostengünstiger im Pool zu betreiben.
- Durch die meist abteilungsübergreifende Zusammensetzung der Poolbenutzer ist ein sonst nicht stattfindender Informationsaustausch möglich.
- In der Einführungsphase bietet der Poolraum bessere Schulungsmöglichkeiten. Meist ist ein Gerät frei, und das Schulungsergebnis (das zeichnerische Produkt) kann sofort über den Plotter ausgegeben und die verschiedenen Systeme (falls vorhanden) können vergleichend erklärt werden.
- Das benötigte Wartungspersonal hat bessere Arbeitsbedingungen (weniger Arbeitsstellen und damit einfaches Auffinden, schnelleren Zugang zu den Systemkomponenten, kurze Wegzeiten).
- Spezial-Literatur kann im Pool – für alle zugänglich – aufbewahrt werden.

Nachteile:
- Der eigene Arbeitsrhythmus muß durch den Zwang eines Belegungsplanes mit anderen koordiniert werden.
- Der Poolraum ist meist räumlich vom Brettarbeitsplatz des Konstrukteurs weit entfernt, dadurch ist eine gezieltere Arbeitsplanung erforderlich, um unnötige Wegezeiten zu vermeiden.
- Versuchsteile können in Ermangelung entsprechender Ablagen häufig nicht mitgenommen werden, obgleich die unmittelbare Anschauung die Arbeit am Grafikbildschirm erleichtert.
- Die Umgebungsbedingungen (Klima, Lärm) in den heute zu beobachtenden Pools sind nur in Ausnahmefällen optimal gestaltet.
- Werden unterschiedliche CAD-Systeme verwendet, ist eine allseits geeignete Umfeldbeleuchtung nicht zu erreichen (Probleme bei der Kombination von Vektor- und Rasterbildschirmen).

- Der Pool ist ungeeignet, um konstruktive Inhalte am Bildschirm mit Kollegen zu besprechen (dieser Nachteil ergibt sich aber nur, wenn die Poolbenutzer aus unterschiedlichen Abteilungen zusammenkommen).

Einzelplatz/Dezentrale Lösung

**Vorteile:**
- Der CAD-Arbeitsplatz ist einer Konstruktionsgruppe/Abteilung zugeordnet und kann nur von dieser benutzt werden.
- Ob der Arbeitsplatz besetzt ist oder nicht, kann vom eigenen Arbeitsplatz aus überprüft werden.
- Die eigene Arbeitsausführung muß weniger straff geplant werden, Absprachen innerhalb der eigenen Arbeitsgruppe sind einfacher durchzuführen.
- Der Weg zwischen eigenem Brett-Arbeitsplatz, Schreibtisch und CAD-Arbeitsplatz ist kurz. Versuchsteile können durch die kurzen Wege während der Arbeit am Grafikbildschirm mit einbezogen werden.
- Bei konstruktiven Problemen kann der zuständige Gruppenleiter oder ein kompetenter Kollege unmittelbar befragt werden.

**Nachteile:**
- Die Aufstellung des CAD-Arbeitsplatzes in einem Konstruktionsbüro ist meist ein ergonomisch schlechter Kompromiß, d.h. der Arbeitsplatz wird in die Mitte des Raumes gestellt, um möglichst Blendungen auf dem Bildschirm zu vermeiden. Durch Trennwände und eine Anreicherung von wärmeproduzierenden Aggregaten ist die Klimasituation am Grafikbildschirm somit schlechter als im übrigen Raum. Die freiverlegten Kabel sind ein ständiges Stolperärgernis, und die Beleuchtungssituation ist dann besonders schwierig, wenn Speicherbildröhren verwendet werden, die möglichst abgedunkelte Räume benötigen, andererseits die Beleuchtung in einem Konstruktionsbüro möglichst hoch sein soll, um allzu starke Kontraste zwischen Allgemeinbeleuchtung und Brettbeleuchtung zu vermeiden.
- Bei Schwierigkeiten mit dem System (Ausfällen, Fehlermeldungen, verlängerten Antwortzeiten usw.) fehlt häufig der Spezialist vor Ort. Er muß erst über Telefon herangerufen werden.
- Plotter sind nur in Ausnahmefällen dem Grafikarbeitsplatz zugeordnet, so daß die Zeichnungen zentral in einem Plotterraum erstellt werden.
- Schulungen sind an Einzelarbeitsplätzen schwieriger durchzuführen; Platzprobleme, Störungen durch Telefon beeinträchtigen die Lernsituation.

e) Arbeitsorganisatorische Alternativen bei flexiblen Fertigungssystemen und Fertigungsinseln

Entsprechende Vergleiche gelten auch für flexible Fertigungssysteme. Bühner unterscheidet hier zwischen der zentralen Arbeitsorganisation (Strukturtyp A) und der dezentralen Arbeitsorganisation (Strukturtyp B) (vgl. Abb. C.21).

CNC-Maschinen ermöglichen also durchaus eine andere Arbeitsorganisation. „Sie fordern sie geradezu heraus. Planen und Ausführen in einer Hand, das ist die Chance, der Dequalifikation des Facharbeiters ein Ende zu bereiten und sich stärker auf das Humankapital zu besinnen“ (Priewe 7/88, S. 26). Schlagwortartig lassen sich folgende Merkmale von traditioneller Werkstattorganisation und moderner Inselorganisation gegenüberstellen (ebenda, S. 30).

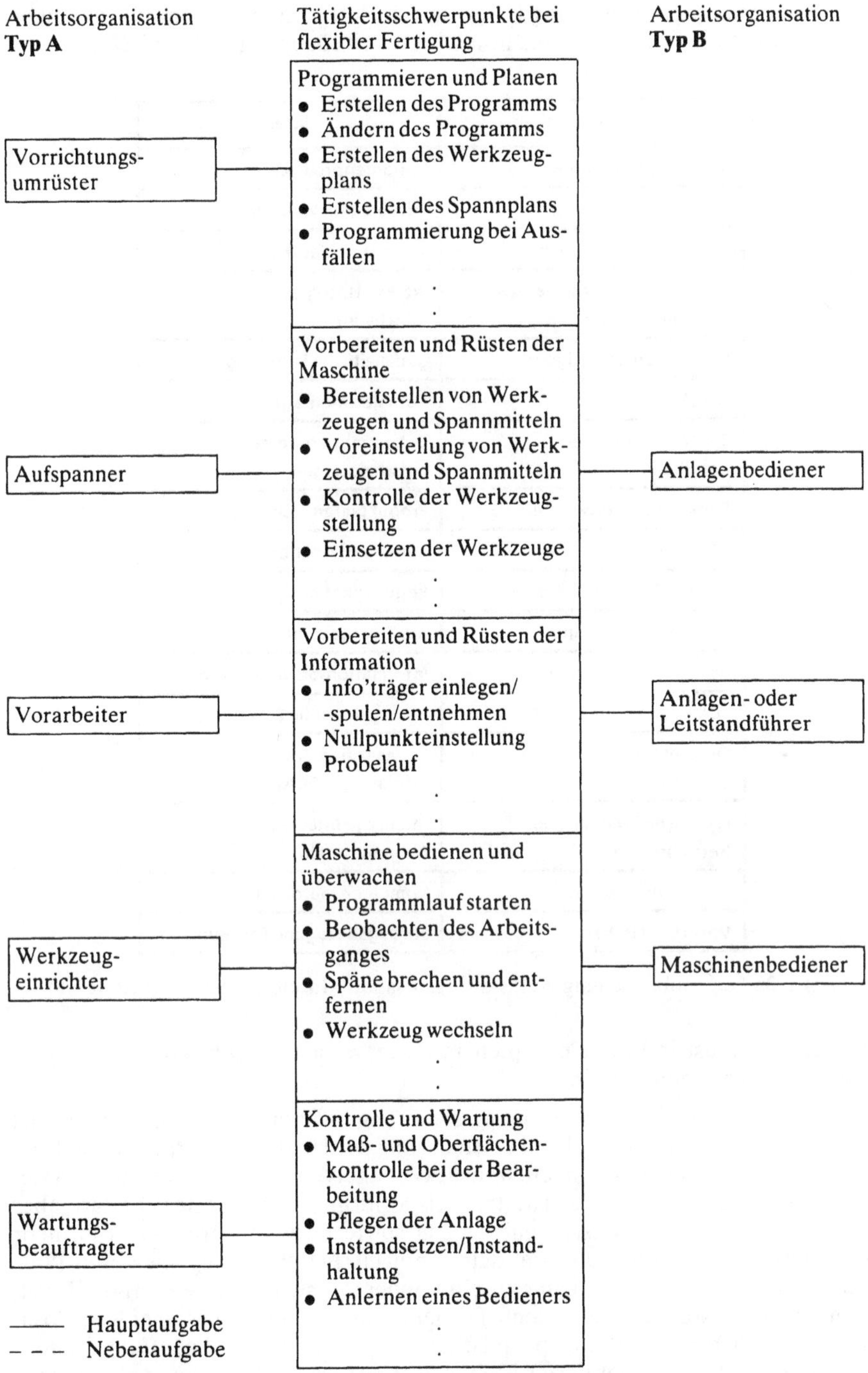


**Abb. C.21:** Zwei idealtypische Formen der Arbeitsorganisation bei einem flexiblen Fertigungssystem (Bühner 1986, S. 72)

Bei konsequenter Betrachtung lassen sich auch die anderen Funktionsbereiche des Unternehmens in die flexible Inselstruktur einfügen (vgl. Abb. C.22).

| Werkstatt | Insel |
|---|---|
| Mengenproduktion | Variantenproduktion |
| große Serien | mittlere und kleine Serien |
| lange Durchlaufzeiten | kurze Durchlaufzeiten |
| Maschinensteuerung durch zentrale Rechner | werkstattprogrammierte Maschinen |
| Komponentenfertigung | ganzheitliche Fertigung |
| Fließbandmontage | Komplettmontage |
| Zentralisierung der Entscheidungen | Dezentralisierung der Entscheidungen |
| Funktionsverantwortung | Produktverantwortung |
| Akkordlohn | partizipativer Lohn |
| Dequalifikation | Requalifikation |
| Arbeitsplatzbindung | Job Enlargement |
| weisungsbezogene Arbeit | informationsbezogene Arbeit |
| EDV-Management | Management by Zuruf |
| Organisation des Materialflusses | Organisation des Informationsflusses |
| räumliche Trennung von Betriebsmitteln | räumliche Integration von Betriebsmitteln |
| Funktionsautorität | Kompetenzautorität |
| **Vorratswirtschaft** | **auftragsbezogene Fertigung** |

**Abb. C.22:** Gegenüberstellung Werkstattorganisation – Inselorganisation (Priewe 7/88)

Dabei ist von just-in-time-Konzepten die Rede, wenn Fertigung und Einkauf miteinander verbunden werden.

Die Aufgabe der zentralen Fertigungssteuerung in einem JIT-Konzept reduziert sich auf eine Grobplanung. Die Feinsteuerung wird in die Werkstatt auf die Ebene elementarer Leistungseinheiten zurückverlagert. Ihre Aufgabe besteht im wesentlichen in der selbständigen Materialdisposition nach konkretem Bedarf, aber auch in der flexiblen Maschinenbelegung sowie in der Übernahme von mehr Qualitätsverantwortung und der selbständigen Durchführung kleinerer Wartungsarbeiten. Solche Fertigungsinseln können als sich selbst steuernde Regelkreise gesehen werden, die gesamte Fertigung als System vermaschter Regelkreise (Freimuth 1987, S. 61). Dabei plädiert Wildemann für die Schaffung kleiner, autonomer, produktorientierter Einheiten in der Produktion, die er als „Fabrik-in der-Fabrik-Konzept" bezeichnet (Wildemann 1988, S. 27). Ziel ist die Schaffung produktorientierter Organisationseinheiten, die mehrere Stufen der logistischen Kette eines Produktes umfassen und als Cost-Center planende und indirekte Funktionen integrieren.

Insgesamt ist festzustellen, daß die Fabrik der Zukunft nicht menschenleer sein wird. Insbesondere in der Montage gibt es bisher nur wenige flexibel automatisierte Anlagen. „Die Wirtschaftlichkeit vieler flexibler Fertigungssysteme kann nur gewährleistet werden, wenn sie auch über das zur Zeit vorhandene Produktspektrum hinaus einsetzbar bleiben" (Bullinger/Traut 1986, S. 7). Wirtschaftlichkeit läßt sich oft nur erhöhen, wenn eine dritte Schicht oder eine andere Form der Ausdehnung der Betriebszeit eingeführt wird. Von der Insellösung zum CIM ist noch ein weiter Weg zurückzulegen. Flexibilität im Hinblick auf sich rasch verändernde Markterfordernisse einerseits und die systemtechnisch bestehende Lösung der integrativen Vernetzung von Teilsystemen scheinen einen Widerspruch in sich darzustellen.

Statt dessen scheint die Gestaltung der Arbeitsorganisation im Hinblick auf die Schaffung ganzheitlicher Aufgabeninhalte einen Schwerpunkt zu bilden. Dabei stehen weniger Bemühungen um eine Humanisierung der Arbeit im Vordergrund (z.B. Lilge/Grunwald 1980), sondern die Notwendigkeit, bei neuen Produktionstechniken integrierte Teams auszubilden, die fähig sind, komplexe Produktionsprozesse zu steuern und zu überwachen und bei kostenintensivem Maschinenstillstand autonom über Lösungen zu entscheiden.

Ulrich Jürgens sieht in diesem Zusammenhang eine sich verringernde Kluft zwischen der Ebene der ausführenden Produktion und den produktionsverarbeitenden und -planenden Funktionen. Dispositive Funktionen werden verstärkt nach „unten" verlagert. Doch auch die andere Tendenz ist nicht zu übersehen: „Mit Hilfe computergestützter Informationssysteme kommt es zu einer dichteren und engeren Anbindung des operativen Managements an die Unternehmenszentralen und ihre Stabsabteilungen" (Jürgens 1987, S. 21).

**Kontrollfragen zu Kapitel C:**

1. Welche grundsätzlichen Zusammenhänge bestehen zwischen Neuen Technologien und der Organisationsstruktur?
2. Diskutieren Sie die Anwendungsbedingungen für das Autarkie- und für das Kooperationskonzept als Gestaltungsmodelle der Büroarbeit!
3. Wie ordnen Sie alternative Fertigungskonzepte unterschiedlichen Zielbeziehungsfeldern (z.B. Flexibilität, Produktivität) zu?
4. Welche Organisationsstrukturen erfordert grundsätzlich das Management von Spitzentechnologien?
5. Wie verändern Neue Technologien traditionelle Führungsstrukturen und das Verhältnis von Führungs- und Ausführungsebenen?
6. Inwieweit begünstigen Neue Technologien eine Zentralisation oder eine Dezentralisation von Entscheidungsstrukturen?
7. Inwieweit handelt es sich beim Einsatz Neuer Technologien um das „Ende der Arbeitsteilung"?
8. Was ist unter Organisationsspielraum zu verstehen?
9. Welche Zusammenhänge bestehen zwischen Organisationsanalyse und Arbeitsplatzorganisation?

10. Nennen Sie die Phasen der Organisationsanalyse bei der Auswahl eines DV-Systems!
11. Wie lassen sich unterschiedliche Typen der Büroarbeit hinsichtlich ihrer Merkmale der Aufgabenerfüllung kennzeichnen?
12. Welche Formalziele der ablauforganisatorischen Gestaltung im Bürobereich sind zu unterscheiden?
13. Wie sind die zu verarbeitenden Informationen im Hinblick auf Erfordernisse der ablauforganisatorischen Gestaltung voneinander zu unterscheiden?
14. Was sind typische Schwachstellen für ablauforganisatorische Gestaltungserfordernisse?
15. Wie läßt sich z.Z. angebotene Hard- und Software auf unterschiedliche Funktionen im Büro zuordnen?
16. Worin besteht der Unterschied zwischen Funktions- und Vorgangsorientierung?
17. Wie lauten die Einschätzungen von Betroffenen zu modernen Arbeitsplatzkonzepten?
18. Welche Entwicklungslinien der Fabrikorganisation sind zu erkennen?
19. Was ist das Kennzeichen einer „integrierten" Logistik-Organisation?
20. Welche Funktionen sind bei einer rechnerintegrierten Produktion zu berücksichtigen?
21. Worin bestehen die Hindernisse auf dem Weg zur computerintegrierten Fertigung?
22. Worin bestehen die arbeitsorganisatorischen Alternativen
    a) beim Einsatz von NC-/CNC-Maschinen
    b) bei flexiblen Fertigungssystemen?
23. Stellen Sie wichtige Merkmale gegenüber von Werkstattorganisation und Inselorganisation!
24. Diskutieren Sie nach Ihrer Einschätzung die wichtigsten organisatorischen Merkmale der „Fabrik der Zukunft"!

**Literaturhinweise:**

Bethge/Overbeck 1986;
Bühner 1986;
Frieling/Sonntag 1987;
Gaitanides 1988;
Hackstein 1987;
Kern/Schumann 1985;
Peters 1988;
Reichwald 1988;
Röthig 1989;
Schaible 1987;
Spur 1986.

# D. Personalwirtschaftliche Konsequenzen Neuer Technologien

Neue Technologien erfordern veränderte personalwirtschaftliche Konzepte. Dies soll im folgenden insbesondere im Hinblick auf Personalplanung, Personalentwicklung, Entgeltfindung, Arbeitszeitgestaltung und Betriebsverfassung näher diskutiert werden. Dies ist insbesondere erforderlich, wenn es darum geht, organisatorische Freiräume sowohl im Hinblick auf sach-rationale als auch auf sozio-emotionale Effizienzaspekte sinnvoll zu nutzen.

## I. Personalplanung

Neue Produktionsprozesse führen zu neuen Arbeitsstrukturen und Arbeitszeiten und bewirken einerseits Spezialisierungen, andererseits erfordern sie Erweiterungen der Arbeitsinhalte.

Aus all dem ergibt sich für den Personalplaner zwangsläufig die Frage:

Können die negativen Folgen technischer Innovationen durch die betriebliche Personalplanung vermieden werden und welche Maßnahmen bzw. Veränderungen sind dazu notwendig?

Die Personalplanung kann negative Folgen technischer Innovationen für den einzelnen Arbeitnehmer nicht ausschalten. Sie kann aber soziale Härten vermeiden oder mindern helfen. Vor allem kann sie qualitative Anpassungsprozesse durchschaubarer machen und steuern helfen. Damit ist und bleibt sie im Grundsatz ein geeignetes Instrument zur Bewältigung technologischer Wandlungsprozesse.

Damit der technische Wandel durch Personalplanung erfolgreich beeinflußt werden kann, müssen jedoch verschiedene Voraussetzungen erfüllt sein. So muß die Personalplanung integraler Bestandteil einer umfassenden Unternehmensplanung sein, die den technischen Wandel und seine Auswirkungen zutreffend einschätzt. Sie muß ferner als Instrument einer bewußten und problemorientierten Personalpolitik verstanden werden, die ihrerseits in eine bewußte Unternehmenspolitik integriert ist.

Und schließlich müssen die mit der technischen Innovation angestrebten wirtschaftlichen Ziele erreicht werden und es darf sich während des Innovationsprozesses die Situation des Unternehmens von der Nachfrageseite her nicht nachhaltig verschlechtern.

### 1. Eine Situationsanalyse zum Stand der betrieblichen Personalplanung

Zur Verbreitung der Personalplanung in der betrieblichen Praxis liegen relativ wenige empirische Untersuchungen vor. Neben den nicht repräsentativen Erhebungen von Wächter (1974) und Drumm/Scholz (1988) in Großunternehmen gibt es die repräsentative Studie des Instituts für Sozialwissenschaftliche Forschung (IFO) von 1975. Sie gibt Auskunft über 2000 Firmen der gewerblichen Wirtschaft. Zusammengefaßt erbrachte diese Untersuchung folgende Ergebnisse (BMFT 1988):

- Eine Minderheit von etwa zwei Fünfteln der Unternehmungen mit 50 und mehr Beschäftigten verfügt in irgendeiner Form über betriebliche Personalplanung; Investitions-, Produktions- und Absatzplanung waren meist weiter verbreitet als Personalplanung.
- Die Verbreitung von Personalplanung hat jedoch im letzten Jahrzehnt deutlich zugenommen; häufiger als früher gibt es dort auch einen Personalplan, wo andere Unternehmenspläne aufgestellt werden; in manchen Teilen der Wirtschaft (insbesondere Großunternehmen) sind Personalpläne gleich häufig oder sogar häufiger als andere Unternehmenspläne anzutreffen.
- Planungsfristen sind relativ kurz; die meisten Pläne reichen nur bis zu einem Jahr; nur in relativ wenigen Unternehmen gibt es zwei- bis dreijährige oder gar vier- und mehrjährige Planungsperioden. Dies gilt für Personalplanung wie auch für andere Unternehmensplanungen; Investitionen werden eher etwas länger im voraus geplant, während bei der Produktionsplanung die Fristen durchschnittlich eher noch kürzer liegen als bei der Personalplanung.
- Die Planungsintensität, gemessen an der Zahl von Einzelplänen für verschiedene Zeiträume, ist ebenfalls in den erfaßten Unternehmen noch relativ gering; durchschnittlich verfügt nur etwa jeder fünfte Betrieb, der überhaupt plant, über zwei Pläne verschiedener Zeitperspektiven; höher ist die Planungsintensität in den Großunternehmen.
- Unter Vorbehalt kann aus dem Erhebungsmaterial und im Vergleich mit früheren Untersuchungen geschlossen werden, daß sowohl die zeitliche Reichweite als auch die Intensität der betrieblichen Personalplanung, wie der Unternehmensplanung überhaupt, tendenziell zunehmen. Derzeit gehört eine in Teilplänen aufgegliederte Unternehmensplanung etwa ab einer Betriebsgröße von 200 Beschäftigten an aufwärts zum betrieblichen „Standardinstrumentarium", das sich weiterhin in Richtung auf Unternehmen geringer Größenordnung ausbreiten wird. Außerdem ist der Entwicklungsstand in der Unternehmensplanung insbesondere in jenen Wirtschaftszweigen überdurchschnittlich hoch, in denen großbetriebliche Unternehmensformen vorherrschen.
- Im übrigen zeigen weitere Ergebnisse der Erhebung, daß auch der Differenzierungsgrad der betrieblichen Personalplanung nach Beschäftigungsgruppen, die Einführung qualitativer Personalplanung (Personalbeurteilung, Karriereplanung, Nachfolgeplanung) sowie das Vorhandensein von Personalplanungsausschüssen (zumeist unter Beteiligung des Betriebsrates) in der Gesamtwirtschaft noch eine relativ geringe Bedeutung besitzen, die jedoch mit wachsender Betriebsgröße deutlich zunimmt (Schultz-Wild 1980, S. 74ff.).

Es bleibt an dieser Stelle also festzuhalten, daß die betriebliche Personalplanung zwar zunehmend an Bedeutung gewinnt, dennoch aber relativ wenig verbreitet ist. Angesichts der bisherigen Ausführungen zur Automatisierung im Fertigungsbereich und der damit verbundenen quantitativen und qualitativen Auswirkungen auf Arbeitsplätze und Arbeitskräfte ist dies eigentlich überraschend und unverständlich.

Eine erste Erklärung für dieses schlechte Untersuchungsergebnis liefert die selektive Nutzung verschiedener Teilaspekte der Personalplanung, je nach betrieblicher Interessenkonstellation.

Weitere Gründe für die „Vernachlässigung“ der Personalplanung sind nach den Ergebnissen der Untersuchung von Drumm/Scholz (1988) und nach den Erklärungen im RKW-Handbuch (1990) die im folgenden zusammengefaßten Vorbehalte gegenüber der Personalplanung:

- fehlende Planungsmentalität bei der Unternehmensleitung
- negative Erfahrungen mit der Planung aufgrund zu hochgesteckter Erwartungen
- Abneigung gegen perfektionistische Planungsmodelle und -systeme
- zu geringes Planungswissen auf der Unternehmerseite, d.h. geringe Vertrautheit mit dem Instrumentarium
- unzureichendes Wissen und fehlende Einsicht auf seiten der Betriebsräte
- Fehlen gesicherter und handhabbarer Planungsmethoden
- Fehlen der notwendigen Daten und Systeme zur Datenerfassung
- mangelnde gegenseitige Information über die verschiedenen Planungen im Unternehmen (Konkurrenz)
- unberechenbare Wirtschaftspolitik (Weltwirtschaft, Währung, Export usw.)
- geringe Kalkulierbarkeit menschlichen Verhaltens (Fehlzeiten, Fluktuation)
- Fehlende Flexibilität des Planers und zu starke Einschränkung seines Ermessensspielraumes (Drumm/Scholz/Polzer 1980, S. 721ff.).

Diese Gründe machen deutlich, daß es sowohl auf seiten der Arbeitgeber, d.h. in der Unternehmensleitung, als auch auf seiten der Betriebsräte noch einer intensiven Information und damit Sensibilisierung für die Möglichkeiten, Methoden und Vorteile einer umfassenden Personalplanung bedarf (Mag 1985, S. 24f.).

### 2. Strategische Personalplanung und Neue Technologien

Von technologischen Innovationen sind alle Teilgebiete der betrieblichen Personalplanung betroffen – eine Konsequenz, die sich schon aus der Abhängigkeit der Personalplanungsbereiche voneinander ergibt. Deshalb reichen einzelne Neukonzeptionen in Teilbereichen der Personalplanung zur Bewältigung der verschiedenen Probleme nicht aus.

Diese Effekte können nur dann aufgefangen und positiv umgesetzt werden, wenn eine Planung schon sehr früh erfolgt, d.h. langfristig ist. Setzt die Personalplanung erst kurz vor oder mit der Einführung neuer Produktionstechniken ein, dann können viele negative Effekte nicht mehr aufgefangen werden, was dann zu Personalengpässen und sozial unverantwortlichen Härtemaßnahmen führen muß.

Personalplanung muß, wenn sie erfolgreich sein will, auf einer Ebene mit anderen strategischen Unternehmensplänen angesiedelt werden und eng mit der technischen Planung zusammenarbeiten. Nur so kann sie in ihrer Planung die Entwicklung des Gesamtunternehmens und die produktionstechnischen Einflüsse auf die menschliche Arbeitskraft berücksichtigen.

Alle diese Aspekte werden durch das Konzept der strategischen Personalplanung realisiert. Sie ist ein Gesamtkonzept für alle Planungsbereiche der Personalplanung, sie ist langfristig angelegt, sie ist „(...) eine inhaltliche Erweiterung von strategischer Produkt- oder Geschäftsfeldplanung (...)“ (Drumm/Scholz 1988, S. 204) und sie beinhaltet das Konzept der Technik-Folgenabschätzung.

Ihre Informationen gewinnt sie nicht nur aus aktuellen Personal- und Stellendatenbanken bzw. aus den anderen strategischen Unternehmensplänen, sondern auch aus der quantitativen und qualitativen Beschreibung zukünftiger Umweltkonstellationen, sogenannter Szenarien.

Für die Personalplanung relevant sind vor allem Szenarien

„• (...)
zukünftiger Technologien der Produktion (...), einschließlich Rationalisierungsmaßnahmen
• der Arbeitsmärkte
• des unternehmensinternen und -externen Erziehungs- und Ausbildungssystems (...)
• und der Organisationsstruktur" (Drumm/Scholz 1988, S. 39).

Als Prognosetechniken für Szenarien kommen eine Reihe qualitativer (Brainstorming, Befragung unternehmensinterner oder -externer Experten) und quantitativer (lineare und nichtlineare Regression in einfacher und multipler Form, welche hier aber nicht weiter erläutert werden sollen) Methoden in Frage. Wichtig ist, daß diese Szenarien eine Informationsquelle darstellen, die einer operativen und taktischen Personalplanung nicht zugänglich ist.

Eine strategische Personalbedarfsplanung konzentriert sich, ausgehend vom zukünftigen Produktions- und Absatzprogramm, im Gegensatz zur operativen und taktischen Personalbedarfsplanung, auch auf die genaue Analyse „(...) langfristiger, auch vager Bedarfsmöglichkeiten (...)" (Drumm/Scholz 1988, S. 207).

Sie geht somit über einen mittelfristigen bzw. kurzfristigen Vergleich zwischen quantitativen und qualitativen Bedarfs- und Deckungsziffern hinaus. Mit Hilfe des Technology-Assessment (Technik-Folgenabschätzung) beschreibt sie die Veränderungen der Arbeitsbedingungen, Arbeitsstrukturen und Personalbestandszahlen, um so bei ihren Berechnungen auch die Implikationen technischer Veränderungen berücksichtigen zu können.

Diese Beschreibung der strategischen Personalbedarfsplanung macht deutlich, daß sie eine insbesondere auf die Berücksichtigung des technischen Wandels ausgerichtete Planung ist.

Strategische Personalbeschaffungs- und Personalfreisetzungsplanung sind als ein einheitliches Planungsobjekt anzusehen. Da die strategische Freisetzungsplanung in erster Linie das Ziel hat, einen Personalabbau möglichst ohne Entlassungen durchzuführen, bietet sich dieser Zusammenschluß an. Damit beide Planungsbereiche ihre Aufgaben erfüllen können, sind verschiedene „Verwendungsstrategien" entwickelt worden. Es geht darum:

- die natürliche Fluktuation, evtl. kombiniert mit einem Einstellungsstopp, zu nutzen
- die natürliche Fluktuation z.B. durch zustimmungspflichtige Aufhebungsverträge oder Nichtverlängerung befristeter Verträge zu fördern
- vorzeitige Pensionierung anzustreben
- Umsetzung von freigesetzten Mitarbeitern aus schrumpfenden in wachsende Unternehmensbereiche vorzunehmen (ebenda, S. 43).

Diese „Verwendungsstrategien" können zwar auch Bestandteil operativer bzw. taktischer Planung sein, lassen sich aber nur bei mehrjährigen Planungszeiträumen effektiv durchführen.

Da die strategische Personalbeschaffungs- und Personalfreisetzungsplanung, gestützt auf Informationen aus den vorab beschriebenen Szenarien, als ein Aufgabenbereich den gegenläufigen Tendenzen Beschaffung und Freisetzung entgegentreten, können sie negative Auswirkungen auf die quantitative Beschäftigungsstruktur unserer Meinung nach sehr viel gezielter bekämpfen.

Der entscheidende Vorteil einer strategischen Personalentwicklungsplanung wie auch Personaleinsatzplanung liegt wieder in der langfristigen und relativ genauen Prognose zukünftiger Aufgaben- und Arbeitsbedingungen durch entsprechende Szenarien. In beiden Planungsbereichen lassen sich Maßnahmenpläne und Verfahrensweisen mit wesentlich größerer Effizienz und Effektivität festlegen, weil der Ungewißheitsgrad über die zukünftige Entwicklung wesentlich geringer ist.

Diese kurze Beschreibung der strategischen Personalplanung und der grundsätzlichen Unterschiede zu anderen Planungsformen sollte deutlich machen, daß sie:

- die zukünftige technische Entwicklung mit ihren Auswirkungen genau analysiert und somit
- sehr viel früher gezielte Maßnahmen zur Vermeidung negativer Folgen ergreifen kann.

Personalplanung ist dann also mehr als eine derivative Bedarfsplanung. Sie ist letztlich nur dann sinnvoll, wenn sie als originäre Ziel- und Maßnahmenplanung verstanden wird (Röthing 1986, S. 205ff.).

In diesem Zusammenhang sieht Wildemann u.a. folgende Anforderungen an strategische Planungskonzeptionen (Wildemann 1987b, S. 40ff.):

- ganzheitliche Betrachtung von Produktion, Markt und Technologie
- stärkere Berücksichtigung der Komponente „Zeit"

Dies erfordert die angemessene Berücksichtigung kritischer Erfolgsfaktoren der Wettbewerbsstrategien sowie der Chancen und Risiken Neuer Technologien, also insgesamt die Bildung eines Technologie-Portfolios vor dem Hintergrund der jeweiligen Technologieposition der Unternehmung. Technologie- und Marktportfolios sind dabei angemessen zu verknüpfen.

Dabei gibt es verschiedene Defizite in der Theorie der Technologieplanung, welche auch auf die Personalplanung nicht ohne Folgen bleiben können. Dies gilt insbesondere für (Wildemann 1987b, S. 194ff.):

- die Messung des Standes der Technik
- die Bestimmung des optimalen Integrations-, Automatisierungs- und Flexibilitätsgrades
- die Budgetermittlung für Neue Technologien
- die Kostenrechnung bei flexiblen Produktionstechniken und nicht zuletzt
- die Qualifikation der Planer und Mitarbeiter neuer Technologien

### 3. Probleme und Veränderungen der Personalplanung bei technologischen Innovationen

Vor dem Hintergrund einer sich immer weiter ausdehnenden Technisierung und den damit verbundenen personellen Effekten lassen sich einige Probleme und auch Veränderungen in den Teilbereichen der betrieblichen Personalplanung erkennen.

Personalplanung kann sowohl kurz-, mittel- als auch langfristig ausgerichtet sein und sie kann sich auf unterschiedliche Mitarbeitergruppen beziehen (z.B. gewerbliche Arbeitnehmer, Angestellte, Führungskräfte). Im wesentlichen sind drei Teilplanungen zu unterscheiden, die in einem engen wechselseitigen Zusammenhang zueinander stehen:

- Personalbedarfsplanung
- Personalbeschaffungsplanung
- Personalentwicklungsplanung.

Während mit Hilfe der Personalbedarfsplanung darzustellen ist, welcher qualitative und quantitative Personalbedarf für die zukünftige Aufgabenerfüllung besteht und welche Kosten mit der Deckung des Personalbedarfs verbunden sind, ist es Aufgabe der Personalbeschaffungsplanung, die Möglichkeiten aufzuzeigen, um innerhalb oder außerhalb des Unternehmens geeignete Mitarbeiter für vakante Positionen zu gewinnen. Die Personalentwicklungsplanung untersucht, welche Positionen innerhalb eines bestimmten Zeitraumes frei werden und welche Mitarbeiter durch geeignete Maßnahmen für die Übernahme dieser Tätigkeit zu qualifizieren sind.

### a) Personalbedarfsplanung

Im folgenden werden insbesondere Aspekte der Personalbedarfsplanung behandelt. Dabei wird zwischen Brutto- und Nettobedarf unterschieden.

Der rechnerische Zusammenhang lautet wie folgt:

Andere Unternehmenspläne

Bruttopersonalbedarf in $t_x$
⁒ Personalbestand in $t_0$
\+ Personalabgänge in $t_0$ bis $t_x$
- sichere Abgänge (Pensionierung)
- statistisch ermittelbare Abgänge (Fluktuation, Invalidität)
- geplante Abgänge/Beförderungen, Versetzungen, Entlassungen

⁒ Personalzugänge (feste) in $t_0$ bis $t_x$

= Nettopersonalbedarf

Insgesamt lassen sich u.a. folgende Methoden und Hilfsmittel zur Personalbeschaffung unterscheiden:

- Trendanalyse

Hier wird von einem in der Vergangenheit beobachteten Zusammenhang zwischen mindestens zwei Variablen, z.B. Umsatz und Mitarbeiterzahl, ausgegangen. Dieser Zusammenhang wird mittels Trendexpolation oder anderer Analogieverfahren auf die Zukunft projiziert.

Da hier einerseits keine einwandfreie Kausalanalyse über die bisher deutlich gewordene Entwicklung erfolgt und andererseits in der Zukunft andere Einflußfaktoren wirksam werden können, ist die Trendanalogie nur dann sinnvoll anzuwenden, wenn keine gravierenden Änderungen der Einflußfaktoren auf den Personalbedarf zu erwarten sind.

- Regressionsanalyse

Mit Hilfe der Regressionsanalyse kann der Personalbedarf aus Größen abgeleitet werden, die hiermit in einem Zusammenhang stehen. Zum Beispiel läßt sich aus dem geplanten Absatz via Produktionsplanung der Personalbedarf errechnen. Die Regressionsanalyse, u.a. in mehreren Stufen durchgeführt, kann zur Ergänzung der Trendanalogie herangezogen werden. Die methodischen Bedenken sind allerdings weitgehend identisch, da Zusammenhänge der Vergangenheit nicht unbedingt auch für die Zukunft gelten.

Pillat empfiehlt insofern zu Recht eine stärkere Orientierung an Zukunftswerten, z.B. an den übrigen Teilplänen des Unternehmens, die allerdings ebenso auf einer Reihe von externen und internen Entwicklungen beruhen. Insofern sind auch Kennzahlen stets nur bedingt anwendbar, weil in der Regel von Zusammenhängen der Vergangenheit ausgegangen wird. Fluktuationsanalysen bringen jedoch oft recht nützliche Hinweise, weil gerade hier von recht stabilen Zusammenhängen ausgegangen werden kann.

- Arbeitsplatzmethode

Sie ist relativ aufwendig, führt jedoch mit Hilfe praktisch bewährter Untersuchungsmethoden (z.B. MTM, REFA) in Verbindung mit Informationen zur Organisations- bzw. Stellenplanung zur Ermittlung des voraussichtlichen Personalbedarfs. Allerdings sollten aufwendige Untersuchungsmethoden auf das funktional notwendige Maß beschränkt bleiben.

Die Stellenplanung läßt sich relativ einfach mit der Ersatzbedarfsplanung verbinden. Zum Beispiel ist zu prüfen, ob mittelfristig wegen geplanter Pensionierungen oder Versetzungen die freiwerdende Stelle wieder besetzt werden soll. Umgekehrt sind geplante Stellenerweiterungen zu berücksichtigen.

Praktisch bewährt hat sich die Durchführung der Personalbedarfsplanung im Rahmen der jährlichen Budgetplanung, wobei zunächst eine Planung nach Kostenstellen erfolgt, die nach organisatorischen Bereichen (Abteilungen, Hauptabteilungen, Ressorts) verdichtet wird.

Analog zur allgemeinen Unternehmensplanung beträgt der Planungszeitraum für die Personalbedarfsplanung z.B. drei Jahre, wobei die beiden letzten Jahre den Charakter einer Vorschau haben sollten. Die Planung erfolgt insofern rollierend. Sie ist in jedem Jahr neu zu erstellen, wobei jeweils ein weiteres Jahr in die Planung einbezogen werden muß. Wichtig ist, daß die Personalbedarfsplanung sowohl quantitativ als auch qualitativ erfolgt.

Die Personalbedarfsplanung wird in Analogie zur Kostenplanung je Kostenstelle erstellt, d.h. für die Durchführung der Personalbedarfsplanung ist der Kostenstellenleiter zuständig. Der Kostenstellenleiter erhält die für die Planung notwendigen Informationen vom jeweiligen Planungsverantwortlichen für den Planungsbereich.

Je nach Zweckmäßigkeit und kostenrechnerischen Gesichtspunkten kann auch eine Zusammenfassung des zukünftigen Personalbedarfs nach Kostenstellengruppen bzw. Abteilungen erfolgen.

Der Planungsverantwortliche je Planungsbereich hat neben der Aufgabe der Information an die Kostenstellenleiter die von den Kostenstellenleitern erarbeitete Planung zu überprüfen und verbindlich abzuzeichnen.

Vom Ablauf der Personalbedarfsplanung her ist es zweckmäßig, wenn je Ressort Koordinationsaufgaben zur Personalplanung wahrgenommen werden. Dabei handelt es sich um folgende Tätigkeiten:

- Zusammenfassung und Kommentierung der Planungen der Planungsbereiche (z.B. nach qualitativen Gesichtspunkten)
- Ergänzung der Personalbedarfsplanung um die Personalkostenplanung, die vom Finanz- und Rechnungswesen aufbereitet wird
- Vorlage und Durchsprache der Personalbedarfsplanung und der Personalkostenplanung je Ressort
- Überarbeitung bzw. Ergänzung der Planung nach Anweisung des Ressortleiters.

Nach Vorliegen der mit den einzelnen Ressortleitern abgestimmten Planungen ist es Aufgabe des Personal- und Sozialwesens, einen Bericht zur Personalplanung zu erstellen. Die Planverabschiedung erfolgt im Rahmen der allgemeinen Unternehmensplanung nach der gesetzlich fixierten Mitwirkung des Betriebsrates. In Fragen der Personalplanung steht dem Betriebsrat ein Unterrichtungs- und Beratungsrecht zu, er kann Vorschläge für die Einführung und Durchführung und Personalplanung machen (§ 92 BetrVG) und die innerbetriebliche Ausschreibung bestimmter oder auch aller Arbeitsplätze verlangen, die zu besetzen sind (§ 93 BetrVG).

Ein wesentlicher Bestandteil der Personalplanung ist die Darstellung und Erläuterung des qualitativen Personalbedarfs, um u.a. die Auswirkungen für die Personalentwicklungs- und -beschaffungsplanung aufzeigen zu können. Ein Grobablaufschema der Personalbedarfsplanung ist in Abb. D.1 dargestellt.

Die betriebliche Personalbedarfsplanung muß bei der Berechnung des Bruttopersonalbedarfs und des sich hieraus ergebenden positiven oder negativen Nettopersonalbedarfs, eine ganze Reihe technologiebedingter Einflußfaktoren berücksichtigen.

Die Analyse und Berücksichtigung dieser Faktoren schon in der Personalbedarfsplanung ist deshalb von Bedeutung, weil nur so Personalengpässe vermieden werden können und weil alle weiteren personalplanerischen Aktivitäten in den Bereichen Personalbeschaffungs-, Personalfreisetzungs-, Personalentwicklungs- und Personaleinsatzplanung mit den hier festgelegten Zahlen langfristig operieren müssen.

Ein erweiterter Aufgabenbereich für die Personalbedarfsplanung ergibt sich unserer Meinung nach aus der oben genannten Forderung, alle möglichen Effekte Neuer Technologien in die Planung miteinzubeziehen. Damit aber durch die Personalbedarfsplanung erkannt wird, welche Arbeitsplätze neu entstehen, welche Qualifikationen neu gebraucht werden, welche eher überflüssig werden und veraltet sind, ist es notwendig, die zukünftige technische Ausstattung, die Produktionstechnik, die intensitätsmäßige Nutzung der Anlage, die Arbeitsorganisation bzw. -struktur und die verschiedenen damit verbundenen Anforderungsstrukturen der Arbeitsplätze zu kennen. Voraussetzung für die Analyse dieser Faktoren ist also – und das insbesondere im Fertigungsbereich – eine enge Verknüpfung von Personalbedarfsplanung und technischer Planung. Damit erweitert sich der Aufgabenbereich der Personalbedarfsplanung. Sie schließt jetzt auch die systematische Analyse personeller Effekte Neuer Technologien, basierend auf einer frühzeitigen und kontinuierlichen Erfassung technisch-organisatorischer Verän-

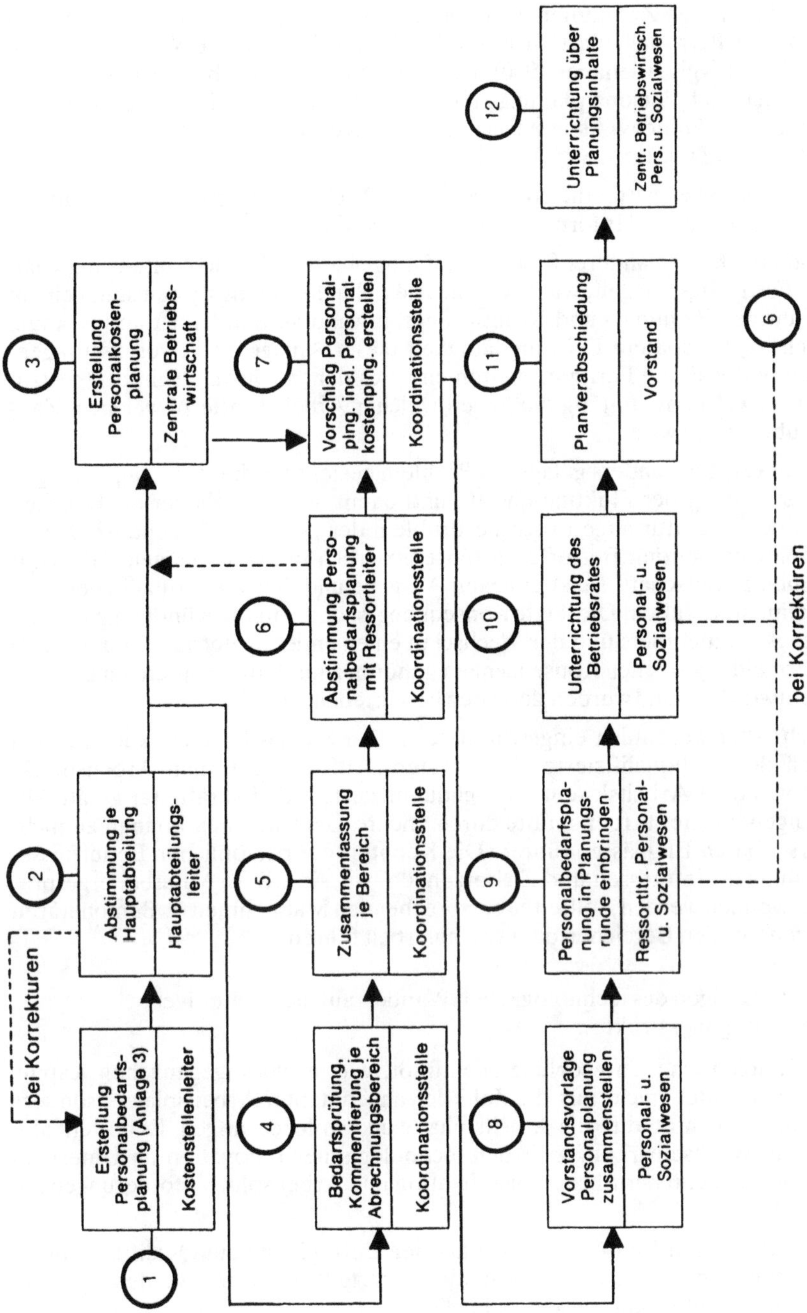


**Abb. D.1:** Ablauf der Personalbedarfsplanung

derung durch enge Zusammenarbeit mit der technischen Planung ein – insbesondere, da der Personalbedarf auch von der Art der Einführung Neuer Technologien abhängt (vgl. Adenauer 1990). Beispiele für solche Verbindungen zwischen technischer und Personalplanung sind die sogenannte Technologie-Folgenabschätzung (Technology-Assessment) oder die Investitions- und Auswirkungsanalyse bei Audi (Zink 1985, S. 51).

In der Praxis aber wird eine so verbundene „Technik-Personalplanung" immer wieder auf Daten- und Informationsprobleme stoßen.

Wir haben schon an anderer Stelle darauf hingewiesen, daß die Einführung komplexer Fertigungsanlagen, wie etwa eines flexiblen Fertigungssystems, mit einem mehrjährigen Planungs- und Realisierungsaufwand verbunden ist und es kaum möglich ist, die spätere Leistungsfähigkeit dieser Anlage exakt vorauszusagen. Gerade bei flexiblen Fertigungssystemen ist es daher schwer, frühzeitig festzustellen, in welchem Umfang die Arbeit welcher Arbeitskräfte zu welchem Zeitpunkt überflüssig wird.

Ein weiteres, ganz anders gelagertes Problem besteht für die Personalplanung in der Bestimmung der Fluktuationsrate und damit des Ersatzbedarfes. Das vielfach in der Literatur angesprochene Problem der „sozialen Akzeptanz" Neuer Technologien bei den Betroffenen führt sicherlich in nicht wenigen Fällen zur fehlenden Bereitschaft, sich der neuen Aufgabe und den Weiterqualifizierungsmaßnahmen zu stellen. Die letzte Konsequenz ist dann oft die Kündigung von seiten des Arbeitnehmers und der Wechsel in einen anderen Betrieb. Maßnahmen zur Vermeidung solcher Konsequenzen gehören zum Aufgabenbereich der Personalentwicklung und werden dort noch beschrieben.

Ähnlich, aber wesentlich eingeschränkter sehen wir das Problem auch für den Bereich der hochqualifizierten Spezialisten. Auf dem externen Arbeitsmarkt sind trotz hoher Arbeitslosenzahl hochqualifizierte Arbeitskräfte rar gesät. Abwerbungen eigener Arbeitskräfte durch andere Unternehmen können zu nicht vorhersehbaren Engpässen führen. Die Kenntnis der persönlichen Bedürfnisse, Einstellungen, Interessen und Zielsetzungen, wie sie z.B. in Mitarbeitergesprächen gewonnen werden, sollten zu entsprechenden Maßnahmen (z.B. monetären Anreizen) in allen Bereichen der Personalarbeit führen.

### b) Auswirkungen des technologischen Wandels auf die qualitative Beschäftigungsstruktur

Die technologische Entwicklung beeinflußt, wie im vorangegangenen Kapitel schon angedeutet, nicht nur die Zahl der angebotenen Arbeitsplätze, sondern auch deren Qualität, d.h. die Arbeitsinhalte und -anforderungen. Es besteht also auch eine Wechselwirkung zwischen technologischer Innovation im Unternehmen einerseits und beruflicher Qualifikation und Arbeitsplatzanforderungen andererseits.

Die verschiedenen Einflüsse der technischen Entwicklung auf Qualifikationsanforderungen werden sehr unterschiedlich beurteilt. Generell werden hier vier verschiedene Entwicklungsrichtungen diskutiert:

„1. Die Dequalifizierungsthese
2. Die Polarisierungsthese
3. Die Höherqualifizierungsthese
4. Die Andersqualifizierungsthese" (Hentze 1986, S. 440).

- Nach der Dequalifizierungsthese werden im Zuge des technischen Fortschritts vor allem solche Arbeitsplätze geschaffen, die geringe berufliche Kenntnisse und Fähigkeiten verlangen und wenig Verantwortung erfordern. Erworbene berufliche Qualifikationen werden dabei zum Teil überflüssig, so daß die von der technischen Veränderung betroffenen Arbeitnehmer eine berufliche Dequalifizierung erfahren.
- Die Polarisierungsthese geht davon aus, daß ein Teil der Arbeitsplätze fortlaufend höhere Qualifikationen erfordert, ein anderer Teil entwickelt sich durch Automatisierung und andere Formen des technischen Wandels dahingehend, daß Fließbandarbeiten und ähnlich monotonen Tätigkeiten, die nur geringe Fertigkeiten und geringe Kenntnisse voraussetzen, größere Bedeutung zukommt. Für diesen Teil der Beschäftigten bedeutet die technische Entwicklung dann eine Entwertung zuvor erworbener Qualifikationen und Berufserfahrungen. In den letzten Jahren wird neben der Polarisierungsthese die Segmentierungsthese vertreten, die von getrennten Teilarbeitsmärkten ausgeht. Der eine Teil der Arbeitskräfte besitzt gesicherte Arbeitsplätze; der zweite hat aufgrund „falscher" Qualifikationen keinerlei Aussichten, einen Arbeitsplatz zu erringen (vgl. Kern 1985).
- Nach der Höherqualifizierungsthese ist davon auszugehen, daß moderne Technologien die Erwerbstätigkeiten mehr und mehr von einfachen, sich wiederholenden und schematischen Routinearbeiten entbinden und ihnen die Möglichkeit geben, sich komplizierten und daher abwechslungsreicheren Tätigkeiten mit planenden, konstruierenden, organisierenden, wartenden, reparierenden oder anderweitigen kreativen Inhalten zuzuwenden. Begründet wird diese These vor allem damit, daß es immanentes Funktionsprinzip moderner Maschinen, Automaten oder Prozesse sei, die in mathematischen Algorithmen faßbaren Aufgaben zu übernehmen.
  Wenn also durch technische Innovationen menschliche Arbeit substituiert wird, dann kann es sich nach dieser These nur um Tätigkeiten mit geringen kreativen und kognitiven Inhalten handeln.
- Die Andersqualifizierungsthese behauptet, daß durch die technische Entwicklung zwar einerseits Arbeitsplatzanforderungen an die Fertigkeiten der Betroffenen wegfallen, sie aber andererseits mit neuen Anforderungen konfrontiert werden. Um diese neuen Anforderungen erfüllen zu können, sind Fortbildungs-, Umschulungs- und Einarbeitungsmaßnahmen in der Personalentwicklungs- und Personaleinsatzplanung notwendig.

Diese Thesen lassen sich nun anhand unterschiedlicher Daten prüfen und aufrechterhalten oder verwerfen, wobei es allerdings nicht möglich ist, eine These als grundlegend richtig zu identifizieren. Dies liegt an der noch zu geringen Anzahl von Untersuchungen, an der Schwierigkeit, entsprechende Daten zu quantifizieren, und an der Verschiedenartigkeit des Rationalisierungsprozesses. Allerdings gibt es Studien, welche die Polarisierungsthese stützen, wie z.B. die OECD-Studie im Volkswagenwerk Hannover (Fürstenberg 1985, S. 19).

Andererseits wird die Segmentierungsthese durch die Statistik der Arbeitslosenzahlen gestützt. Es zeigt sich nämlich, daß die Arbeitslosenquoten für Un- und Angelernte etwa doppelt so hoch ist wie die für Personen mit Facharbeiter-, Techniker- oder Meisterqualifikationen. Für die Hochschulabsolventen liegen die Zahlen sogar noch darunter. Das heißt also, das Risiko, arbeitslos zu werden, nimmt mit wachsendem Qualifikationsniveau ab.

Bleibt am Ende also festzuhalten, daß mit der Ausweitung Neuer Technologien im Fertigungsbereich eine deutliche Veränderung der Qualifikationsstrukturen zu beobachten ist. In ihrer Grundtendenz führt diese sicherlich zu einem Anstieg von höherqualifizierten Tätigkeiten und stellt somit die staatliche Bildungspolitik und die betriebliche Personalentwicklungsplanung vor neue Aufgaben.

Faßt man die verschiedenen Einflußgrößen der betrieblichen Personalplanung zusammen, so können folgende Schwerpunkte herausgestellt werden:

- **Substitution der menschlichen Arbeitskraft durch Technologie**
  Sie erfolgt vorwiegend dort, wo einfache und repetitive Tätigkeiten verrichtet werden und betrifft so vor allen Dingen die „angelernten" Arbeitnehmer ohne Facharbeiterausbildung. Hier liegt auch der größte Freisetzungseffekt, was ein Blick auf die Arbeitslosenstatistik unterstreicht.
- **Intensive Veränderungen der Qualifikationsanforderungen**
  Der Einsatz Neuer Technologien verlangt von einem größeren Teil der im Fertigungsprozeß Beschäftigten ein technisches know-how, bei vielen sogar eine intensive Kenntnis computerspezifischer Programmiertechniken und -sprachen. Es besteht eine Tendenz zur Höherqualifizierung, die intensive Bemühungen in der staatlichen und innerbetrieblichen Bildungsarbeit erfordert.
- **Neue Belastungsformen verändern die Arbeitsbedingungen**
  Neue Technologien übernehmen einerseits schwere und gefährliche Arbeiten und dienen somit der humaneren Gestaltung von Arbeitsplätzen. Auf der anderen Seite stellen insbesondere Arbeitsplätze, die mit Terminals ausgerüstet sind, ihr Bedienungspersonal vor neue psychisch-mentale Belastungen. Diese müssen genau analysiert und bei der Festlegung der Arbeitszeit, d.h. Pausenhäufigkeit, sowie dem Personaleinsatz berücksichtigt werden (vgl. Köchling 1985).
- **Neue Technologien ermöglichen die Veränderung bestehender Arbeitsstrukturen**
  Innerhalb des industriellen Fertigungsprozesses besteht zunehmend die Möglichkeit, Arbeitsteilung und damit Spezialisierung durch Integration und Ganzheitlichkeit zu ersetzen. Innerhalb des Arbeitssystems verschieben sich die Schnittstellen zwischen Mensch und Maschine, d.h. Neue Technologien ermöglichen eine räumliche und zeitliche Trennung des menschlichen Arbeitsvollzuges von technisch-sachlichen Abläufen. Sie schaffen somit Gestaltungsspielräume, die sich durch neue Organisationen der Arbeit (flexible Arbeitszeit, flexible Arbeitsorte/Tätigkeiten) nutzen lassen. Dadurch besteht auch die Möglichkeit zur neuen Funktionsverteilung (Werkstattprogrammierung). Schlagworte wie job rotation, job enlargement, job enrichment etc. sind ein Hinweis für personalpolitische Maßnahmen zur Nutzung der Gestaltungsspielräume. Wesentlich für das Verständnis dieser alternativen Fertigungsstrukturen ist, daß diese nicht allein eine Funktion der technischen Systemauslegung sind, sondern zugleich auch nichttechnischen Einflußgrößen (Personalentwicklung und Personaleinsatzplanung) unterliegen.

### c) Neue Technologien und Personalbeschaffungsplanung

Die Beseitigung einer in der Personalbedarfsplanung festgestellten Unterdeckung sowohl in qualitativer als auch in quantitativer Form ist in erster Linie Aufgabe der Personalbeschaffung. Auf den ersten Blick scheint eine Personalbeschaffungsplanung bei der derzeit hohen Arbeitslosenzahl unproblematisch. Verstärkt wird dieser Eindruck noch durch die unbestrittene Feststellung, daß technologische Entwicklungen gerade im Fertigungsbereich primär zu Personalsubstutionen und damit Freisetzungen führen. Diese Betrachtungsweise sieht aber nur die quantitativen Auswirkungen Neuer Technologien auf die Beschäftigungsstruktur und übersieht völlig den beschriebenen qualitativen Aspekt. Gerade die qualitativen Auswirkungen neuer Produktionstechnologien auf die Beschäftigungsstruktur lassen die menschliche Arbeitskraft in vielen Branchen zu einem Engpaß werden und erfordern somit Personalbeschaffungsmaßnahmen (Fehrmann u.a. 1985, S. 29ff.).

Zu diesem Ergebnis kommt auch Staudt (1984), der in mehreren Unternehmen untersuchte, mit welchen Schwierigkeiten die frühen Anwender der Mikroelektronik konfrontiert wurden. Seine Untersuchung zeigt, daß in den drei Phasen

- Forschung
- Produktion
- und Vermarktung

als gemeinsamer Engpaß für den Vollzug des technischen Wandels geeignete Personalqualifikationen zu gelten haben.

Wenn solche Qualifikationslücken nicht durch Personalentwicklungsmaßnahmen behoben werden können, steht die Personalbeschaffungsplanung vor der Aufgabe, die benötigten Fachkräfte vom externen Arbeitsmarkt zu beschaffen. Das heißt wiederum:

- Jedes Unternehmen, welches Neue Technologien anwenden oder bereits bestehende Produktionskapazitäten ausdehnen will, muß sehr viel mehr Zeit und Arbeit in Personalanwerbungsmaßnahmen investieren.
  Es ist notwendig, die zahlreichen Möglichkeiten einer mehr aktiven Beschaffung auszudehnen und auszunutzen (vgl. Abb. D.2).
- Es muß eine intensive und permanente Arbeitsmarktforschung betrieben werden, um insbesondere die Entwicklung der Beschäftigungsstruktur, d.h. die Verteilung der Arbeitskräfte auf die einzelnen Sektoren der Wirtschaft im beschaffungsrelevanten Teilarbeitsmarkt analysieren zu können. Gleichfalls müssen die Art und die Zahl von Schulabschlüssen bzw. Studienabschlüssen, die Beschaffungsmaßnahmen anderer konkurrierender Unternehmen und das Image der eigenen Firma, um nur einige der wichtigsten Datenfelder zu nennen, berücksichtigt werden. Wird eine solche Arbeitsmarktforschung permanent betrieben, dann können auch kurzfristig auftretende Personalengpässe, aufbauend auf einem guten Datenmaterial, gezielter und effizienter behoben werden. Auf lange Sicht lassen sich sicher Erfahrungswerte für Trendaussagen nutzen.

### d) Neue Technologien – Neue Berufsbilder – Aufgabenerweiterung der Personalentwicklungsplanung

Neue Technologien verlangen veränderte Qualifikationsstrukturen. Darauf ist im Rahmen dieses Buches schon mehrfach hingewiesen worden. Immer mehr sind staatliche Bildungspolitik und besonders das betriebliche Bildungswesen aufgerufen, neue Konzepte zu entwickeln, neue Fähigkeiten und Fertigkeiten zu vermitteln. Die berufliche Bildung und berufliche Weiterbildung stehen zwar im

**EXTERNE PERSONALBESCHAFFUNG**

mehr passive Beschaffung durch

- persönliche Vorsprache von Bewerbern
- Bewerberkartei
- Auswertung von Stellengesuchen
- Zuhilfenahme der Vermittlungsaktivitäten der Arbeitsämter

mehr passive Beschaffung durch

- Anschlagtafeln
- Anwerbung und Empfehlung durch Betriebsangehörige
- persönlicher Kontakt zu potentiellen Mitarbeitern
- Werbung an Schulen bzw. Universitäten
- Öffentlichkeitsarbeit zur Unterstützung aktiver und passiver Beschaffung z. B. Tag der offenen Tür, Werksbesichtigungen, Aktivitäten auf Messen und Ausstellungen, Dia- und Filmwerbung)
- Postwurfsendungen, Plakatwerbung
- Einschalten von Personalberatern
- Stellenanzeigen in Tageszeitungen oder Fachzeitschriften
- Abwerbung
- Einsatz von neuen Kommunikationstechniken (z. B. Bildschirmtext)

**Abb. D.2:** Beschaffung von externem Personal (Hentze 1986, S. 257)

Aufbau des Bildungswesens nicht an erster Stelle, der technische Fortschritt betrifft sie aber in der Tat zuerst.

Der Einsatz rechnergestützter Fertigungssysteme berührt in besonderem Maße die fertigungsorientierten Berufe, die Werkzeugmaschinen, Produktionsanlagen sowie Maschinensysteme einrichten, bedienen und überwachen. Hier ist der Schwerpunkt der berufsvorbereitenden Bildung auf eine möglichst breite berufliche Grundausbildung, die stärker mit Basiskenntnissen über neue Informationstechnologien angereichert ist, zu legen. Für die darauf aufbauende berufliche Fachausbildung gilt es vermehrt, die Handhabung berufsbezogener, neuer Technologien mit Hilfe praxisbezogener, exemplarischer Lernmethoden zu vermitteln.

Aus den veränderten Qualifikationsanforderungen ergibt sich für die Personalentwicklung die Notwendigkeit, Ausbildungsinhalte neu zu ordnen und daraus neue Berufsstrukturen zu entwickeln, welche bisher getrennte Berufe wie Fräser, Dreher, Bohrer zusammenfaßt. Ein Beispiel hierfür ist die Neukonzeption der industriellen Metallberufe, welche sechs Ausbildungsberufe mit 16 Endprofilen vorsieht (vgl. hierzu die Ausführungen in Kap. D. II).

Ohne die Auswirkungen, die die Einführung Neuer Technologien auf die Führungskraft und den Führungsprozeß zweifelsohne haben, genauer zu analysieren, sei an dieser Stelle auch darauf hingewiesen, daß im Rahmen des management development ebenfalls Veränderungen der Ausbildungsinhalte vorgenommen werden müssen.

Abschließend möchten wir noch auf einen Aufgabenbereich der Personalentwicklung hinweisen, der unserer Meinung nach gerade durch die technologische

Innovation entstanden ist. Damit das schon angesprochene Problem der sozialen Akzeptanz, d.h. der Weigerung des Arbeitnehmers, sich den neuen Anforderungen zu stellen, nicht zur Personalengpässen führt, ist es notwendig, schon vor der Einführung Neuer Technologien durch Seminare, Gesprächsgruppen etc. bestehende Technologieängste beim Arbeitnehmer abzubauen und die Notwendigkeit dieser Entwicklung allen verständlich zu machen (vgl. Maydl 1987). Die Planung und Gestaltung dieser Veranstaltung ist ein neuer Aufgabenbereich der Personalentwicklungsplanung.

**Kontrollfragen zu Kapitel D I:**

1. Inwieweit können die Folgen technischer Innovationen durch die Personalplanung vermieden werden?
2. Wie ist der aktuelle Stand über die Verbreitung der betrieblichen Personalplanung zu kennzeichnen?
3. Wie sind die Vorbehalte der Praxis gegen eine als zu umfassend empfundene Personalplanung zu beschreiben?
4. Welche Merkmale kennzeichnen eine strategische Personalplanung, gerade im Zusammenhang mit dem geplanten Einsatz Neuer Technologien?
5. Was verstehen Sie unter Technology Assessment?
6. Beschreiben Sie wichtige, praxisrelevante Methoden und Hilfsmittel zur Personalbedarfsplanung!
7. Wie läuft der Personalplanungsprozeß ab? Welche Phasen sind zu unterscheiden? Welche Bereiche sind angesprochen?
8. Diskutieren Sie die relevanten Thesen zu den Auswirkungen des technologischen Wandels auf die qualitative Beschäftigungsstruktur?
9. Welche Einflüsse gelten für die Personalbeschaffungsplanung?
10. Welche Einflüsse gelten für die Personalentwicklungsplanung?

**Literaturhinweise:**

Drumm/Scholz 1988;
Hentze 1986;
Mag 1985;
Röthing 1986;
Wächter 1974;
Zink 1985.

## II. Personalentwicklung bei Neuen Technologien

Empirische Untersuchungen zeigen, daß es im Laufe der Entwicklung und Einführung von Neuen Technologien immer wieder zu Mißerfolgen bzw. zu zeitlichen Verzögerungen aufgrund der mangelnden Vorbereitung des Personals auf die neue Arbeitssituation kommt. Konkret finden sich folgende Defizite:

- mangelnde Akzeptanz der Neuen Technologien beim Personal;
- Mangel an qualifiziertem Personal;
- fehlendes Know-how bei den vorhandenen Mitarbeitern (vgl. Bock/Schepanski 1984).

Die Bedeutung einer rechtzeitigen und zielgerichteten Vorbereitung des Personals wird mit der Verbreitung der Neuen Technologien wachsen. Probleme bei Erstanwendern lassen sich aufgrund des meist geringen Umfangs der technologisch neuen Anlagen leichter übersehen und werden durch Einsatz der am besten qualifizierten Mitarbeiter und durch die Konzentration aller Kräfte während der Einführungsphase gelöst. Eine systematische Anpassung der Qualifikation an die neuen Anforderungen wird in einem Betrieb bei einem breit angelegten Einsatz Neuer Technologien jedoch unerläßlich (vgl. Brüning 1986). Aufgrund der zukünftigen Bedeutung neuer Technologien in der Praxis muß auch die Berufsausbildung auf die neuen Anforderungen vorbereiten.

### 1. Zusammenhang von Qualifikation, Technik und Arbeitsorganisation

Neue Technologien erfordern im Regelfall die Änderung der Arbeitsorganisation und somit die Änderung der Arbeitsinhalte an verschiedenen Arbeitsplätzen.

Hierbei ist von großer Bedeutung, daß es in den meisten Fällen keine durch den Einsatz einer bestimmten Technik zwingend notwendige Arbeitsorganisation gibt. Die These vom sog. technischen Determinismus kann auch unter Berücksichtigung von Wirtschaftlichkeitskriterien durch praktische Beispiele widerlegt werden (vgl. Kern/Schumann 1985).

Neue Technologien führen erst über die Arbeitsorganisation zu bestimmten Qualifikationsanforderungen.

Neue Technologien determinieren nur teilweise einen bestimmten Qualifikationsbedarf. Der Mikroprozessor verrät nur zum Teil, wie wir die Mitarbeiter eines Unternehmens vorbereiten sollen.

Ein spezifischer Qualifikationsbedarf ergibt sich vielmehr erst dann, wenn wir zentrale Fragen zur Arbeitsorganisation entschieden haben: wie die Arbeit zu strukturieren ist; wie die einzelnen Arbeitsplätze gestaltet und miteinander verkettet werden sollen (Bullinger 1985a).

Bei Einführung Neuer Technologien besteht daher innerhalb eines bestimmten Rahmens eine Wahlmöglichkeit für die Gestaltung der Arbeitsinhalte. Hierbei muß als wichtiges Entscheidungskriterium für die Wahl der Form der konkreten Arbeitsgestaltung die vorhandene Qualifikation der Mitarbeiter herangezogen werden.

Daß bisher Personalplanung in der Regel nur auf technisch-organisatorische Veränderungen reagiert, stellt ein Handicap dar (vgl. Dybowski/Herzer 1989).

Bei der Neugestaltung der Arbeitsbedingungen müssen die Bereiche Arbeitsorganisation, Technikgestaltung und Qualifikation gemeinsam berücksichtigt werden. Eine optimierte Gestaltung dieser Faktoren erweitert den Handlungsspielraum des Mitarbeiters. Der Handlungsspielraum umfaßt hierbei die Tätigkeiten des Mitarbeiters sowie dessen Entscheidungs- und Kontrollspielraum. Der erweiterte Handlungsspielraum hat wiederum positive Wirkungen auf die Motivation sowie das Kreativitäts- und Motivationspotential des Mitarbeiters (s. Abb. D.3).

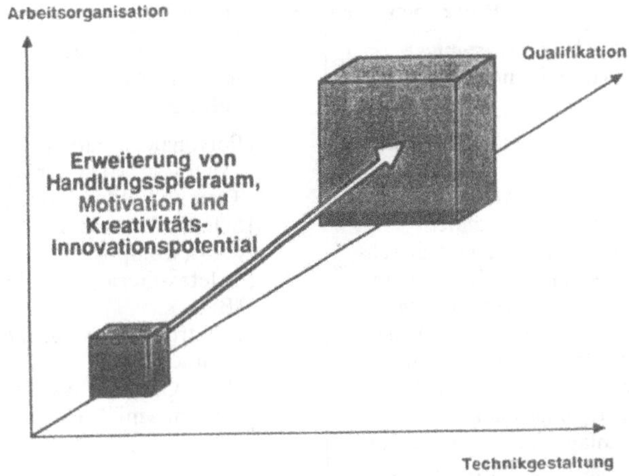


**Abb. D.3:** Wirkdimensionen bei der Einführung Neuer Technologien (Heeg 1987, S. 318)

Trotz des hohen Freiheitsgrades bei der Gestaltung der Arbeitsorganisation für Neue Technologien lassen sich bestimmte Grundtendenzen hinsichtlich der Veränderung der Arbeitsinhalte erkennen, die sich auf die erforderliche Qualifikation des Bedienungspersonals auswirken. Diese Grundtendenzen werden im folgenden Kapitel für die wichtigsten Einsatzbereiche Neuer Technologien dargestellt und die sich hieraus ergebenden Folgerungen für die Personalentwicklung diskutiert.

## 2. Allgemeine Tendenzen der Änderung von Tätigkeitsinhalten und benötigten Qualifikationen beim Einsatz Neuer Technologien

Erste Voraussetzung für eine umfassende Untersuchung der Auswirkungen technischer Änderungen auf Qualifikationen und Anforderungen der Arbeitsplätze ist eine differenzierte Beschreibung der von den Arbeitnehmern genutzten Arbeitsmittel. Das Institut für Arbeitsmarkt- und Berufsforschung der Bundesanstalt für Arbeit (IAB) und das Bundesinstitut für Berufliche Bildung bedienen sich eines in fünf Mechanisierungsstufen unterteilten Katalogs von Arbeitsmitteln. Danach sind in Abb. D.4 aufgeführten programmgesteuerten Arbeitsmittel in die höchste Mechanisierungsstufe eingeordnet.

Die vom IAB durchgeführten Untersuchungen zeigen zweierlei:

Erstens, wie viele Arbeitskräfte aus bestimmten Tätigkeits- und Berufsmerkmalen bestimmte Geräte, Werkzeuge, Maschinen – u.a. programmgesteuerte Arbeitsmittel – **überwiegend** nutzen.

Zweitens, welche Arbeitsmittel hin und wieder verwendet werden. Abb. D.5 zeigt die Untersuchungsergebnisse aus dem Jahre 1985/86.

Die Untersuchungen zeigen, daß Neue Technologien „einfache" und althergebrachte Werkzeuge nicht verdrängen, sondern neue, zusätzliche Möglichkeiten der Bearbeitung in der Fertigung und im Büro bieten. „Daraus erwachsen neue Gestaltungsspielräume der Anreicherung von Tätigkeiten, die interessanter und anspruchsvoller werden. Die Technik gibt die Tätigkeitsstrukturen nicht zwin-

| **Programmgesteuerte Arbeitsmittel** | | | |
|---|---|---|---|
| | **Computer- bzw. programmgesteuerte Maschinen/Anlagen** | | **Computergesteuerte Büromaschinen und Datenverarbeitungsanlagen** |
| 5 | NC-/CNC-gesteuerte Maschine, Industrieroboter<br>Computer, EDV-Anlage/Terminal, Bildschirm, Prozeßrechner<br>Programmgesteuerte medizinisch-technische Geräte (z.B. computergesteuertes Narkosegerät, computergesteuertes Infusionsgerät usw.)<br>Anlagen der Energieerzeugung/-umwandlung (z.B. Turbinen, Stromverteilungsanlagen usw.)<br>Chemieanlage, Verfahrenstechnische Anlage (z.B. Extraktionsanlage, Crackanlage, Zentrifuge, Elektrolyse usw.)<br>Aufbereitungsanlage (z.B. Hochofen, Gießereianlage)<br>Fertigungsanlage (z.B. Transferstraße, Walzstraße, Webanlage) | 5 | Personalcomputer (PC)<br>Computer, EDV-Anlage<br>Terminal, Bildschirmgerät<br>Schreibautomat, Textverarbeitungsgerät, Composer<br>Teletex-Gerät, Bildschirmtextgerät (Btx)<br>Elektronische Kasse, Datenkasse, Scannerkasse<br>CAD-Graphik-System, Zeichenmaschine mit Elektronik |

**Abb. D.4:** Programmgesteuerte Arbeitsmittel (Stooß/Troll 1988, S. 20)

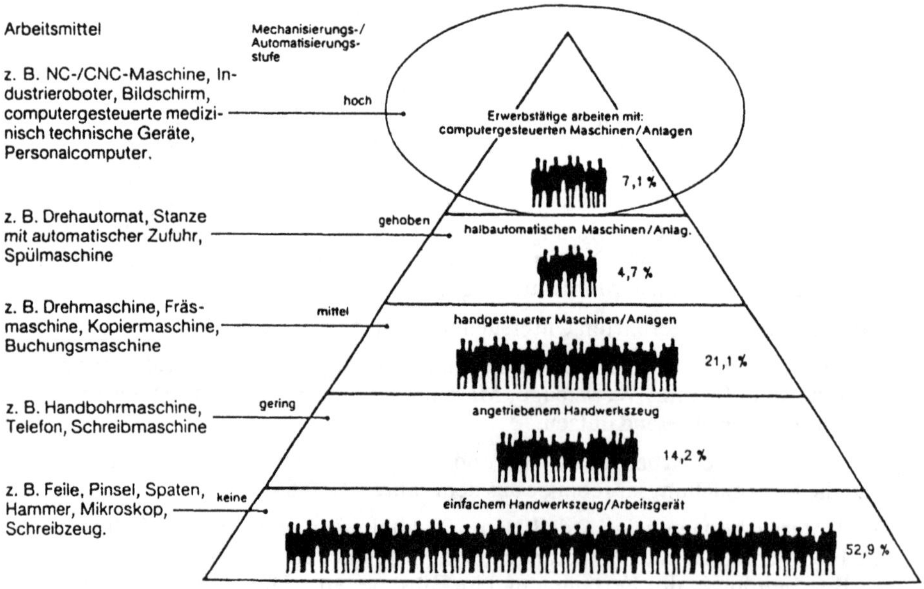


**Abb. D.5:** Der Arbeitseinsatz bei deutschen Berufstätigen im Jahre 1985/86, geordnet nach Mechanisierungs-/Automatisierungsstufen (Stooß/Troll 1988, S. 28)

gend vor, vielmehr entstehen durch sie eher neue Freiräume für den Zuschnitt der Arbeitsaufgaben und Arbeitsplätze." (Stooß/Troll 1988, S. 28).

Die Untersuchungen des IAB, die Darstellung der Anwendungsbereiche Neuer Technologien sowie der Arbeitsorganisation (vgl. Kapitel B und C dieses Buches) haben gezeigt, daß die Neuen Technologien gestaltbar sind. Es können unterschiedliche Formen der Arbeitsorganisation gewählt werden, z.B. in Abhängigkeit von der vorhandenen Qualifikationsstruktur der Mitarbeiter im Einsatzbereich einer Neuen Technologie. Hierdurch ergibt sich die Forderung nach Systemen, die auch in der unmittelbaren Produktion die traditionelle Facharbeiterkompetenz erfordern und ermöglichen. Unterstützt wird diese Forderung durch die Wünsche der Mitarbeiter nach einer verantwortungsvollen und interessanten Tätigkeit. Dies kann bei Neuen Technologien z.B. durch die Verlagerung planender und vorbereitender Arbeit in die Fertigung erreicht werden.

Der Prozeß der Anpassung von Neuen Technologien und Mitarbeiterbedürfnissen kann jedoch nur gelingen, wenn die Mitarbeiter über grundlegende Qualifikation neben den technologiespezifischen Fachkenntnissen verfügen.

Die durch Neue Technologien ausgelöste Entwicklung der Anforderungen und Qualifikationen sowie deren Berücksichtigung in neuen Berufsbildern wird im folgenden Kapitel untersucht.

### 3. Veränderung von Tätigkeitsinhalten bei CNC-Maschinen und Industrierobotern

Bei neuen Fertigungstechnologien ergeben sich für das Personal neue Aufgaben z.B. durch

„• zusätzliche Aufgaben in der Fertigungsorganisation;
• vorbereitende Tätigkeiten wie Arbeitsplanung, Programmieren, Bereitstellung von Werkzeugen, Spannmitteln, Rüsten und Einstellen;
• zusätzliche Aufgaben im Wartungs- und Instandhaltungsbereich" (Sonntag 1985, S. 82).

a) CNC-Maschinen

Am Beispiel der CNC-Maschinen kann der gegenseitige Einfluß von Arbeitsinhalt, Technik und Qualifikation gezeigt werden. Den Zusammenhang verdeutlicht Abb. D.6.

Eine breit angelegte Studie des Bundesinstituts für Berufsbildung und des Instituts für Arbeitsmarkt und Berufsforschung zeigt, daß in der Praxis bei CNC-Maschinen in der Regel das Einrichten, Umrüsten und Programmieren zu den Aufgaben des Bedienungspersonals gehören. 60 Prozent der Mitarbeiter in diesen Bereichen „müssen bei ihrer Arbeit neue Aufgaben lösen oder bisherige Verfahren verbessern bzw. etwas Neues ausprobieren, sind also kreativ gefordert. Auf der anderen Seite berichten 45 Prozent, es wiederhole sich häufig ein und derselbe Arbeitsgang bis in alle Einzelheiten, und für 36 Prozent ist die Arbeitsdurchführung bis in alle Einzelheiten vorgeschrieben. Zudem wird häufiger über hohen Termin- und Leistungsdruck geklagt." (Jansen 1987, S. 266).

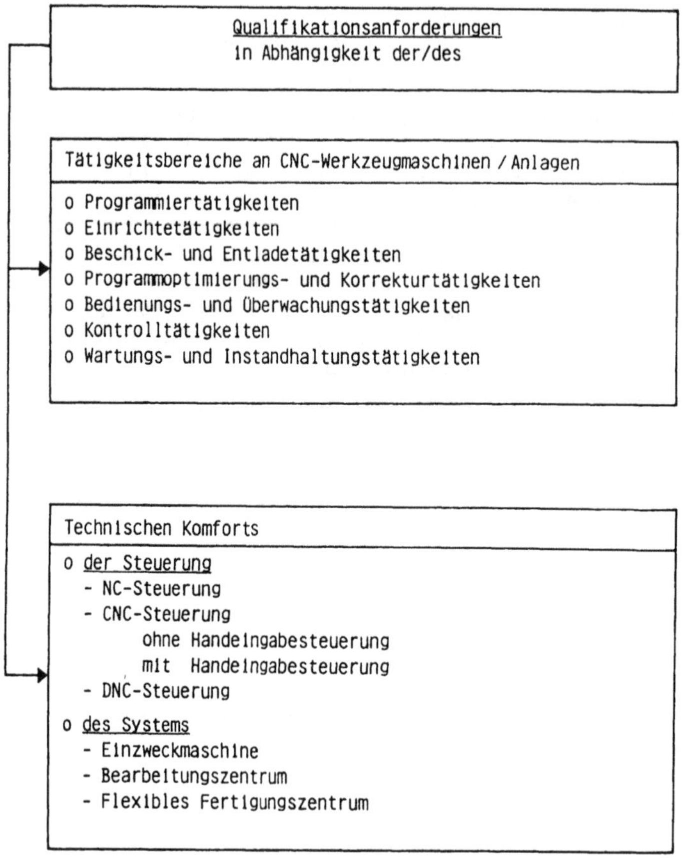


**Abb. D.6:** Qualifikationsanforderungen in Abhängigkeit der Arbeits- und Fertigungsorganisation und der technischen Ausstattung (Quelle: Sonntag 1985)

b) Tätigkeitsinhalte und Qualifikationsanforderungen beim Einsatz von Industrierobotern

An Industrierobotern (IR) lassen sich folgende spezifische Tätigkeitsbereiche unterscheiden:

„• **Planung und Festlegung des Arbeitsablaufs**: umfaßt die planerisch-dispositiven Tätigkeiten, wie Arbeitseinsatzplanung, Maschinenbelegung und die Festlegung der konkreten Arbeitsschritte.
- **Transport**: umfaßt das Zu- und Abführen von Werkstücken sowie das Zuführen von Hilfsstoffen und -mitteln.
- **Einrichten**: umfaßt das Überprüfen und ggf. Ändern des Arbeitsplanes, die Kontrolle der Werkzeugeinstellung (Schweißzange, Greifer), das Umrüsten von Mechanik (z.B. Werkzeugwechsel), von Steuerung (z.B. Wechsel von Ablaufprogrammen) und die Programmanpassung.
- **Programmieren**: umfaßt das Anfahren bestimmter Raumpunkte und das anschließende Speichern der jeweiligen Koordinaten. Es lassen sich drei Haupttypen des Programmierens von IR unterscheiden: Play-back-Programmie-

rung, Teach-in-Programmierung und Textuelle Programmierung. Bei der **Play-back-Programmierung** bewegt der Bediener von Hand den IR auf der gewünschten Bahn. Dabei werden alle Bewegungspunkte durch Lochstreifen oder Magnetband gespeichert. Danach wird die gesamte Bewegung automatisch mit höherer Geschwindigkeit wiederholt. Bei der **Teach-in-Programmierung** (auch Tastenprogrammierung genannt) wird die jeweilige Position bzw. der jeweilige Punkt mit Hilfe einer Schalteinrichtung angesteuert. Dieses „Programmierhandgerät" verfügt über Schalter bzw. Tasten für die jeweils einzugebenden Informationen und Befehle über Bewegungseinrichtungen, Drehungen, Gelenke und Bedingungen. Nach Erreichen des gewünschten Punktes werden mit einer Speichertaste Lage und Orientierung dieses Punktes abgespeichert. **Textuelle Programmierung** ermöglicht mit Hilfe einer Programmiersprache, IR off-line zu programmieren. Derartige Verfahren für Hochleistungsroboter befinden sich erst im Labor- und Entwicklungsstadium und sind deshalb für diese Untersuchung zu vernachlässigen.

- **Programmoptimierung und -korrektur**: umfaßt Optimierungsaufgaben für das Programm.
- **Maschinenbedienung**: umfaßt die Bedienung von IR-Steuerung und Peripherie, das An-/Abschalten des Automatik-Betriebes, das Positionieren, Einlegen und Entnehmen, das Überwachen des Automatikbetriebes.
- **Kontrolle**: umfaßt die Qualifikationskontrolle des Produktes (visuell, prüfen, messen).
- **Wartung**: umfaßt turnusmäßige und vorbeugende Wartungs- und Instandhaltungsarbeiten, um die Funktionsfähigkeit der IR zu erhalten (Checks, Abschmieren, Austausch).
- **Störungsdiagnose**: umfaßt das Lokalisieren bzw. Eingrenzen und Bestimmen einer Störung im Funktionsablauf der Maschine.

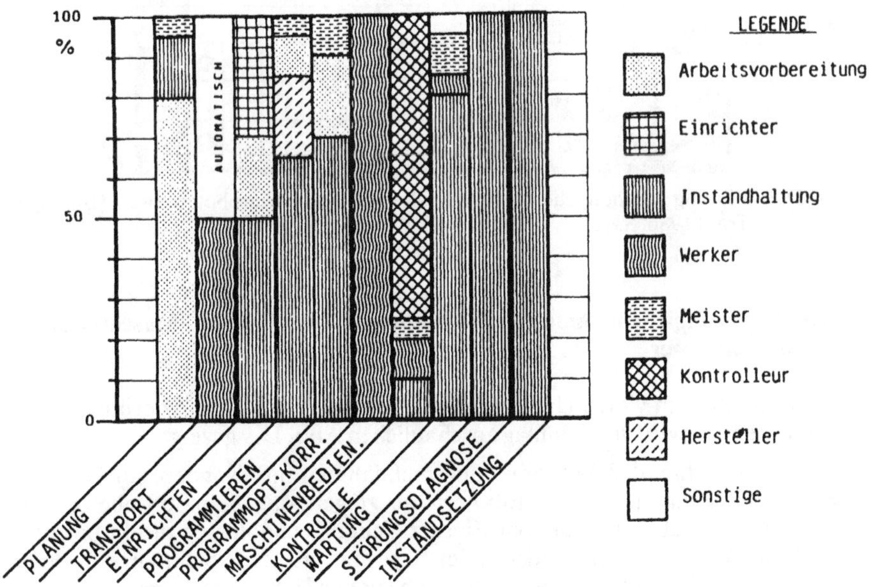


**Abb. D.7:** Verteilung der Tätigkeitsbereiche auf Mitarbeitergruppen bzw. externe Firmen (Sonntag 1987, S. 50)

- **Instandsetzung**: umfaßt das Reparieren bzw. Instandsetzen des IR zur Wiederherstellung der Funktionsfähigkeit." (Sonntag 1987, S. 49f.).

Eine Untersuchung des Einsatzes von 258 Industrierobotern (der weit überwiegende Anteil hiervon Schweißroboter in der Automobilindustrie) hat die in Abb. D.7 aufgezeigten Ergebnisse erbracht.

Es zeigt sich, daß die insbesondere hochqualifizierten Tätigkeiten von Mitarbeitern aus den Bereichen Arbeitsvorbereitung und Instandhaltung übernommen werden. Ähnliche Ergebnisse zur Verteilung der Tätigkeiten ergeben sich aus anderen Untersuchungen (Winter-Hoss/Hölldampf/Hallwachs 1986, S. 503-509) (Abb. D.8).

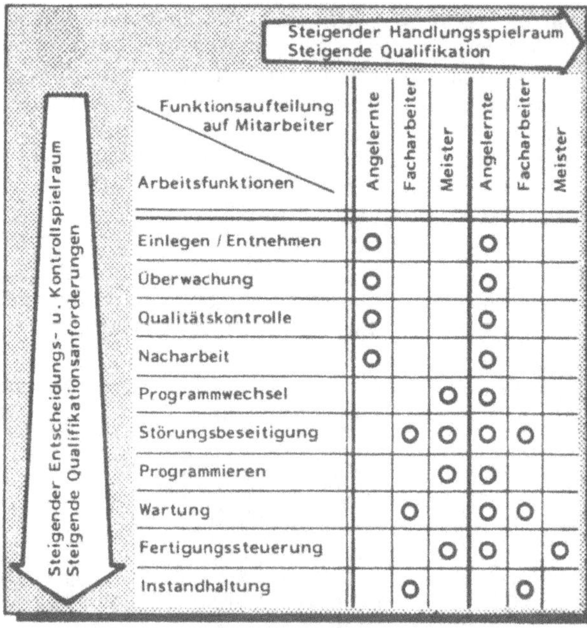


| Funktionsaufteilung auf Mitarbeiter / Arbeitsfunktionen | Angelernte | Facharbeiter | Meister | Angelernte | Facharbeiter | Meister |
|---|---|---|---|---|---|---|
| Einlegen / Entnehmen | O | | | O | | |
| Überwachung | O | | | O | | |
| Qualitätskontrolle | O | | | O | | |
| Nacharbeit | O | | | O | | |
| Programmwechsel | | | O | O | | |
| Störungsbeseitigung | | O | O | O | O | |
| Programmieren | | | O | O | | |
| Wartung | | O | | O | O | |
| Fertigungssteuerung | | | O | O | | O |
| Instandhaltung | | O | | | O | |

**Abb. D.8:** Bildung ganzheitlicher Arbeitsinhalte beim Industrierobotereinsatz (Bullinger/ Traut 1986, S. 10)

## 4. Qualifizierungsmaßnahmen im Produktionsbereich für CNC-Maschinen und Industrieroboter

Die Ist-Situation in vielen Unternehmen hinsichtlich der Qualifizierung im Produktionsbereich wird von Sonntag anschaulich in Abb. D.9 gezeigt.

Die teilweise fehlenden Weiterbildungsmaßnahmen insbesondere für Bediener von CNC-Maschinen, Industrierobotern etc. zeigen, daß viele Betriebe zu einer systematischen Schulung der vom Einsatz Neuer Technologien direkt betroffenen Mitarbeiter nicht bereit oder in der Lage sind. Externe Schulungen werden meist nur von Herstellern angeboten und beziehen sich in der Regel nur auf die Vermittlung rein fachlicher Inhalte. Um die vorhandene Qualifikation der Maschinenbediener auch nach dem Einsatz Neuer Technologien zu nutzen und die

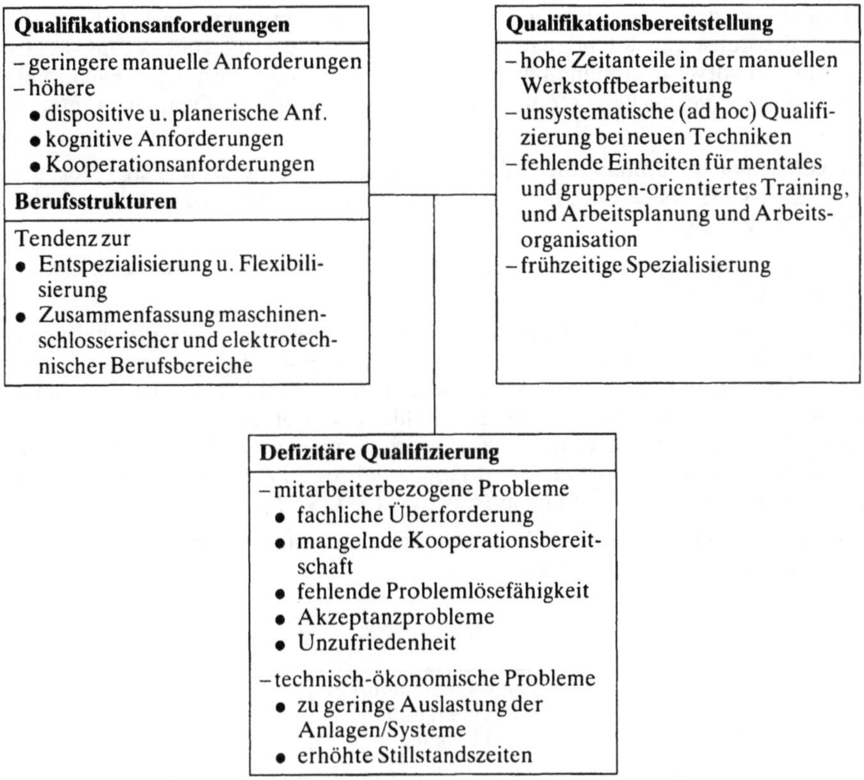


**Abb. D.9:** Qualifizierungssituation im Produktionsbereich (Quelle: Sonntag 1986, S. 302)

Zementierung der Arbeitsteilung zu verhindern, ist jedoch eine tätigkeitsübergreifende Qualifizierung notwendig. Bei dem im Auftrage des Bayerischen Staatsministeriums für Arbeit und Sozialordnung entwickelten Weiterbildungskonzept „Rechnergestützte Fertigung" „wird davon ausgegangen, daß nur Mitarbeiter, die sowohl fachliche, methodische als auch soziale Handlungskompetenz besitzen, erfolgreich im Umgang mit neuen Produktionstechniken sein werden und so qualifiziert eine hohe Verfügbarkeit der Anlagen gewährleisten" (Sonntag 1986, S. 78).

a) Weiterbildungskonzept „Rechnergestützte Fertigung"

Das Weiterbildungskonzept „Rechnergestützte Fertigung" ist auf überbetriebliche Weiterbildungsinstitutionen ausgerichtet sowie durch seinen modularen Aufbau gezielt und teilnehmerspezifisch einsetzbar.

**Definition der Begriffe Fach-, Methoden- und Sozialkompetenz**
(Sonntag/Hamp/Rebstock, S. 14f.)

**Fachkompetenz** umfaßt das fachliche Breiten- und Tiefenwissen und die fachlichen Erfahrungen, die beim Tätigkeitsvollzug erforderlich sind.

**Methodenkompetenz** meint die Fähigkeit, die Gesamtlösung eines Arbeitsauftrages theoretisch zu durchdenken, indem alle Zwischenstufen des Lösungsweges gedanklich vorweggenommen werden. Es gilt, das in der bisherigen Facharbeiterausbildung vernachlässigte methodische und planerische Denken zu intensivieren.

**Sozialkompetenz** umfaßt die Fähigkeit, in Teams unterschiedlicher sozialer Struktur (im Hinblick auf Alter, Herkunft, Qualifikation) gruppenorientiertes Verhalten zu zeigen.

Sonntag verdeutlicht das Zusammenwirken dieser drei Kompetenzbereiche an folgendem Beispiel:

„Der Einsatz von CNC-gesteuerten Werkzeugmaschinen oder Bearbeitungszentren führt nicht nur dazu, daß das Bedienungspersonal sich mit neuen fachlichen Herausforderungen auseinandersetzen muß (Fachkompetenz). Genauso wichtig ist die methodische Kompetenz, Fehler und Störungen zu erfassen. Wichtig ist ebenfalls die Sozialkompetenz, nämlich durch eine sachbezogene kooperative Einbeziehung des Instandsetzungspersonals den Prozeß der Störungssuche zu beschleunigen“ (Sonntag/Hamp/Rebstock 1987, S. 15).

Einen Überblick über die Inhalte in den drei genannten Themenbereichen gibt Abb. D.10.

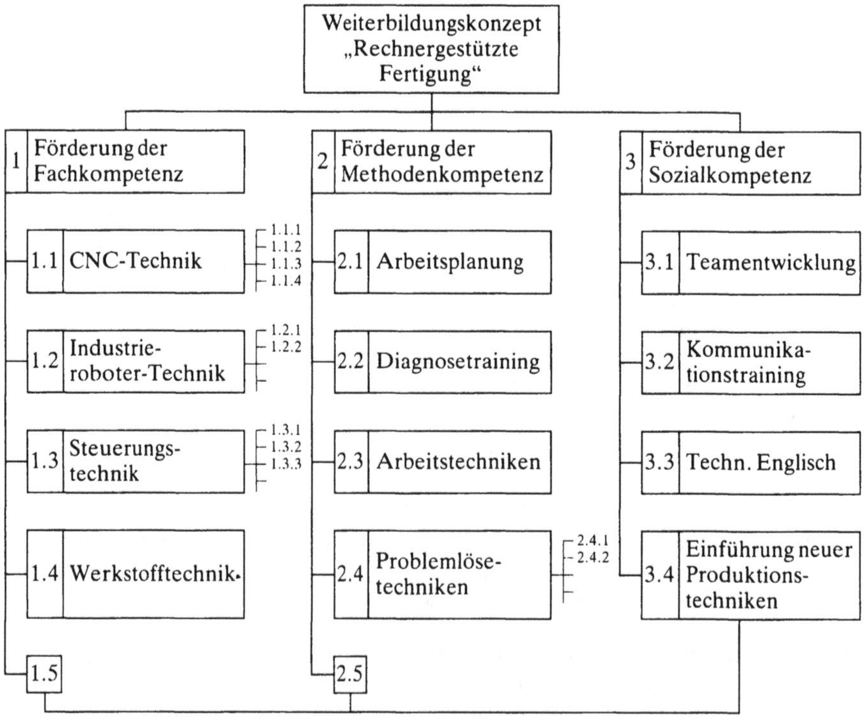


**Abb. D.10:** Weiterbildungskonzept „Rechnergestützte Fertigung“ (Quelle: Sonntag/Hamp/Rebstock 1987, S. 80)

Die folgenden Abbildungen zeigen einzelne Bausteine aus dem Weiterbildungskonzept „Rechnergestützte Fertigung“ aus den drei Themenblöcken. Angegeben sind jeweils auch die Teilnehmerkreise und die verfolgten Lernziele.

b) Förderung der Fachkompetenz

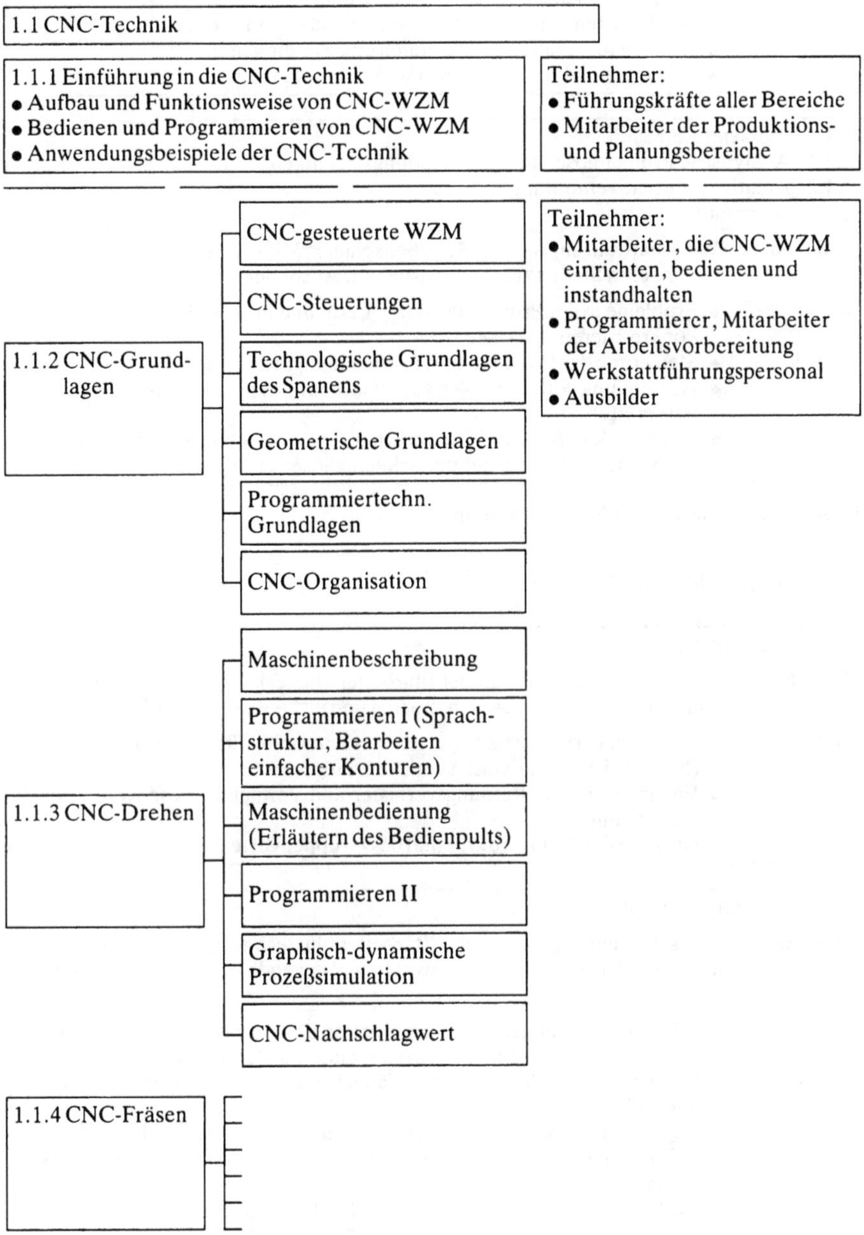


**Abb. D.11:** Weiterbildungsblock „CNC-Technik“ zur Förderung der Fachkompetenz

### c) Förderung der Methodenkompetenz

| | |
|---|---|
| 2.3 | Arbeitstechniken<br>(Ration. Arbeiten) |
| **Teilnehmer:** | Werkstattführungspersonal, Arbeitsplaner, Ausbilder |
| **Ziele:** | • Eigenes Arbeitsverhalten erkennen und analysieren<br>• Störfaktoren der täglichen Arbeit erkennen und abbauen<br>• Denken und Planen in Prioritäten und Zeiteinheiten<br>• Individuelle Arbeitstechnik und Aktionsplanung |

| | |
|---|---|
| 2.4 | Problemlösetechniken |
| 2.4.1 | Analytische Problemlöse- und Entscheidungstechniken |
| 2.4.2 | Kreative Alternativenfindung |
| 2.4.3 | „Lernstatt" |
| **Teilnehmer:** | Werkstattführungspersonal, Arbeitsplaner, Mitarbeiter, die häufig mit anderen Stellen zusammenarbeiten, Ausbilder |
| **Ziele:** | • Probleme in der Produktion durch Lern- und Problemlösegruppen konkretisieren und lösen<br>• Steigerung des Problem- und Entscheidungsbewußtseins<br>• Anwendung von Techniken zur Ursachenfindung und Entscheidungsvorbereitung<br>• Nutzung des kreativen Potentials bei der Entwicklung von Ideen, um Probleme systematischer und schneller lösen zu können |

**Abb. D.12:** Förderung der Methodenkompetenz

### d) Förderung der Sozialkompetenz

| | |
|---|---|
| 3.1 | Teamentwicklung |
| **Teilnehmer:** | Werkstattführungspersonal, Mitarbeiter, die rechnergestützte Fertigungsanlagen einrichten, bedienen, warten und instandhalten. Ausbilder |
| **Ziele:** | • Zusammenarbeit in Fertigungsteams unterschiedlicher Struktur (hinsichtlich Qualifikation und Alter) fördern<br>• Verringerung von Reibungsverlusten und Vermeidung von Konflikten in Fertigungsteams<br>• Nutzung der Teamstruktur und des Gruppenvorteils |

| | |
|---|---|
| 3.1 | Kommunikationstraining |
| **Teilnehmer:** | Werkstattführungspersonal, Mitarbeiter, die rechnergestützte Fertigungsanlagen einrichten, bedienen, warten und instandhalten, Arbeitsplaner, Programmierer |
| **Ziele:** | • Mängel an Störungen in der Information und Kommunikation zwischen Vorgesetzten und Mitarbeitern sowie unter Mitarbeitern erkennen<br>• Instrumente zur Behebung der Mängel und Störungen erarbeiten und anwenden<br>• Regeln wirksamer Kommunikation erlernen, um in betrieblichen Gesprächen/Besprechungen sachbezogen/ konstruktiv und kooperativ argumentieren zu können<br>• Verbesserung der individuellen Ausdrucksfähigkeit |

**Abb. D.13:** Förderung der Sozialkompetenz

3.1 Einführung neuer Produktionstechniken

**Teilnehmer:** Werkstattführungspersonal, Mitarbeiter der Arbeitsplanung, Mitarbeiter, die zukünftig rechnergestützte Fertigungsanlagen einrichten, bedienen, warten und instandhalten sollen

**Ziele:**
- Vermittlung von Kenntnissen über Probleme und Möglichkeiten organisatorischer und personeller Gestaltung vor, während und nach der Einführung neuer Produktionstechniken
- Entwicklung einer systematischen Vorgehensweise bei Technikeinführung
- Erhöhung der Technikakzeptanz

**Abb. D.13:** (Fortsetzung)

Das Weiterbildungskonzept „Rechnergestützte Fertigung" verlangt aufgrund der Forderung nach Vermittlung von Methoden- und Sozialkompetenz neben anderen Lerninhalten auch andere Lernmethoden und eine angepaßte Lernorganisation wie z.B. Teamarbeit.

Das Weiterbildungskonzept „Rechnergestützte Fertigung" dient der Vermittlung von „Schlüsselfunktionen" (vgl. hierzu Abb. D.14).

Qualifikationen, die zum Problemlösen und Entscheiden in konkreten Arbeitssituationen befähigen sollen, werden in der Praxis unter dem Begriff „Schlüsselqualifikationen" zusammengefaßt.

Zu den Schlüsselqualifikationen zählen:

- Lernbereitschaft
- Flexibilität (verstanden als Bereitschaft zur Akzeptanz neuer Arbeitsmethoden und -mittel)
- Mobilität (verstanden als Bereitschaft zur Übernahme wechselnder Aufgaben im Rahmen des job rotation
- logisches abstrahierendes Denkvermögen
- selbstreflektierte Vorgehensweise
- strukturierte Vorgehensweise
- „Selektionsfähigkeit, um aus einer Vielzahl von Informationen die wesentlichen und notwendigen auswählen zu können,
- Fähigkeit des Erkennens von Systemverhalten und Grundzusammenhängen, um einzelne Informationen richtig einordnen zu können,
- Transformationsfähigkeit, um erworbenes Wissen auch bei neuen Situationen und Problemstellungen erfolgreich verwerten zu können und
- Kommunikationsfähigkeit, um komplexe Sachverhalte auch für andere verständlich darstellen zu können" (Heeg 1987, S. 326).

Diese Qualifikationen erlauben verbunden mit einem guten Fachwissen in schwierigen Situationen ein selbständiges und sicheres Reagieren.

**Abb. D.14:** Das Konzept der Schlüsselqualifikation

Unter diesem Begriff werden von der Praxis Qualifikationen verstanden, die zum Problemlösen in konkreten Arbeitssituationen befähigen sollen.

„Für Qualifizierungsmaßnahmen sind demnach die Formulierung von an beruflichen Situationen orientierten Aufgaben und Problemen wichtig sowie die Gestaltung von Handlungsspielräumen für die Lernenden, die über die einfache Aufgabenbearbeitung hinaus die Bildung von Problemlösungsfähigkeiten fördern und das erreichte berufliche Handlungsvermögen erlebbar machen (z.B. durch Erkennen der gewonnenen eigenen Flexibilität und Eigenständigkeit beim Lösen weiterführender Aufgaben und Probleme beim Einsatz der gewonnenen Problemlösungsfähigkeiten)." (Heeg 1987, S. 326).

## 5. Tätigkeitsstrukturen und Qualifikationsanforderungen bei CAD

CAD-Systeme werden in hohem Maße von Mitarbeitern in technisch-zeichnerischen Berufen genutzt. Hierzu zählen die Ausbildungsberufe „Technischer Zeichner", „Bauzeichner" und „Teilzeichner". Daneben gehören auch die Konstrukteure zu den intensiven Anwendern von CAD/CAE.

Die Arbeit eines Konstrukteurs läßt sich unterteilen in Neu-, Anpassungs-, Varianten- und Prinzipkonstruktion. Die einzelnen Aufgaben eines Konstrukteurs werden durch CAD in unterschiedlichem Maße beeinflußt. Am geringsten ist der Einfluß von CAD bei Neukonstruktionen. Die Zusammenhänge verdeutlicht Abb. D.15 (Frieling/Sonntag 1987, S. 147).

In der Entwurfs- und Konzeptionsphase unterstützt CAD den Konstrukteur durch

- eine leichtere Beschaffung von Informationen
- in der verstärkten Algorithmisierung der Lösungsstrategien und
- in der besseren Bewertung von Alternativen durch standardisierte Prüfkriterien.

CAD birgt aber auch die Gefahr der Behinderung der Kreativität, wenn zu häufig auf standardisierte Detaillösungen zurückgegriffen wird bzw. wenn ein Großteil

| Aufgaben | Konstruktionsarten | | | |
|---|---|---|---|---|
| | Neu-Konstruktion | Anpassungs-Konstruktion | Varianten-Konstruktion | Prinzip-Konstruktion |
| Konzipieren | ● | | | |
| Entwerfen | ● | | | |
| ■ Berechnen | ● | ● | | |
| ■ Detaillieren | ◑ | ● | ● | ● |
| ■ Ändern | ◑ | ● | ● | |
| ■ Stücklisten bearbeiten | ● | ● | ● | ● |
| Meldungen, Berichte abfassen | ○ | ○ | ○ | ○ |
| Kontrollieren | ○ | ○ | ○ | ○ |
| ■ Informieren | ○ | ○ | ○ | ○ |
| Allgemeine Büroarbeiten | ○ | ○ | ○ | ○ |
| Besprechungen | ◑ | ◑ | ○ | ○ |
| Sonstige Tätigkeiten | ○ | ○ | ○ | ○ |
| ■ CAD-fähig ● bedeutend ◑ teilweise wichtig ○ indifferent | | | | |

**Abb. D.15:** Aufgaben der Konstrukteurstätigkeit

der Konzentration zur Bedienung des Systems benötigt wird (Frieling/Sonntag 1987, S. 149).

Von weitaus einschneidender Bedeutung ist die Einführung von CAD für die Technischen Zeichner. Diese werden durch Plotter- und Graphik-Arbeitsplätze weitgehend überflüssig. Für Technische Zeichner besteht ein Zwang, sich zum Detailkonstrukteur höher zu qualifizieren oder sich mit der CAD-Technik vertraut zu machen. Die Auswirkungen von CAD bei Technischen Zeichnern zeigt Abb. D.16.

| **an Bedeutung verlieren:** | **an Bedeutung gewinnen:** |
|---|---|
| • das manuelle Erstellen vollständiger Zeichnungen<br>• Anfertigen und Änderungen von Detailzeichnungen<br>• das Suchen von Normteilen<br>• die Bemaßung und Beschriftung von Zeichnungen<br>• das Ausführen von Berechnungen<br>• das Erstellen von Stücklisten | • praktische Fähigkeiten für CAD-Aufgaben wie Arbeiten am Datenerfassungs- und Eingabegerät<br>• Kenntnisse integrierter CAD-Systeme<br>• Kenntnisse der rechnerunterstützten Geometrieverarbeitung<br>• Kenntnisse der CAD-Hardware und Software<br>• Rechnerunterstützte Bestellungen<br>• Rechnerunterstützte Zeichnungserstellung |

**Abb. D.16:** Veränderte Tätigkeitsanforderungen von Technischen Zeichnern durch CAD-Einsatz (Quelle: Frieling/Sonntag 1987)

| | **Arbeitsplanungsaufgaben in der Konstruktionsvorbereitung** | **Arbeitssteuerungsaufgaben in der Konstruktionsvorbereitung** |
|---|---|---|
| **Definition** | Auftragsneutrale, langfristige Aufgaben zur rationellen Abwicklung von Konstruktionsaufgaben | Auftragsbezogene Aufgaben zur rationellen Abwicklung von Konstruktionsaufgaben |
| **Beispiele** | • Systematisierung der Erzeugnisstruktur<br>• Planung des Dokumentationssystems<br>• Grundlagen für Termin-/Kapazitätsplanung<br>• Planung des Hilfsmitteleinsatzes<br>• Planung der Organisation<br>• Personalplanung<br>• Kostenplanung/-kontrolle (langfristig)<br>• Einführung neuer Konstruktionsmethoden (z.B. Wertanalyse)<br>• Schulung/Schulungsplanung | • Zusammenstellen aller auftragsbezogenen Informationen<br>• Zusammenstellen verwendbarer Lösungen und Hilfsmittel<br>• Terminplanung<br>• Kapazitätsplanung<br>• Auftragssteuerung in der Konstruktion<br>• Terminkontrolle<br>• Kostenerfassung/-kontrolle (auftragsbezogen/kurzfristig)<br>• Änderungseinsteuerung/-überwachung<br>• Klassifizierung von Baugruppen/Einzelteilen usw.<br>• CAD System-Belegungsplanung |

**Abb. D.17:** Planungs- und Steuerungsaufgaben der Konstruktionsvorbereitung bei CAD (Altmann 1988, S. 88)

Insgesamt gesehen kommt es durch den CAD-Einsatz zunächst zu einer Übernahme von Routineaufgaben durch den Computer. Demgegenüber gewinnen Planungs- und Koordinationsaufgaben an Bedeutung aufgrund:

- einer Zunahme des Konstruktionsaufwands durch kundenspezifische Spezialaufträge;
- erhöhter Funktionsanforderungen an die Produkte;
- geistiger Qualitätsansprüche und
- der Entwicklung hin zu kompletten Produktionsanlagen (Altmann 1988, S. 87).

Die Tätigkeit von Mitarbeitern in Entwicklung und Konstruktion ist eher durch Organisations- und Planungsaufgaben als duch direkte Konstruktionstätigkeiten gekennzeichnet. Eine Übersicht gibt Abb. D.17.

Die Qualifikationsanforderungen an die Mitarbeiter der Konstruktionsabteilungen steigen weiterhin durch die Notwendigkeit, über eine funktions- und fertigungsgerechte Produktgestaltung einen reibungslosen Produktionsablauf gewährleisten zu können. Somit steigen die Anforderungen hinsichtlich der Kooperations- und Teamfähigkeit sowie eines bereichsübergreifenden Verständnisses des Produktionssystems.

Die neuen Tätigkeitsanforderungen für Konstrukteure und Technische Zeichner machen daher intensive Weiterbildungsmaßnahmen notwendig. Hierbei bietet sich ein dem Bausteinsystem entsprechendes Schulungssystem an. Ein Beispiel ist in Abb. D. 18 dargestellt.

Die gravierenden Änderungen des Berufsbildes „Technischer Zeichner" in der Praxis muß zu Veränderungen auch bei der Erstausbildung führen. Hierbei ist zu beachten, daß der Technische Zeichner den konventionellen Weg zur Zeichnungserstellung mit Bleistift, Lineal und Zirkel weiter beherrschen muß. Eine Schulung mit CAD kann daher nur eine Zusatzmaßnahme sein und muß sich auf das Grundsätzliche beziehen. Die Ergänzung und Einarbeitung erfolgt danach am Arbeitsplatz mit dem eingesetzten System.

### 6. Auswirkungen von Neuen Technologien auf die Facharbeiterausbildung

Die bisherigen Konzeptionen der Facharbeiterausbildung waren gekennzeichnet durch

- die Vermittlung von Arbeitstugenden, Fertigkeiten (z.B. Feilen) und fachlichen Kenntnissen, bezogen auf Maschinen- und Werkzeugkunde und Werkstoffkunde, stand im Vordergrund;
- Fähigkeiten wie
  - Kommunikation
  - Problemlösung
  - Kooperation
  - Analyse und Optimierung von Arbeitsabläufen wurden nicht oder ungenügend vermittelt;
- die Berufsausbildung war nach dem Taylor-Prinzip aufgebaut, d.h. hoch spezialisiert. Diese Spezialisierung begann bereits nach einer sechsmonatigen Grundausbildung (vgl. Abb. D.19).

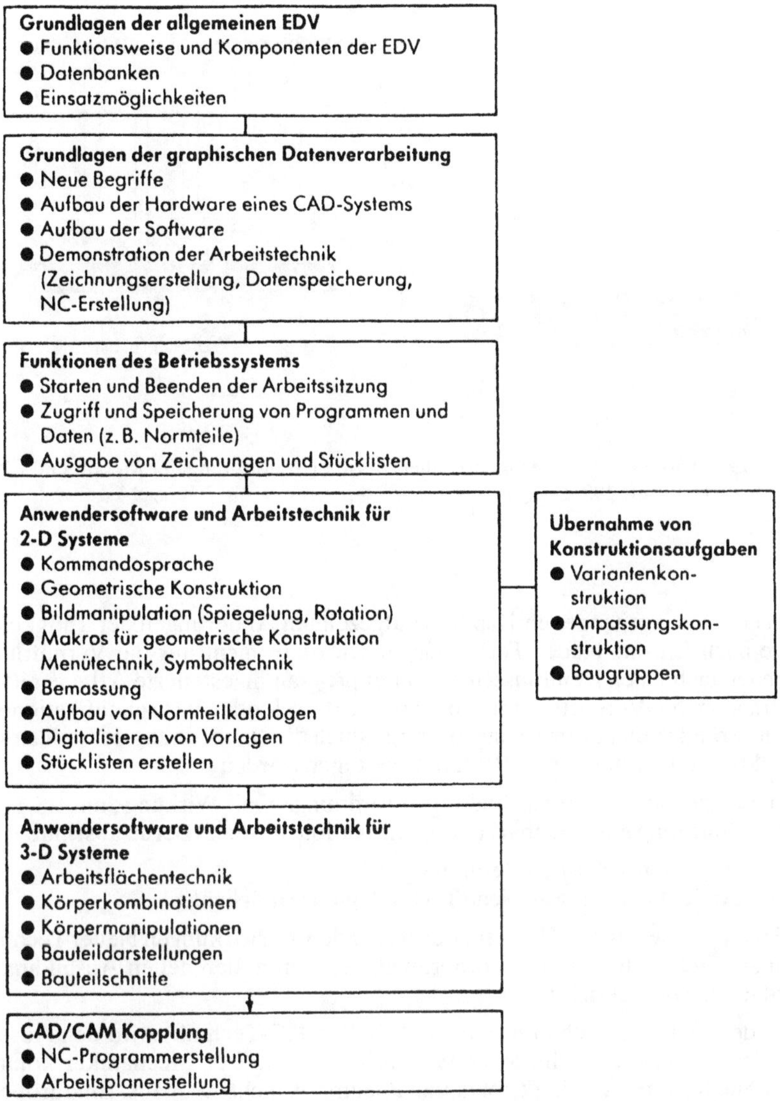


**Abb. D.18:** Aufbau und Inhalt eines modularen Schulungsprogramms für Technische Zeichner

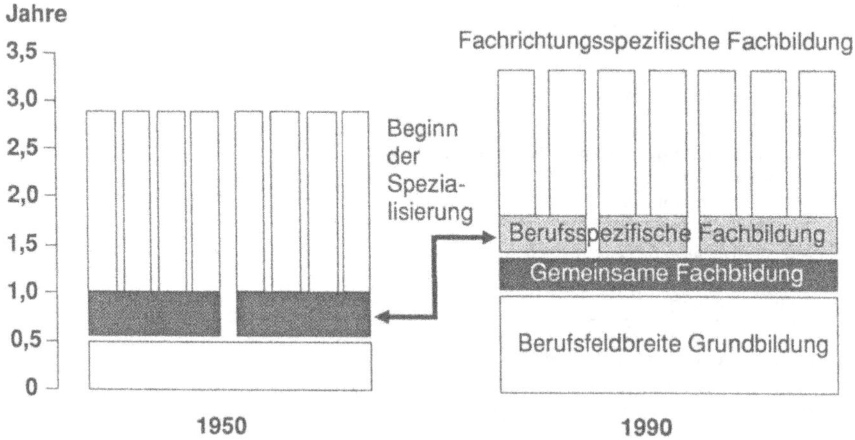


**Abb. D.19:** Strukturwandel der industriellen Berufe (Neuordnung der Metall- und Elektroberufe 1987)

Die in den vorangegangenen Kapiteln aufgezeigten Änderungen der Tätigkeitsinhalte nach Einsatz Neuer Technologien erfordern nicht nur die Vermittlung von neuen fachlichen Kenntnissen z.B. über programmgesteuerte Arbeitsmittel, sondern auch die Vermittlung sogenannter Schlüssel- oder Basisqualifikationen. Diesen veränderten Anforderungen ist u.a. duch die Neuordnung der industriellen Elektro- und Metallberufe Rechnung getragen worden.

Ziel der Neuordnung von Ausbildungsverordnungen mit Wirkung zum 1.8.1987 ist die Vermittlung einer Facharbeiterqualifikation, die nach Berufsabschluß

- eine Tätigkeit im erlernten Beruf und
- eine flexible Anpassung an Neue Technologien ermöglicht.

Die Erkenntnisse aus den Untersuchungen zu den Auswirkungen Neuer Technologien auf die Qualifikationsanforderungen wurden in den neuen Ausbildungsverordnungen berücksichtigt.

Neben den fachspezifischen Kenntnissen (z.B. CNC-Technik) wird den Auszubildenden ein breites technisches Wissen vermittelt. Der Mechaniker kommt heute ohne Kenntnis der Elektronik und Pneumatik nicht mehr aus. Eine größere Rolle spielen in den Ausbildungsplänen auch die fachübergreifenden Fähigkeiten in den Bereichen

- Planung und Disposition (z.B. eine gute Arbeitsplanung ist Voraussetzung für den optimalen Einsatz Neuer Technologien)
- Teamfähigkeit und Kommunikation.

Beispiel: Neuordnung der industriellen Metallberufe.

Im industriellen Metallbereich gibt es künftig 17 Berufsabschlüsse (Fachrichtungen), die sich in sechs Ausbildungsberufen bündeln. In den ersten beiden Jahren ist die Ausbildung innerhalb eines Ausbildungsberufes einheitlich. Im dritten und vierten Ausbildungsjahr erfolgt die Spezialisierung nach Fachrichtungen. Die Ausbildung dauert einheitlich 3 1/2 Jahre. Einen Überblick gibt Abb. D.20.

| | **Beruf** | **Fachrichtung** | **Bisher abgedeckt durch:** |
|---|---|---|---|
| Industrielle Metallberufe | Industrie-mechaniker | Produktions-technik | Metallgewebemacher, Mechaniker (soweit in der Produktion tätig) |
| | | Betriebstechnik | Betriebsschlosser, Maschinen-schlosser (soweit in der Instandhaltung tätig) |
| | | Maschinen- und Systemtechnik | Maschinenschlosser, Mechaniker (soweit im Maschinenbau tätig) |
| Berufsgrundbildungsjahr des Berufsfeldes Metall sowie berufsgruppenspezifische bzw. berufsspezifische Fachbildung und danach fachrichtungsspezifische Fachbildung für: | | Geräte- und Feinwerktechnik | Feinmechaniker, Mechaniker (soweit an mittleren und kleineren Geräten tätig), Schloß- und Schlüsselmacher, Systemmacher |
| | Werkzeug-mechaniker | Stanz- und Umformtechnik | Werkzeugmacher, Diamantziehsteinmacher |
| | | Formentechnik | Stahlformenbauer, Ziseleur, Stahlgraveur, Prägewalzen-graveur und Stahlrollenstecher |
| | | Instrumenten-technik | Chirurgiemechaniker, Scherenmonteur |
| | Zerspanungs-mechaniker | Drehtechnik | Dreher, Walzendreher |
| | | Automatendreh-technik | Automaten-einrichter |
| | | Frästechnik | Universalfräser, Bohrwerkdreher |
| | | Schleiftechnik | Universalschleifer |
| | Konstruktions-mechaniker | Metall- und Schiff-bautechnik | Stahlbauschlosser, Schiff-bauer, Blechschlosser (im Grobblechbereich) |
| | | Ausrüstungs-technik | Bauschlosser, Betriebs-schlosser (soweit in der Gebäude- und Ausrüstungsinstand-haltung tätig) |
| | | Feinblechbau-technik | Feinblechner, Blechschlosser (soweit überwiegend im Feinblechbereich tätig) |
| | Anlagen-mechaniker | Apparatetechnik | Kessel- und Behälterbauer, Kupferschmied, Blechschlosser (im Grobblechbereich) |
| | | Versorgungs-technik | Rohrinstallateur, Hochdruck-rohrschlosser, Rohrnetzbauer, Betriebsschlosser (soweit im Anlagenbau tätig) |
| | Automobilmechaniker | | Kraftfahrzeugschlosser |

**Abb. D.20:** Industrielle Metallberufe

| Beruf | Fachrichtung | Aufgaben | Tätigkeitsobjekte | Arbeitsbereich |
|---|---|---|---|---|
| Industriemechaniker | Produktions-technik | Einrichten, Inbetriebnehmen, Steuern, Überwachen und Warten | Automatisierte Produktionsanlagen und Fertigungssysteme in Betrieben mit spangebender, spanloser oder montierender Fertigung | Serienprodukte |
| | Maschinen- und Systemtechnik | Herstellen, Prüfen, Inbetriebnahmen und/oder Warten, Inspizieren und Instandsetzen | Kraft-, Arbeits-, Werkzeug- und Sondermaschinen einschl. Hilfseinrichtungen sowie deren Verkettung zu Systemen | Einzel- oder Teamarbeit an wechselnden und festen Montageplätzen in geschlossenen Räumen und/ oder auf Baustellen |
| | Apparate- und Gerätetechnik | Fertigen, Montieren, Prüfen, Inbetriebnehmen, Warten, Inspizieren und Instandsetzen | z.B. mechan. Komponenten für elektrotechnische Geräte und Anlagen, Justier-, Meß-, Wäge- und Zähleinrichtungen, Vorrichtungen, Fertigungs- und Montagehilfsgeräte, Verpackungsgeräte, Verkaufsautomaten, Schreib-, Zeichen- u. Vervielfältigungsautomaten | Vornehmlich Versuchswerkstätten, Teilefertigung, Montage, Qualitätssicherung |
| | Feinwerk-technik | Fertigen, Montieren, Prüfen, Inbetriebnehmen, Werken, Inspizieren und Instandsetzen | feinwerktechn. Geräte und Einrichtungen z.B. der Foto-, Film- und Videotechnik, Mikroskopier- und Vergrößerungstechnik, Mikroverfilmung, Labor- und Vakuumtechnik, medizinische, geodätische und meteorologische Gerätetechnik, Bürotechnik, Meß- und Prüftechnik | vornehmlich Einzelarbeit im Musterbau, Einzel- und Kleinserienfertigung, Service |
| Werkzeugmechaniker | Werkzeug-technik | Fertigen, Montieren, Prüfen, Warten, Inspizieren und Instandsetzen | Schneid-, Umform- und Bearbeitungswerkzeuge, Vorrichtungen, Lehren, Schablonen, Meß- und Prüfzeuge | Einzelfertigung |
| | Formentechnik | Fertigen, Montieren, Warten, Inspizieren und Instandsetzen | Press-, Blas-, Streich-, Druck- und Spritzgußformen, Kokillen, Gesenke, Gravuren und dazugehörende Bearbeitungswerkzeuge | Einzelfertigung |
| | Instrumenten-technik | Fertigen, Montieren, Warten, Inspizieren und Instandsetzen | z.B. chirurgische, kosmetische oder allgemeine Instrumente, Implantate und medizinische Geräte | Serien- und Einzelfertigung |
| Zerspanungsmechaniker | Drehtechnik | Herstellen durch Dreh- und Bohroperationen an konventionellen und/ oder numerisch gesteuerten Werkzeugmaschinen | Werkstücke für Maschinen, Geräte und Anlagen | Einzel- und Serienfertigung |
| | Frästechnik | Herstellen durch Fräs- und Bohroperationen an konventionellen und/ oder numerisch gesteuerten Werkzeugmaschinen | Werkstücke für Maschinen, Geräte und Anlagen | Einzel- und Serienfertigung |
| | Schleiftechnik | Herstellen durch Schleifoperationen an konventionellen und/oder numerisch gesteuerten Werkzeugmaschinen sowie Scharfschleifen von Zerspanungswerkzeugen | Werkstücke für Fertigungswerkzeuge, Maschinen, Geräte und Anlagen | Einzel- und Serienfertigung |

**Abb. D.21:** Aufgaben und Arbeitsbereiche der industriellen Metallberufe (Neukonzeption)

| Beruf | Fachrichtung | Aufgaben | Tätigkeitsobjekte | Arbeitsbereich |
|---|---|---|---|---|
| Konstruktionsmechaniker | Metallbau-technik | Fertigen, Montieren, Umbauen und Instandsetzen | Großdimensionale Bauteile und Konstruktionen aus Stahl- und Leichtmetall wie Schiffe, Off-Shore-Anlagen Schwimmkörper oder Brücken und Stahlstraßen oder Förderanlagen oder Fahrzeugrahmen und Fahrzeugaufbauten oder Konstruktionen im Stahlwasserbau | Teamarbeit vornehmlich Einzelfertigung |
| | Ausrüstungs-technik | Fertigen, Montieren, Umbauen, Instandsetzen und Warten | Aufzüge, Fördereinrichtungen und Bauausrüstungen wie z.B. Bau-, Lasten- und Personenaufzüge, Transport- und Verladeanlagen, Schutzgitter, Geländer, Türen, Tore, Fenster, Podeste, Abdeckungen u. Verkleidung. | Einzel- und Teamarbeit vornehmlich in Einzel- und Kleinserienfertigung |
| | Feinblech-technik | Fertigen und Montieren | Teile aus Fein- und Mittelblechen wie z.B. Behälter, Verkleidungen, Schutzeinrichtungen, Blechrohre, Blechkanäle, Be- und Entlüftungsschächte und Aggregate, Karosserien und Karrosserieteile | Einzel- und Teamarbeit in Betriebswerkstätten oder auf Baustellen vornehmlich in Einzel- und Kleinserienfertigung |
| Anlagenmechaniker | Kessel- und Behälterbau-technik | Fertigen, Montieren, Prüfen, Aufstellen, Inbetriebnehmen, Warten, Inspizieren und Instandsetzen | Kessel, Behälter und Gefäße z.B. in den Bereichen der Verfahrens-, Nahrungsmittel-, Energie- und Versorgungstechnik | Einzel- und Teamarbeit in Werkstätten und auf Baustellen, in Gebäuden und im Freien in Einzelfertigung |
| | Versorgungs-technik | Fertigen, Montieren, Prüfen, Inbetriebnehmen, Warten, Inspizieren und Instandsetzen | Rohrleitungen, Rohrleitungssysteme und Rohrleitungsanlagen z.B. in den Bereichen der Ver- und Entsorgungs-, Verfahrens-, Förder-, Hochdruck-, Kraftwerks-, Fernleitungstechnik | Einzel- und Teamarbeit in Werkstätten und auf Baustellen in Gebäuden und im Freien |
| Kfz-Mechaniker | | Instandsetzen, Inspizieren, Warten und Ausrüsten | Kraftfahrzeuge einschließlich Anhängefahrzeuge | vornehmlich in Reparaturwerkstätten |

**Abb. D.21:** Fortsetzung

In ähnlicher Weise sind die industriellen Elektroberufe den neuen Anforderungen angepaßt worden. Zur Umsetzung der neuen Ausbildungsverordnungen hat der Gesetzgeber eine Übergangsregelung bis 1989 eingeräumt.

Trotz dieser Übergangsfrist hat die Industrie sehr schnell auf die neuen Ausbildungsberufe umgeschaltet. Bereits 1987 wurden 55% der Lehrlinge im Metallbereich nach den neuen Berufsordnungen ausgebildet. Abb. D.21 zeigt, welche Aufgaben, Produkt- und Tätigkeitsbereiche von den einzelnen neuen Ausbildungsberufen abgedeckt werden können.

## 7. Neue Arbeitsinhalte und Ausbildungskonzepte im Bürobereich

Die bisherigen Ausbildungsberufe Bürogehilfin/Bürogehilfe und Bürokauffrau/Bürokaufmann werden aufgrund der Entwicklung neuer Informations- und Kommunikationstechnologien sowie der veränderten Tätigkeitsmerkmale wie

- Abnahme abteilungsspezifischer Bürotätigkeiten
- Zunahme der integrierten Sach- und Antragsbearbeitung sowie der Entscheidungsvorbereitung/-assistenz

ersetzt.

Weitere Merkmale der bürowirtschaftlichen Mischarbeitsplätze sind:

„• Bisher getrennt durchgeführte Aufgaben werden zusammengeführt, damit sind u.a. verbunden:
steigende Anforderungen an das berufsfachliche Wissen und das Denken in Zusammenhängen.
- Routinetätigkeiten werden von Computern übernommen, damit sind u.a. verbunden:
steigende Anforderungen an das Konzentrationsvermögen und die Entscheidungsfähigkeit, da nur noch kompliziertere Fälle von der Sachbearbeiterin erledigt werden.
- Die Aufgabenerledigung wird mit unterschiedlicher EDV-Unterstützung durchgeführt, damit sind u.a. verbunden:
steigende Anforderungen an die Qualifikationen zur Informationsverarbeitung und der Handhabung der neuen Informations- und Kommunikationstechniken (IuK-Techniken).
- Systemvermittelte und auch personale Kommunikations- und Kooperationsanforderungen werden erhöht, damit sind u.a. verbunden:
steigende Anforderungen an die Fähigkeiten zur Wissensübertragung.
- Kontrolle und Transparenz des Arbeitshandelns nehmen zu." (Stiller 1988, S. 12).

Die erhöhten Anforderungen bedingen eine mindestens dreijährige Ausbildung für die beiden Berufe:

- Kaufmann/Kauffrau für Organisation
- Kaufmann/Kauffrau für Bürokommunikation.

Die Qualifikationskataloge sind wie folgt gegliedert und enthalten jeweils folgende Sockelqualifikation:

- Der Ausbildungsbetrieb,
- Berufsbildung,
- Arbeitssicherheit und Umweltschutz,
- Leistungserstellung und Leistungsverwertung,
- Betriebliche Organisation und Funktionszusammenhänge,
- Bürowirtschaft,
- Statistische Arbeiten,
- Textbe- und -verarbeitung,
- kaufmännische Steuerung und Kontrolle,
- Personalwesen,
- Informations- und Kommunikationstechniken.

Zu den fachspezifischen Ausbildungsbereichen gehören:

**Kaufmann/Kauffrau für Bürokommunikation**
- Schreibtechnische Qualifikation, Textformulierung und -gestaltung
- Computerunterstützte Textverarbeitung
- Bereichsbezogene Organisationsaufgaben
- Bereichsbezogene Personalverwaltung
- Bereichsbezogenes Rechnungswesen
- Bürokommunikation, -koordination und Kooperation
- Fachaufgaben einzelner Bereiche

**Kaufmann/Kauffrau für Organisation**
- Personalwesen

- Lohn- und Gehaltsabrechnung
- Auftrags- und Rechnungsbearbeitung, Lagerhaltung
- Buchführung
- Kostenrechnung
- Büroorganisation
- Datenverarbeitung für kaufmännische Anwendungen.

Typische Aufgabengebiete des Kaufmanns/der Kauffrau für Organisation sind die Arbeitsbereiche Personalwesen und Entgeltabrechnung, Buchführung und Kostenrechnung sowie Organisation der Verwaltung und der Abwicklung kaufmännischer Vorgänge.

## 8. Neue Qualifikationsanforderungen an Führungskräfte

Für Führungskräfte gelten insbesondere die folgenden Entwicklungen hinsichtlich der an sie gerichteten Anforderungen:

- Information über Neue Technologien

Führungskräfte müssen sich über Neue Technologien, deren Anwendungsmöglichkeiten und Auswirkungen z.B. auf die Arbeitsorganisation und die Mitarbeiter informieren. Aufgrund der Notwendigkeit zur Integration dieser Neuen Technologien zu einem Gesamtsystem müssen sich die Führungskräfte einen Gesamtüberblick verschaffen. Außerdem sollten Führungskräfte in der Lage sein, nicht nur die quantitativen, sondern auch die qualitativen Vorteile vor dem Hintergrund der hohen Investitionskosten zu bewerten.

- Beteiligung der Mitarbeiter

Beteiligung der Mitarbeiter heißt, die Kompetenz der Mitarbeiter für die Gestaltung der eigenen Arbeit und dem Arbeitsablauf zu nutzen, um eine den jeweiligen Gegebenheiten angepaßte Technologie einzuführen. Hierdurch wird die Akzeptanz der Neuen Technologien durch die Mitarbeiter verbessert (vgl. Kapitel E). Voraussetzung ist naturgemäß, daß sich auch die Mitarbeiter über die Neue Technologie informieren.

- Qualifizierung der Mitarbeiter

Eine vorausschauende Personalentwicklungsplanung verbunden mit den auf die Einführung der Neuen Technologie abgestimmten Qualifizierungsmaßnahmen ist eine der wichtigsten Voraussetzungen für den wirtschaftlichen Erfolg Neuer Technologien.

Die vorgenannten Aufgaben liegen weitgehend im Verantwortungsbereich des jeweiligen Vorgesetzten. Neben den rein fachlichen Anforderungen durch Neue Technologien ist daher vor allem die Informations- und Kommunikationsfähigkeit der Führungskräfte von Bedeutung. Dies gilt insbesondere auch wegen der notwendigen Zusammenarbeit mit anderen Teilen der Organisation.

Die Anforderungen an Führungskräfte sollten bereits während der Hochschulausbildung berücksichtigt werden (vgl. Neipp 1988). Hierzu gehören:

- Vermittlung eines umfassenden Grundlagenwissens
- breit angelegte, interdisziplinäre Studienausrichtung

- Vermeiden einer zu hohen Spezialisierung
- Vermittlung von personalen Qualifikationen wie:
  - Kommunikation/Kooperation
  - Denken in vernetzten Systemen
  - Problemlösungsfähigkeit (vgl. hierzu Abb. D.22).

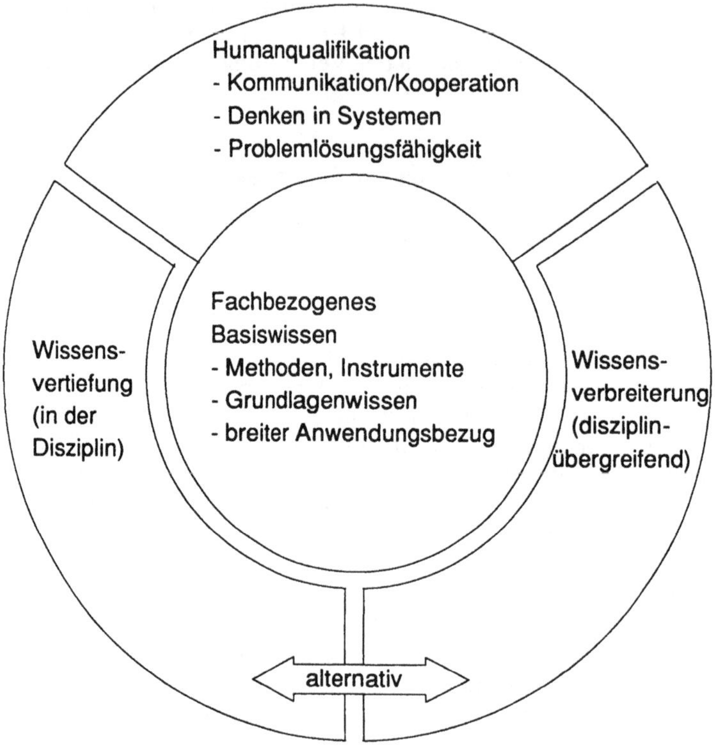


**Abb. D.22:** Komponenten einer zukunftsorientierten Hochschulausbildung

## 9. Auswirkungen Neuer Technologien auf die Industriemeister

Die Aufgabenstellung des Meisters bezog sich bisher insbesondere auf folgende Bereiche:

- Fachliche Personalführung, d.h. Zuweisungen und Überwachung der Aufgabenstellungen an die zugeordneten Mitarbeiter.
- Disziplinarische Personalführung, beispielsweise bei der Leistungsbeurteilung, Mitwirkung bei der Entgeltfindung, Disziplinarfälle etc.
- Technische Funktionen, insbesondere Sicherstellung der geplanten Fertigungsmengen in der erforderlichen Qualität.
- Organisatorische Funktionen, etwa die Bereitstellung des erforderlichen Materials oder die Personaleinsatzplanung (Freimuth 1988, S. 18).

Die Funktion des Meisters ist in den letzten Jahrzehnten sehr starken Wandlungen unterworfen worden durch

- verstärkte zentrale Fertigungsplanung und Steuerung;
- Übertragung komplexer werdender Aufgaben und höhere Hierarchieebenen bzw. Stäbe (z.B. Arbeitsvorbereitung und Personalwirtschaft).

Der zweite Schub von gravierenden Veränderungen der Funktion des Industriemeisters entstand seit Mitte der 70er Jahre durch

- Bestrebungen zur Aufgabenerweiterung der (Fach-)Arbeiter im Rahmen verschiedener Ansätze zur Humanisierung der Arbeit;
- Aktivierung aller Mitarbeiter in Form von Qualitätszirkeln, Lernstatt-Gruppen etc.
- Notwendigkeit zur Qualifizierung aller Mitarbeiter im Umgang mit Neuen Technologien.

Die höhere Qualifikation der Facharbeiter hat dazu geführt, daß sie in Teilbereichen ein Know-how besitzen, das dem des Meisters überlegen ist. Dieses Spezialwissen erschwert einerseits dem Meister die Aufrechterhaltung der Fachautorität und erleichtert dem Mitarbeiter, einen eigenen Verantwortungsbereich abzugrenzen. Weiterhin können disponierende und kontrollierende Tätigkeiten vom Meister auf den einzelnen Facharbeiter oder eine Arbeitsgruppe übertragen werden.

Neue Technologien haben aber generell zu einer Überprüfung des Funktionsbildes des Industriemeisters Anlaß gegeben. Grundsätzlich sind drei Entwicklungen möglich (vgl. Wunderer/Haubensack 1988):

(1) Beibehaltung traditioneller Sachfunktionen, zusätzliche Übernahme von Führungs- und Personalaufgaben;

(2) Ausweitung fertigungsbezogener Funktionen.
Hiernach übernimmt der Meister wieder seine alten umfassenden Funktionen wie: Technik- und Systembetreuung, Personaldisposition, Menschenführung, Terminierung, Qualitätssicherung, Überwachung der Fertigung und Kostenkontrolle. Diese Organisationsform findet insbesondere bei flexiblen Fertigungssystemen und einer produktorientierten Fertigung Anwendung.

(3) Weiterer Verlust der fertigungsbezogenen Funktionen, die zentral über PPS-, BDE-Systeme usw. gesteuert werden; Übernahme von Führungs-/Trainer- und Personalaufgaben.

Eine Fallstudie zeigt die langfristigen Veränderungen der Aufgaben von Industriemeistern (Abb. D.23) (Wunderer/Haubensack 1988, S. 27).

**Zunahme:** Fertigungsverfolgung
Innerbetriebliche Zusammenarbeit
Führungsinstrumente
- Delegation
- indirekte Kontrolle
- Kommunikation
- Entscheidungsbeteiligung

Mitarbeiterförderung v.a. zur
- Selbstkontrolle
- Selbständigkeit

**Abnahme:** Fertigungsplanung
Fachspezifische Aufgaben
Operatives Selbsttun
Fachliches Anlernen von Mitarbeitern

Aus diesem Untersuchungsergebnis läßt sich der Inhalt eines Personalentwicklungsprogrammes für Industriemeister ableiten (einen Überblick gibt Abb. D.23).

**I Unternehmensführung/Management**

| Umfeld | Systemwissen | Strukturelles Management | |
|---|---|---|---|
| – Markt<br>– Leitbild<br>– Unternehmensstruktur | – REFA<br>– CIM Technologie<br>– Organisation | – Planung<br>– EDV<br>– Betriebswirtschaft | – Kosten<br>– Controlling |

**II Personalführung**

| Selbstführung | Führung | | Kooperation |
|---|---|---|---|
| Sich selbst<br>– erkennen<br>– steuern<br>– entwickeln | – Kommunikation mit Mitarbeitern<br>– Konsultation<br>– Partizipation | – Delegation<br>– Förderung<br>– Moderation von Gruppen | – mit Stäben<br>– mit Kollegen<br>– mit Vorgesetzten |

**III Personalmanagement**

| Grundlagen | „Industrial Relations“ | Personalinstrumente |
|---|---|---|
| – Personalarbeit und Personalabteilung<br>– Meister als Personalverantwortlicher | – Arbeitsrecht<br>– Arbeitsbeziehungen<br>– Betriebsrat | – Beurteilung<br>– Mitarbeitergespräche<br>– Führungsgrundsätze<br>– Personalplanung<br>– Weiterbildung |

**IV Spezifisches/Ergänzendes**

| Spezifische Technologien | Angebote des allg. Bildungsprogrammes | Fachwissen aus Einzelfunktionen wie z.B. Qualitätssicherung |
|---|---|---|

**Abb. D.23:** Mögliche Inhalte eines Personalentwicklungsprogramms für Industriemeister zur Anpassung an geänderte Anforderungen (vgl. Wunderer/Haubensack 1988, S. 28)

Die Forderung nach einer verstärkten innerbetrieblichen Zusammenarbeit macht die Vermittlung von unternehmensübergreifendem Wissen z.B. hinsichtlich der Organisation deutlich. Förderung der Meister hinsichtlich Personalführung und Personalmanagement bilden den Kern des Programmes. Eine Ergänzung um Fachwissen hinsichtlich spezifischer Technologien und Einzelfunktionen ist notwendig bei einer Übertragung umfassender Fertigungsfunktionen, wie sie etwa bei flexiblen Fertigungssystemen üblich ist.

**Kontrollfragen zu Kapitel D II:**

1. Welcher grundsätzliche Zusammenhang besteht zwischen Qualifikation, Technik und Arbeitsorganisation?
2. Welche allgemeinen Tendenzen zur Änderung von Tätigkeitsinhalten und benötigten Qualifikationen sind festzustellen?
3. Wie verändern sich Tätigkeitsinhalte bei
   a) CNC-Maschinen,
   b) Industrierobotern?
4. Welche Qualifizierungsmaßnahmen sind erforderlich bei Arbeiten an
   a) CNC-Maschinen?
   b) Industrierobotern?
5. Beschreiben Sie die wesentlichen Bestandteile des Weiterbildungskonzeptes „Rechnergestützte Fertigung“!
6. Wie erfolgt die Förderung der
   - Fachkompetenz
   - Methodenkompetenz
   - Sozialkompetenz?
7. Was sind Schlüsselqualifikationen?
8. Wie sind Tätigkeitsstrukturen und Qualifizierungsmaßnahmen bei CAD-Arbeitsplätzen zu beschreiben?
9. Welche Auswirkungen bestehen für die Facharbeiterausbildung?
10. Was ist unter der Neuordnung der industriellen Metallberufe zu verstehen?
11. Welche Arbeitsinhalte und Ausbildungskonzepte gelten für den Bürobereich?
12. Welche neuen Qualifikationsanforderungen betreffen die Führungskräfte?
13. Welche Auswirkungen Neuer Technologien gelten insbesondere für Industriemeister?

**Literaturhinweise:**

Altmann 1988;
Brüning 1986;
Bullinger/Traut 1986;
Heeg 1987;
Jansen 1987;
Weipp 1988;
Sonntag 1987;
Stooß/Troll 1988;
Wildemann/Bühner 1986;
Wunderer/Haubensack 1988.

## III. Entgeltfindung bei Neuen Technologien

Die Art der Arbeit und somit die Gestaltung des Entgeltsystems wird u.a. durch folgende Entwicklungen beeinflußt (Weil 1985, S. 4; Bühner 1986, S. 1):

- einen erhöhten Automatisierungsgrad, der die Beeinflussungsmöglichkeiten des Mitarbeiters hinsichtlich Quantität und Qualität des Arbeitsergebnisses verringert;
- hinsichtlich der nicht automatisierbaren Tätigkeiten bestehen erhebliche Gestaltungsspielräume, die für eine auf die Qualifikation und die Bedürfnisse der Mitarbeiter abgestimmte Gestaltung der Arbeitsaufgaben genutzt werden können;
- die veränderten Arbeitsaufgaben führen zu einer Verschiebung der Anforderungen und Belastungen, wodurch eine Überprüfung der eingesetzten Arbeitsbewertungssysteme notwendig wird.

Bezüglich der Entgeltfindung bei Neuen Technologien stellen sich u.a. folgende Fragen:

- Kann bei einem verringerten Anteil beeinflußbarer Zeiten ein von der Arbeitsmenge abhängiger Akkord- oder Prämienlohn beibehalten werden?
- Welche Formen der Leistungsentlohnung sind anwendbar (z.B. Nutzungsprämien; Gruppenprämien)?
- Bieten Neue Technologien eine Chance der Einführung leistungsbezogener Entgeltformen in bisher reinen Zeitlohnbereichen (z.B. Verwaltung)?
- Kann die Entgeltgestaltung zur Erreichung der mit Einführung der Neuen Technologien angestrebten Ziele beitragen?

### 1. Veränderungen der Belastungen und ihre Auswirkungen auf die Arbeitsbewertung

#### a) Begriffe und Methoden

Der Begriff „Arbeitsbewertung" wird bei uns in Theorie und Praxis sehr eng ausgelegt (Wibbe 1966; Zander 1990), während zum Beispiel die Amerikaner „Job Evaluation" oft allgemeiner anwenden. Im weiten Sinne schließt die Arbeitsbewertung das Erfassen und Messen der Arbeitsmenge und -güte ein und erstreckt sich damit auch auf Entlohnungsformen wie Akkord. Im engeren Sinne erfaßt und mißt sie die objektiven Unterschiede in den Arbeitsschwierigkeiten, die aufgrund der verschiedenen Anforderungen an den einzelnen Arbeitsplätzen oder bei Arbeitsvorgängen entstehen und von dem Mitarbeiter bei einer üblichen Leistung überwunden werden müssen. Letztere Definition liegt den weiteren Betrachtungen zugrunde.

Um das Objektbezogene der Arbeitsbewertung zu veranschaulichen, wird sie gelegentlich auch Arbeitsplatzbewertung oder Anforderungsermittlung genannt. Bewertet wird also nie die Person, sondern der Arbeitsplatz. Die besondere Leistung des einzelnen bleibt bei dem Ermitteln des Arbeitswertes unberücksichtigt.

Die verschiedenen Systeme der Arbeitsbewertung entstehen aus dem Bedürfnis, beim Festlegen der Löhne und Gehälter zu einer gerechteren Differenzierung zu gelangen. Technischer Fortschritt und neue Arbeitsorganisationen verändern in zunehmendem Maße die Anforderungen an den Arbeitsplätzen. Die älteren tariflichen Bedingungen erschwerten jedoch eine Anpassung der Bezüge an die veränderte Situation. Darum wurden in den 50er und 60er Jahren verschiedene Bewertungssysteme entwickelt und eingeführt.

Ihren Anfang nahm die Arbeitsbewertung in den USA bereits in den Jahren 1908-1913. Während sie sich dort nicht nur auf Arbeiter, sondern auch bald auf Angestellte erstreckte, beschränkte man sich in Deutschland zunächst nur auf die Bewertung von Arbeitertätigkeiten. Die Bezüge der Angestellten waren – ähnlich wie bei den gewerblichen Arbeitnehmern – bis dahin durch wenig gegliederte Tarife festgelegt worden. Aber selbst bei den tariflichen Gehaltsgruppen sind die Grundlagen meist unklar und die Abgrenzung unübersichtlich.

Inzwischen gibt es in allen industriell entwickelten Ländern der Welt unterschiedliche Formen einer besseren Anforderungsermittlung und Arbeitsbewertung mit Hilfe besonderer Systematiken. Alle Methoden haben zum Ziel, die Entgeltdifferenzierung stärker an den unterschiedlichen Arbeitsanforderungen auszurichten, um damit eine „gerechtere“ anforderungsabhängige Entgeltfindung zu erreichen. Damit verbunden ist der Glaube, daß eine als „gerechter“ akzeptierte Differenzierung der Löhne und Gehälter bei den Betroffenen zu mehr Arbeitszufriedenheit und weniger Konflikten mit den Vorgesetzten führt. Die Arbeitsbewertung ist demzufolge immer mehr zu einem personalpolitischen Führungsinstrument geworden.

Arbeitsbewertung und Anforderungsermittlung gewannen auch an Bedeutung durch das Interesse – insbesondere der Großunternehmen – an integrierten Personalinformationssystemen und Führungskonzeptionen. Hierzu kann eine Arbeitsbewertung die wichtigen arbeitsplatzbezogenen Informationen (Anforderungsprofile) liefern, denen die Eignungsanalysen gegenübergestellt werden. Sie nimmt damit eine zentrale Stellung in der Personalarbeit ein.

Obgleich in den letzten Jahren nicht viele neue Arbeitsbewertungsverfahren eingeführt wurden, kann gesagt werden: In der Bundesrepublik hat sich die Arbeitsbewertung im engeren Sinne weitgehend durchgesetzt und ist heute Bestandteil der meisten Tarifverträge.

Die angewandten Bewertungssysteme sind sehr vielfältig. Sie lassen sich aufgrund ihrer Verfahrensweise in zwei grundsätzliche Methoden einordnen, näm-

| **Analytische Arbeitsbewertung**<br>Bewertung der Einzelkriterien der Gesamtanforderung und Bildung einer Wertsumme | | **Summarische Arbeitsbewertung**<br>Bewertung der Gesamtanforderung als Ganzes | |
|---|---|---|---|
| **Rangfolge**<br>(Factor Ranking Method)<br>Die Einzelkriterien der Gesamtanforderungen werden verglichen und einer Rangreihe zugeordnet. | **Wertzahl**<br>(Point Rating Method)<br>Die Einzelkriterien der Gesamtanforderungen werden nach einem gewichteten Schema (Wertzahlen) bewertet. | **Rangfolge**<br>(Ranking Method)<br>Alle Gesamtanforderungen werden als Ganzes verglichen und in eine Rangfolge eingeordnet. | **Katalogverfahren**<br>Lohngruppenmethode (Classification)<br>Alle Gesamtanforderungen werden als Ganzes mit Richtbeispielen verglichen und zugeordnet. |

**Abb. D.24:** Systematik der Anforderungsermittlung und Arbeitsbewertungsverfahren

lich in die summarische und die analytische, die einmal nach der Reihung und zum anderen nach der Stufung angewandt werden (vgl. Abb. D.24).

b) Veränderung der Anforderungen

Die Arbeitsaufgaben und damit die Anforderungen an den Menschen ändern sich durch die Neuen Technologien. In einer Untersuchung von Kurth über den Zeitraum 1973-1979 ergab sich bereits eine erhebliche Zunahme folgender Tätigkeiten (Kurth 1985, S. 32):

- Maschinenbedienung
- Maschinenüberwachung und
- Maschineneinstellung.

Demgegenüber verlieren die Tätigkeiten

- Bewegen von Hand und
- innerbetrieblicher Transport

stark an Bedeutung.

Entsprechend den veränderten Aufgaben und Produktionszielsetzungen treten einige Anforderungen in ihrer Bedeutung stärker hervor, andere verlieren an Bedeutung. Nachfolgende Abb. D.25 verdeutlicht, daß insbesondere

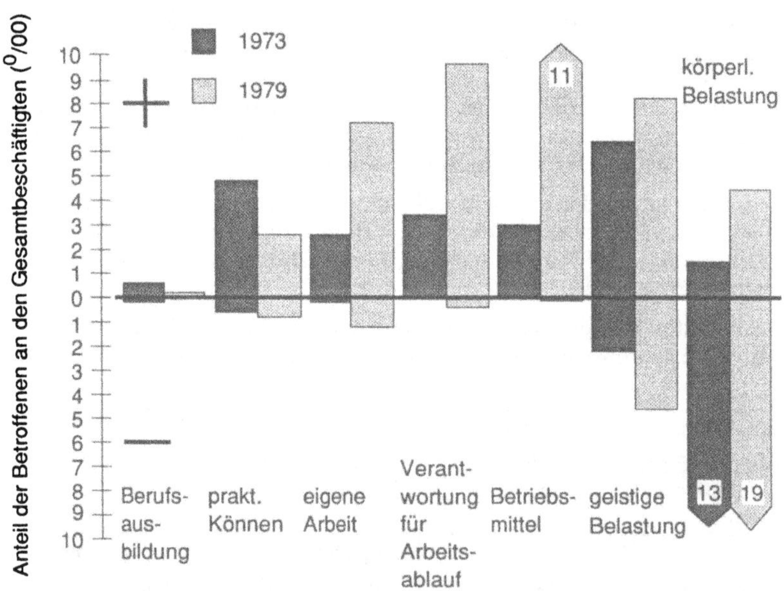


**Abb. D.25:** Auswirkungen technischer Änderungen auf die Arbeitsanforderungen

- praktisches Können
- Verantwortung für die eigene Arbeit, den Arbeitsablauf und die Betriebsmittel sowie die
- geistige Belastung

eher zunehmen, während

• körperliche Belastungen

eher abnehmen.

Eine Abnahme ist auch hinsichtlich der Umwelteinflüsse bei der Arbeit (wie z.B. Hitze, Staub, Lärm) anzunehmen. Daß hierbei auch gegenläufige Trends denkbar sind, die allerdings dem o.g. Gesamtbild grundsätzlich nicht widersprechen, hängt von unterschiedlichen Technisierungsstufen ab, ob es sich z.B. um manuelle, unterschiedlich mechanisierte, wenn nicht sogar automatisierte oder integrierte Fertigung handelt. Einen Überblick über aktuelle Problembereiche gibt Abb. D.26.

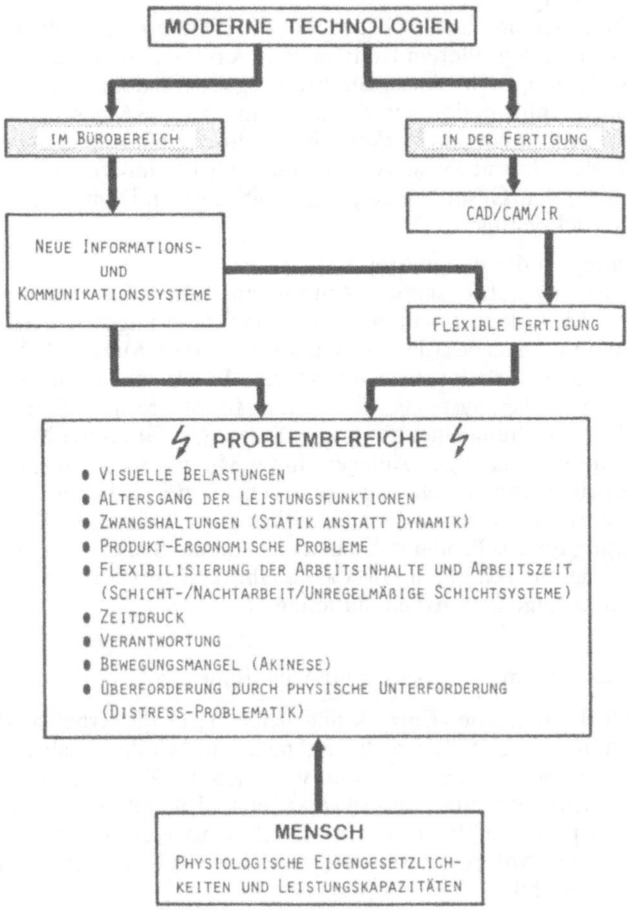


**Abb. D.26:** Auf die Arbeitsanforderungen bezogene Problembereiche beim Einsatz moderner Technologien (Strasser 1988, S. 206)

So kann z.B. die geistige Belastung bei der kontinuierlichen oder bei der automatisierten Fertigung auch abnehmen. Dies bedeutet wiederum, daß generelle Annahmen über die Arbeitssituation einer Branche nur mit Bedacht zu treffen sind. Statt dessen ist betrieblichen Vereinbarungen, welche sich konkreter auf spezielle Verhältnisse beziehen, der Vorzug zu geben. Dies schließt jedoch nicht aus, daß ein Bewertungssystem branchenweit vereinbart wird.

Für die Bewertungskriterien sind folgende Trends zu bedenken:

- Ausbildung und Erfahrung
  „Ausbildung" und „Erfahrung" sollten getrennt bewertet werden.
  Beim Merkmal „Ausbildung" sollten nicht nur die Ausbildungsdauer in Jahren, sondern auch die Qualität der Ausbildung berücksichtigt werden. Entsprechendes gilt für die Dauer und Art der Berufserfahrung und auch für Erfahrungen im flexiblen Arbeitseinsatz.
- Geistige Belastung
  Kommunikation nimmt in allen betrieblichen Abläufen immer mehr zu. Informationen werden in größerem Umfang über verschiedene neue Medien (Display, Bildschirm, optische Anzeigen usw.) gegeben. Damit steigen die Anforderungen an die Informationsverarbeitungsfähigkeit des Menschen. Diese Anforderungen sollten bei der Merkmalsbeschreibung besonders berücksichtigt werden. In flexiblen automatisierten Systemen ist außerdem eine größere Übersicht über den Gesamtablauf, Eigeninitiative und zum Teil Kreativität stärker zu berücksichtigen.
- Verantwortung für die eigene Arbeit
  Kostenintensivere Betriebsmittel (Automaten, Prüfrechner etc.) müssen je nach Kosten der Anlage und ihrer Bedeutung für störungsfreies Arbeiten der vorgelagerten und nachgeordneten Arbeitsplätze dem Merkmal „Verantwortung für die eigene Arbeit" einen veränderten Inhalt geben. Im Vordergrund steht immer mehr die „Systemgewährleistung für Maschine und Produkt". Insofern ist die Erreichung eines optimalen Nutzungseffektes der Maschine und der direkt davon abhängigen Anlagen durch Minimierung ungeplanter Stillstandszeiten anzustreben. Dazu gehört rechtzeitiges Erkennen, Beseitigen bzw. rechtzeitige Veranlassung der Beseitigung von Störungen. Die „Systemgewährleistung für das Produkt" bezieht sich auf die Sicherstellung der geforderten Qualität zur reibungslosen Verwendbarkeit bzw. Weiterbearbeitbarkeit an den nachfolgenden Arbeitsstationen.

#### c) Einheitliches System für Arbeiter und Angestellte

Im Zuge der technologischen Entwicklung gleichen sich die Arbeitsbedingungen von Arbeitern und Angestellten mehr und mehr an. Mit der Ausbreitung neuer Fertigungstechnologien in der Werkstatt wird sich die Zahl der im herkömmlichen Sinne typischen Arbeitertätigkeit (manuelle Tätigkeiten, überwiegend verbunden mit körperlichen Belastungen) zunehmend vermindern. Gleichzeitig steigen die geistigen Anforderungen, wie sie üblicherweise bei Angestelltentätigkeiten anzutreffen sind.

In einigen Wirtschaftsbereichen in der Bundesrepublik Deutschland, insbesondere in der Bauwirtschaft, Mineralölindustrie, in Bereichen der Nahrungs- und Genußmittelindustrie und der Energiewirtschaft, haben die Tarifparteien dieser Entwicklung bereits durch die Schaffung einheitlicher Manteltarifverträge Rechnung getragen, die auch einheitliche Entgeltbestimmungen enthalten. Im übrigen haben eine Reihe von Unternehmen einheitliche Entgeltgruppen eingeführt, so z.B. die HEW, die Unternehmen der deutschen Zigarettenindustrie, die Ciba-Geigy, Rheinbraun, IBM-Deutschland und Siemens Albis in der Schweiz. In anderen großen Industriezweigen besteht Übereinstimmung zwischen den Sozialpartnern, daß auf lange Sicht eine Angleichung der Arbeitsbedingungen von Arbeitern und Angestellten angestrebt werden soll.

Bei der Schaffung von einheitlichen Entgeltsystemen für Arbeiter und Angestellte kommt es insbesondere darauf an, Modelle zu entwickeln mit Anforderungsmerkmalen, die für beide Kategorien von Mitarbeitern anwendbar sind und zugleich Leistungskriterien für ein leistungsbezogenes einheitliches Entgeltsystem einschließen. Abb. D.27 gibt einen Überblick über ein einheitliches Bewertungssystem, entwickelt von der Consulectra Unternehmensberatung GmbH Hamburg, das sich bereits praktisch bewährt hat. Es differenziert zwischen Ausbildung einerseits, Berufs- und Betriebserfahrung andererseits und betont inner-

| | Anforderungsarten \ Anforderungsstufen | | A | B | C | D | E | F | G | H | I | J | K | Gewichtung |
|---|---|---|---|---|---|---|---|---|---|---|---|---|---|---|
| **Können** | Ausbildung | 1.1 | 10 | 15 | 25 | 40 | 50 | 60 | 70 | 80 | 90 | 120 | 160 | max. Punkte 210 ≙ 25,3% |
| | Berufs-/Betriebserfahrung | 1.2 | 15 | 24 | 32 | 39 | 45 | 50 | | | | | | |
| **Belastung** | Breite des Aufgabengebietes | 2.1.1 | 5 | 13 | 23 | 35 | 49 | 65 | 83 | 103 | 125 | | | max. Punkte 310 ≙ 37,35% |
| | Tiefe des Aufgabengebietes | 2.1.2 | 5 | 13 | 23 | 35 | 49 | 65 | 83 | 103 | 125 | | | |
| | Körperkräfte | 2.2.1 | 5 | 7 | 10 | 14 | 19 | 25 | | | | | | |
| | Körperhaltung | 2.2.2 | 10 | 13 | 17 | 22 | 28 | 35 | | | | | | |
| **Verantwortung** | Handlungsrahmen | 3.1 | 5 | 13 | 23 | 35 | 49 | 65 | 83 | 103 | 125 | | | max. Punkte 310 ≙ 37,35% |
| | Handlungsauswirkungen | 3.2 | 5 | 13 | 23 | 35 | 49 | 65 | 83 | 103 | 125 | | | |
| | Verantwortung für Personalführung | 3.3 | 4 | 11 | 18 | 25 | | | | | | | | |
| | | | 11 | 18 | 25 | 32 | | | | | | | | |
| | | | 18 | 25 | 32 | 39 | | | | | | | | |
| | | | 25 | 32 | 39 | 46 | | | | | | | | |
| | | | 32 | 39 | 46 | 53 | | | | | | | | |
| | | | 39 | 45 | 53 | 60 | | | | | | | | |

**Abb. D.27:** Einheitliches Bewertungssystem für Arbeiter und Angestellte (Quelle: Consulectra GmbH, Hamburg)

halb der Bewertungskriterien Belastung und Verantwortung, Breite und Tiefe des Aufgabengebietes sowie den damit korrespondierenden Handlungsrahmen und die entsprechenden Handlungsauswirkungen. Die Umgebungseinflüsse sind ausgegliedert und werden getrennt abgegolten.

Darüber hinaus empfiehlt es sich, persönliche Zulagen vorzusehen, wenn es darum geht, vielseitigen Arbeitseinsatz und persönliche Flexibilität zu berücksichtigen. Schließlich wird in diesen Fällen ein Fähigkeitspotential vorausgesetzt, gleichgültig ob die Arbeit vorübergehend oder auf Dauer ausgeführt werden soll, voraussehbar ist oder nicht und u.U. unregelmäßig oder unerwartet anfällt. Insofern wäre es möglich, die Arbeitsbewertung durch einen spezifischen Qualifikationsbezug zu ergänzen, der die individuelle fachliche Befähigung, die individuelle Flexibilität sowie die Bereitschaft dazu angemessen berücksichtigt.

Insofern sollte es möglich sein, bewährte Instrumente der Entgeltfindung weiterzuentwickeln, damit sie auch bei veränderten technologischen Rahmenbedingungen sinnvoll einsetzbar sind.

### d) Tendenzen der Anforderungsermittlung und Arbeitsbewertung

Obwohl sich die Arbeitsbewertung in der Bundesrepublik generell weitgehend durchgesetzt hat – die meisten Tarifverträge basieren auf einer summarischen oder analytischen Arbeitsbewertung – gibt dieses Bild jedoch keinen vollständigen Eindruck von der wirklichen Handhabung der Entgeltfindung in Industrie und Verwaltung. Insbesondere in Klein- und mittelständischen Unternehmen ist die unterschiedliche Entgeltfestsetzung für die Betroffenen überwiegend noch höchst undurchsichtig. Hier bestimmen die jeweilige regionale oder Branchen-Situation, die Forderungen eines interessanten Bewerbers oder der Marktpreis am Ort für eine bestimmte Arbeitsleistung die Höhe des Entgelts. Angebot und Nachfrage regulieren das Einstellungsentgelt. Die besondere Situation, z.B. das Verhältnis zum Vorgesetzten, aber auch der unterschiedliche Führungsstil, beeinflussen dann die weitere Entwicklung des Entgelts so wie anderswo Können und Leistung.

Aber auch in vielen großen Unternehmen, in denen die Entgelttarifverträge aus der Grundlage von Arbeitsbewertung für die Grundentgeltdifferenzierung maßgeblich sind, werden effektiv oft andere Vergütungen bezahlt, also übertarifliche Entgelte, wenn die Tarifverträge niedrig sind. Eine Bezahlung ausschließlich nach den Entgelttarifen ohne Leistungskomponente finden wir hauptsächlich im Öffentlichen Dienst oder in Unternehmen, die dem Öffentlichen Dienst nahestehen.

Solange übertarifliche Zahlungen auf der Grundlage eines allen Betroffenen bekannten, transparenten und anforderungs- und leistungsabhängigen Entgeltfindungssystems festgelegt werden, das für alle Mitarbeiter verständlich und begründbar ist, ist das Ziel einer sinnvollen Entgeltfindung gewährleistet. Es gibt eine immer größere Zahl von Unternehmen in der Bundesrepublik, die zu diesem Zweck unternehmensinterne Arbeitsbewertungssysteme und Leistungsbewertungen praktizieren, die mit dem Betriebsrat vereinbart sind.

Die Lage in der Bundesrepublik ist allerdings sehr unübersichtlich. Eine genaue Übersicht über den Umfang der Anwendung von unterschiedlichen Arbeitsbewertungsverfahren in der Bundesrepublik gibt es nicht. Unternehmensberater, die auf diesem Spezialgebiet tätig sind, schätzen aber, daß es nur eine verhältnismäßig geringe Zahl von Unternehmen in der Bundesrepublik gibt, in denen Arbeitsbewertungssysteme in dem gewünschten Sinne konsequent gepflegt und angewendet werden und funktionieren. Die Zahl der Beschäftigten, deren Entgelt auf diese bestmögliche Weise ermittelt, bekanntgegeben und begründet wird, liegt vermutlich unter 30%. Diese Einschätzung zeigt, daß es noch viel Arbeit für die Tarifparteien und die Personalchefs in den Unternehmen gäbe, würden sie wirklich den Vorteil aktueller Arbeitsbewertungsverfahren hoch einschätzen.

Was sind die Gründe für diese doch begrenzte Verbreitung funktionierender und akzeptierter Arbeitsbewertungssysteme?

(1) Die Bedeutung eines anforderungsgerechten Entgelts hat abgenommen.

Dafür gibt es wiederum zwei Gründe:
Erstens haben die meisten Beschäftigten in der Bundesrepublik aufgrund der guten wirtschaftlichen Entwicklung der letzten Jahrzehnte eine Einkommenshöhe erreicht, die es ihnen gestattet, geringfügige, nicht begründbare Abweichungen im Entgelt im Vergleich zu anderen oder im Verhältnis zu den eigenen Vorstellungen gelassener hinzunehmen. Sie würden dafür nicht auf die Barrikaden gehen. Andere Ziele sind ihnen wichtiger, zumal die staatliche Ausgabenpolitik auch wenig finanzielle Anreize gibt.

Desweiteren ist festzustellen: Die heranwachsende Generation hat andere Wertvorstellungen. Einkommen und materielle Verdienste haben nicht mehr den gleich hohen Stellenwert wie bei den Vätern. Andere Faktoren sind im Wert gestiegen, wie Arbeitsinhalt, Selbständigkeit, Arbeitsfreude, Arbeitsklima usw.

(2) Die Vorteile einer funktionierenden anforderungsabhängigen Entgeltfindung sind bei den meisten Beschäftigten weitgehend unbekannt.
Die meisten Beschäftigten sind über die Einzelheiten der Festlegung ihres Grundgehalts oder Tarifgruppenentgelts nicht genügend aufgeklärt. Informationen darüber werden kaum an den Beschäftigten herangetragen. Nur im Streitfall erfährt der Mitarbeiter, wie es zu dem bestehenden Entgelt gekommen ist – wenn es dafür überhaupt nachvollziehbare Begründungen gibt. Auch Unternehmen, die vor Jahren fortschrittliche Arbeitsbewertungsmethoden einführten, haben es nicht selten versäumt, diese Methoden bei den einzelnen Mitarbeitern genügend bekanntzumachen. Eine Akzeptanz der Betroffenen war eigentlich weniger gefragt. Es reichte, wenn die für die Einführung Verantwortlichen das Gefühl hatten, die relative Gerechtigkeit der Entgeltdifferenzierung verbessert zu haben.

(3) Die existierenden Arbeitsbewertungsverfahren sind zu kompliziert oder zu wenig verständlich.
Die Bemühungen der Experten in den vergangenen Jahrzehnten, die anforderungsabhängige Entgeltfindung so „gerecht" wie möglich zu gestalten, hat zwangsläufig zu Systemen geführt, die immer anspruchsvoller und komplizierter geworden sind. Viele analytische Arbeitsbewertungsverfahren werden demzufolge nur noch von den Experten im Unternehmen verstanden.

Die betroffenen Mitarbeiter müssen an das „richtige" Zustandekommen des Ergebnisses glauben. Selbst Führungskräfte sind oft nicht in der Lage, die Ergebnisse des Bewertungsausschusses nachzuvollziehen.

Andere Bewertungsverfahren sind wiederum zu einfach. Nur das Einordnen von verschiedenen Tätigkeiten in bestimmte Tarifgruppen durch die Tarifvertragspartner ohne ausführliche und akzeptierbare Begründung ist für die Betroffenen solange wenig überzeugend, solange die Beweggründe nicht nachvollziehbar und einklagbar sind. Aus diesem Grunde haben sich auch in der letzten Zeit bei Neuentwicklungen immer mehr Mischformen herausgebildet, bei denen versucht wird, die Vorteile der Einfachheit der summarischen Verfahren mit den Vorteilen der besseren Begründbarkeit bei den analytischen Verfahren zu einem Optimum zu verbinden.

(4) Die verwendeten Arbeitsbewertungsverfahren sind nicht mehr aktuell.
In den 50er und 60er Jahren wurden in der Bundesrepublik in vielen Tarifverträgen und Betriebsvereinbarungen Arbeitsbewertungsverfahren festgelegt. Diese sind heute meistens noch unverändert gültig, obwohl sich in der Arbeitswelt inzwischen sehr viel geändert hat. Festzustellen ist eine Verschiebung der vom Arbeitnehmer geforderten Leistungs- und Qualifikationsinhalte bei hochmechanisierter und automatisierter Fertigung weg von der eigentlichen Funktion zu vorbereitender, steuernder und überwachender Funktion.

Das bedeutet eine zunehmende Unschärfe existierender Leistungs- und Anforderungsstandards mit schnellerer technologischer Entwicklung.

Es gibt Schwierigkeiten bei den Sozialpartnern, die sich daraus ergebenden notwendigen Veränderungen und Anpassungen zügig durchzuführen. Die Folge sind unzureichende Systeme, die durch eine große Zahl von Sonderzusatzbestimmungen und übertariflichen Zahlungen unbefriedigend am Leben erhalten werden. Das beste Beispiel dafür ist der Bundesangestelltentarifvertrag, der aufgrund der großen Zahl von Fallbeispielen und zusätzlichen Tarifverträgen inzwischen so unübersichtlich geworden ist, daß es spezialisierter Juristen bedarf, um den Tarifvertrag auszulegen, wobei das Gefühl der Betroffenen für „Gerechtigkeit“ auf der Strecke bleibt. Nicht viel anders ist es in vielen Wirtschaftsunternehmen, die veraltete Systeme der Tarifverträge anwenden und diese dann auf die neuen Anforderungsstrukturen „hinbiegen“ müssen.

## 2. Leistungslohn bei Neuen Technologien

Aufgrund der Verringerung des Anteils der beeinflußbaren Zeiten wird die Bedeutung des Akkordlohns durch die Einführung Neuer Technologien abnehmen (vgl. Abb. D.28).

Um für die Mitarbeiter weiterhin einen Leistungsanreiz zu geben, werden Lohnsysteme eingesetzt, die den anforderungsgerechten Grundlohn durch einen leistungsbezogenen Entgeltbestandteil ergänzen.

Bei der Gestaltung derartiger Lohnsysteme sind bestimmte Grundvoraussetzungen zu beachten (Wagner 1986, S. 1651ff.):

- das Leistungslohnsystem muß transparent sein, damit der Mitarbeiter jederzeit weiß, wo er leistungsmäßig steht;
- der materielle Anreiz muß groß genug sein, um motivierend zu wirken;
- die Bezugsgröße muß so gewählt werden, daß die Mehrleistung zur Erreichung der mit Einführung der Neuen Technologien angestrebten Ziele dient. Betriebswirtschaftlich gesehen ist eine hohe Ausbringung die vorrangige Zielsetzung. Welche Art der Arbeitsleistung zu einer hohen Ausbringung bei Neuen Technologien führt, zeigt Abb. D.29. Eine zu lohnende Mehrleistung wäre z.B. die Wartung und vorbeugende Instandhaltung.

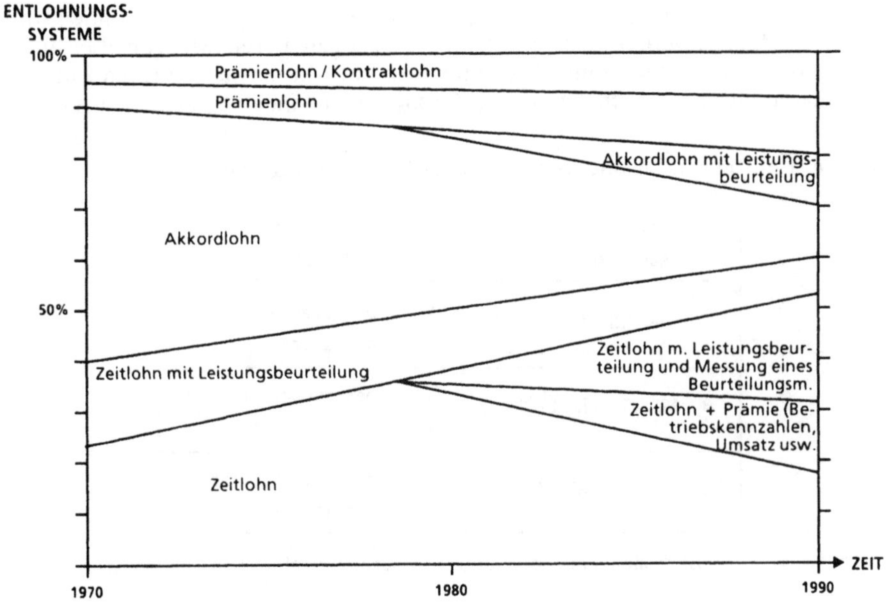


**Abb. D.28:** Entlohnungssysteme im Zeitablauf

| Ausbringung | Arbeitsleitung |
|---|---|
| hohe Ausbringung | → hohe Nutzung |
| hohe Nutzung | → Minimierung der Stillstandszeiten |
| geringe Stillstandszeiten | → schnelle Störungssuche<br>→ erhöhter Arbeitseinsatz bei der Störungsbeseitigung<br>→ vorbeugende Instandhaltung<br>→ bessere organisatorische Abstimmung |

**Abb. D.29:** Zusammenhänge zwischen Ausbringung und Arbeitsleistung (Kammer 1985, S. 50)

- Um die erhöhten Anforderungen hinsichtlich fachlicher Befähigung, persönlicher Flexibilität und Arbeitsbereitschaft zu honorieren, ist die Einführung eines Prämiensystems auf der Grundlage der persönlichen Qualifikation sinnvoll.

Insgesamt ergeben sich auch bei Einsatz Neuer Technologien eine Vielzahl von Gestaltungsmöglichkeiten für leistungsbezogene Entgeltsysteme.

a) Verfahren zur persönlichen Bewertung von Mitarbeitern und persönlichen Zulagen (Weil 1984)

Neue Technologien erfordern von den Mitarbeitern die Bereitschaft zu einem vielseitigen Arbeitseinsatz und zur Zusammenarbeit mit vor- und nachgelagerten Stellen (z.B. Arbeitsvorbereitung und Instandhaltung). Eine Möglichkeit, die Mitarbeiter zu einer verstärkten personellen Flexibilität zu motivieren, stellen „Verfahren zur Persönlichen Bewertung" dar. Diese Bewertung sollte in Form einer „Persönlichen Zulage“ einen eigenständigen Entgeltbestandteil bilden. In dieses Verfahren werden auch Mitarbeiter einbezogen, deren (Mengen-)Leistungen bereits im Leistungslohn abgegolten werden. Mit der persönlichen Zulage werden somit Leistungen honoriert, die zwar nicht meßbar, aber beurteilbar sind.

Die zur Beurteilung besonders geeigneten Merkmale zeigt Abb. D.30.

| HAUPTMERKMAL | EINZELMERKMAL |
|---|---|
| A ARBEITSERGEBNIS | 1 Arbeitsmenge<br>2 Arbeitsgüte |
| B ARBEITSVERHALTEN | 3 Arbeitssorgfalt<br>4 Zusammenarbeit |
| C ARBEITSEINSATZ | 5 Engagierte Mitarbeit<br>6 Vielseitiger Einsatz |

**Abb. D.30:** Ordnungsschema mit drei Haupt- und sechs Einzelmarken (Quelle: Weil 1984)

Diese Merkmale können jedoch nicht unabhängig von der grundlegenden Lohnform, d.h. Zeit- oder Leistungslohn angewendet werden. Bei Leistungslöhnen können diejenigen Merkmale, die bereits durch die spezielle Lohnform berücksichtigt sind, nicht ein zweites Mal zur Bewertung und somit auch zur Entlohnung herangezogen werden. Abb. D.31 zeigt, daß bei Zeitlöhnen alle sechs Merkmale in einem Beurteilungsverfahren enthalten sein können. Bei Leistungslohn stehen je nach Lohnform nur vier oder fünf Merkmale zur Verfügung.

| HAUPTMERKMALE | EINZELMERKMALE | ZEIT-LOHN | LEISTUNGS-LOHN |
|---|---|---|---|
| Arbeitsergebnis | Arbeitsmenge | ● | |
| | Arbeitsgüte | ● | ○ |
| Arbeitsverhalten | Arbeitssorgfalt | ● | ● |
| | Zusammenarbeit | ● | ● |
| Arbeitseinsatz | engagierte Mitarbeit | ● | ● |
| | vielseitiger Einsatz | ● | ● |

**Abb. D.31:** Verfügbare Merkmale für die Persönliche Bewertung von Leistungslöhnern (Quelle: Weil 1984)

Zur Persönlichen Bewertung von Leistungslöhnern eignen sich vor allem drei Merkmale: Arbeitssorgfalt, engagierte Mitarbeit und vielseitiger Arbeitseinsatz. Diese Kriterien beschreibt Weil wie folgt (ebenda, S. 217ff.):

Unter **Arbeitssorgfalt** sollte eine Reihe von Aspekten (ggf. als Untermerkmale) zu einem einheitlichen Merkmal zusammengefaßt werden, u.a.:

- die „Behandlung von Betriebsmitteln“, oder präziser ausgedrückt: der pflegliche Umgang mit Betriebseinrichtungen, Betriebsmittel und Werkzeugen;

- die „Behandlung der Erzeugnisse“: das gilt insbesondere für den Umgang mit hochwertigen bzw. technisch hoch entwickelten Produkten;
- die „Nutzung von Stoffen“, d.h. der sparsame Umgang mit Werk- und Hilfsstoffen sowie mit Energie;
- „Ordnung und Sauberkeit am Arbeitsplatz“, insbesondere bei hochempfindlichen Produkten (z.B. Chips);
- die „Einhaltung von Arbeitsvorschriften“, und zwar sowohl bei der Ausführung des Arbeitsauftrages, als auch bezüglich der Einhaltung von Sicherheitsvorschriften (speziell bei der Bedienung von Betriebsmitteln).

Unter **engagierter Mitarbeiter** sollte die „Fähigkeit und Bereitschaft zum persönlichen Einsatz für das Unternehmen in technischer, organisatorischer und zeitlicher Hinsicht“ verstanden werden. Dabei sollten folgende Aspekte berücksichtigt werden:

- Vorschläge zur effizienteren Gestaltung der eigenen Arbeit;
- Zuverlässigkeit und Selbständigkeit hinsichtlich der Erledigung des eigenen Arbeitsauftrages, u.a. bezüglich der Abfolge der Tätigkeiten, der Vermeidung von Störungen und Stillständen und durch rechtzeitiges Melden von Engpässen;
- selbständiges Handeln im Falle einer notwendigen Übernahme von qualifizierten Aufgaben wie Einrichten, Messen, Prüfen, Beseitigen von Störungen;
- Erkennen von Zusammenhängen mit der Arbeit anderer, d.h. Mitdenken hinsichtlich dessen, was „vor“ oder „nach“ der eigenen Arbeit geschieht, verbunden mit einem gelegentlichen Einspringen und Aushelfen;
- Belastbarkeit in Ausnahmesituationen (z.B. Termindruck) hinsichtlich der zeitlichen Verfügbarkeit durch Leistung von Überstunden, Schichtarbeit sowie Arbeitseinsatz an arbeitsfreien Tagen (u.a. an Samstagen sowie an Sonn- und Feiertagen).

Der **vielseitige Arbeitseinsatz** (Einsetzbarkeit, Versetzbarkeit, Mobilität) setzt (wie die **engagierte Mitarbeit**) sowohl entsprechende Fähigkeiten wie auch Bereitschaft zum Einsatz voraus. Dabei sind zu unterscheiden:

- bei einfacheren Aufgaben: der gelegentliche Einsatz an verschiedenen, aber in etwa gleichartigen Arbeitsplätzen innerhalb einer Gruppe, der Werkstatt, oder darüber hinaus an anderen Stellen des Betriebes (das würde auf Dauer gesehen dem job enlargement entsprechen);
- bei komplexeren Aufgaben: die gelegentliche Übernahme verschiedenartiger, und zwar sowohl höher- als auch geringwertiger Arbeiten (auf Dauer gesehen wäre das: job enrichment).

Letzteres setzt von Stufe zu Stufe ein steigendes Maß an Überblick, Selbständigkeit und geistiger Beweglichkeit voraus, ohne das komplexe, vielfältige Aufgaben nicht bewältigt werden können.

Es ist allerdings auch möglich, die beiden zuletzt beschriebenen Merkmale unter einem Oberbegriff (z.B. „Arbeitseinsatz“) zusammenzufassen. Dann sollte aber entsprechend den vorstehenden Erläuterungen zwischen dem engagierten Einsatz für die eigene Arbeitsaufgabe, dem vielseitigen Einsatz an verschiedenen Arbeitsplätzen und dem allgemeinen Engagement für das Unternehmen durch Bildung von Untermerkmalen unterschieden werden. In jedem Falle wird es notwendig sein, sorgfältig zu definieren und je nach den betrieblichen Gegebenheiten im einzelnen die Gesichtspunkte aufzuführen, die bei der Bewertung beachtet werden sollen.

Die einzelnen Merkmale sollten durch nicht mehr als fünf Bewertungsstufen beschrieben werden. Dies gilt insbesondere für den Fall, daß merkmalsspezifische Stufenbeschreibungen gewählt werden. Ein Beispiel für eine detaillierte Beschreibung der einzelnen Stufen des Merkmals „Fähigkeit und Bereitschaft zu vielseitigem Arbeitseinsatz" gibt Abb. D.32.

| Merkmal | Stufen | | | | | Anzahl |
|---|---|---|---|---|---|---|
| Fähigkeit und Bereitschaft zu vielseitigem Arbeitseinsatz | Begreift schwer u. benötigt wiederholt ausführliche Erklärungen. Besitzt ungenügendes Dispositionsvermögen; ist nur einfachen, gleichbleibenden A'aufgaben gewachsen. Übernimmt keine verantwortungsvolle Arbeit; sträubt sich gegen wechselnde A'aufgaben. | Begreift langsam u. benötigt eingehende Erklärungen. Besitzt geringes Dispositionsvermögen; ist ausreichend sicher bei gleichartigen Routineaufgaben. Übernimmt nur ungern Verantwortung; ist nur bedingt zur Übernahme anderer Arbeiten bereit. | Besitzt eine befriedigende Auffassungsgabe. Disponiert richtig, sofern allgemeine Anweisungen vorliegen. Zeigt volle Verantwortungsbereitschaft übernimmt bereitwillig andere A'aufgaben. Läßt sich für wechselnde Arbeiten einsetzen. | Besitzt eine klare Auffassungs- und Kombinationsgabe. Erkennt Zusammenhänge. Disponiert selbständig, improvisiert. ist verantwortungsfreudig; übernimmt mit großer Bereitwilligkeit vielseitige Aufgaben. Läßt sich an verschiedenartigen A'plätzen einsetzen. | Erfaßt sehr schnell überblickt komplizierte Zusammenhänge. Besitzt ausgeprägtes Dispositions- und Improvisationsvermögen. Behält einen sicheren Überblick, auch über einen größeren Arbeitsbereich. Sehr verantwortungsfreudig; übernimmt mit größter Bereitwilligkeit alle ihm angetragenen Arbeiten. Läßt sich sehr vielseitig u. für unterschiedliche Arbeiten einsetzen | 5 |

**Abb. D.32:** Stufenbeschreibung eines Beurteilungsmerkmals

Derartige merkmalsspezifische Stufenbeschreibungen sind jedoch nur anwendbar, wenn die vom Lohnsystem erfaßten Arbeitsplätze gleichartig sind. In größeren Betrieben findet man daher betriebsweit anwendbare allgemeine Merkmalsbeschreibungen. Da sich die Tätigkeiten und somit die Anforderungen von gewerblichen Arbeitnehmern und Angestellten immer mehr angleichen, ist für jeden Betrieb zu prüfen, ob ein einheitliches System einer persönlichen Zulage sinnvoll ist.

b) Leistungslohn in vor- und nachgelagerten Bereichen

Durch die Automatisierung vieler Fertigungs- und Montagetätigkeiten gewinnen die vor- und nachgelagerten Bereiche der Konstruktion, Arbeitsvorbereitung und Instandhaltung zunehmend an Bedeutung. Die Mitarbeiter in diesen Bereichen beeinflussen durch ihre Leistung die Ausnutzung der Anlagen in erheblichem Maße. Ein Lohnsystem, das die Mitarbeiter zu dieser gewünschten Leistung motiviert, ist demnach auch in diesen klassischen Zeitlohnbereichen wünschenswert. Die Umsetzung dieser Ziele in der Praxis sei an zwei Beispielen gezeigt:

(1) Leistungslohn in Konstruktion und Fertigungsplanung (Ausschuß für Wirtschaftliche Fertigung e.V.)

Bei dem im folgenden beschriebenen Beispiel handelt es sich um ein Maschinenbauunternehmen, das Standard- und Sondergetriebe, Scheiben, Kupplungen und Getriebemotoren in Einzel- und Kleinserienfertigung herstellt. Pro Tag werden von ca. 150 Mitarbeitern in der Konstruktion und ca. 30 Mitarbeitern in der Fertigungsplanung etwa 100 Auftragspositionen bearbeitet. Die Bearbeitungszeiten in Konstruktion und Fertigungsplanung bewegen sich je nach Produkt und Schwierigkeitsgrad in einer Bandbreite von 30 min. bis etwa 1000 min. pro Auftragsposition.

Die einzelnen Aufträge werden in zwei Gruppen unterteilt:

A-Aufträge mit hohem Bearbeitungsaufwand (z.B. Neukonstruktionen).
B-Aufträge mit geringem Bearbeitungsaufwand (z.B. Anpassungskonstruktionen)

A-Aufträge werden bei der Berechnung der Leistungskennzahl dreifach gewichtet.

Die Bezugsbasis (100% Leistung) für die Prämienberechnung wurde nach mehrmonatiger Auswertung der Auftragspositionen festgelegt.

Der Leistungsgrad ergibt sich aus folgender Formel:

$$\text{Leistungsgrad in \%} = \frac{\text{A-Aufträge} \times 3 + \text{B-Aufträge}}{\text{Bereinigte Anwesenheitszeit}} \times \frac{100\%}{\text{Bezugsleistung}}$$

Den einzelnen Leistungsgraden werden abhängig von der jeweiligen kaufmännischen Tarifgruppe unterschiedliche Prämiensätze zugeordnet (vgl. Abb. D.33).

(2) Leistungslohn in der Instandhaltung (Schulte 1987)

Im folgenden wird die Vorgehensweise bei der Ermittlung und beim Aufbau einer Mengenprämie in der Instandhaltung beschrieben. Hierbei ist zu beachten, daß der Leistungslohn in der Instandhaltung mit der Funktion Arbeitsvorbereitung eng verbunden ist. Hier werden die Instandhaltungsmaßnahmen geplant und kalkuliert. Diese Kalkulation beruht auf der Ermittlung der Vorgabezeiten für die Instandhaltungsarbeiten. Voraussetzung für eine erfolgreiche Einführung eines Prämienlohns sind sorgfältig ermittelte Vorgabezeiten mit Hilfe eines auch von den Arbeitnehmern anerkannten Systems der Arbeitszeitplanung. Schulte schlägt hierzu vor, zunächst eine Untersuchung der Dauer der einzelnen Instandhaltungsaufträge (z.B. für drei Monate) durchzuführen. Danach erhält man eine Verteilung der Instandhaltungsaufträge in Abhängigkeit von ihrer Dauer. Diese können wiederum in einzelne Kategorien aufgeteilt werden.

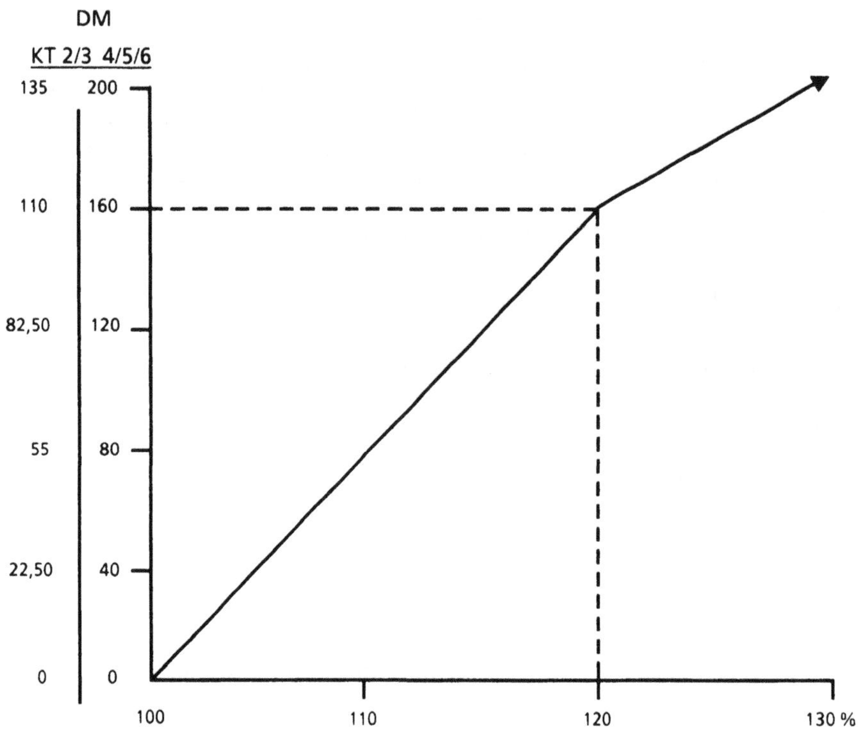


**Abb. D.33:** Prämienlinie bei Leistungslohn

Z.B. Kategorie A = Aufträge bis 15 min. Dauer
Kategorie B = Aufträge von 20-40 min. Dauer
Kategorie C = Aufträge von 40-70 min. Dauer
:
Kategorie H = Aufträge von 10-11 Std. Dauer
usw.

Für die Arbeitsvorbereitung ist es wesentlich leichter, die einzelnen Aufträge in Kategorien einzuteilen.

Die Einteilung der Instandhaltungsmaßnahmen in Kategorien wird durch Instandhaltungskataloge ergänzt, die einen Auftrag (z.B. die Reinigung einer Pumpe) in mehrere Schritte aufteilen. Die benötigte Zeit für die einzelnen Schritte kann nach REFA oder MTM ermittelt werden. In den Instandhaltungskatalogen kann jedem einzelnen Arbeitsschritt abhängig von der Vorgabezeit ein Prämienwert in D-Mark zugeordnet werden. Hier können die Mitarbeiter ablesen, welche Prämie sie für die Erledigung eines Arbeitsauftrags erhalten.

c) Prämienlohn in der Textverarbeitung

Für viele Mitarbeiter und Führungskräfte ist die Einrichtung einer zentralen Textverarbeitung und damit der Verlust der „eigenen" Sekretärin auch eine Minderung des Status. Zentrale Textverarbeitungsabteilungen werden daher nur akzeptiert, wenn sie leistungsfähig sind. Als Leistungsanreiz reicht die tarifliche

Leistungszulage aufgrund einer persönlichen Bewertung durch den Vorgesetzten nicht aus. Eine Verbesserung der Leistung kann durch ein unternehmensbezogenes Prämiensystem erreicht werden (Grabner 1983).

Das schwierigste Problem bei der Einführung eines Prämiensystems in der Textverarbeitung stellt die Leistungserfassung dar. Eine (theoretische) Möglichkeit ist das Zählen von Anschlägen. Hier können neue Textverarbeitungssysteme mit entsprechenden Erfassungsprogrammen diese Aufgabe übernehmen (wenn der Betriebsrat seine Zustimmung erteilt; § 87 Ziff. 6 BetrVG).

Eine andere Möglichkeit stellt die Einteilung des Schriftgutes in zehn verschiedene Kategorien dar. Für jede Kategorie ist eine bestimmte Bearbeitungszeit erforderlich. Die einzelnen Schriftstücke werden der jeweiligen Kategorie zugeordnet. Durch Multiplikation der bearbeiteten Schriftstücke und der benötigten Zeit je Kategorie ergibt sich die Vorgabezeit. Die Vorgabezeit und die Soll-Arbeitszeit werden gegenübergestellt und so der Zeitgrad als Maßstab der erbrachten Leistung ermittelt. Allerdings zeigt Abb. D.34, daß die Schreibarbeit nur einen Bruchteil der Büroarbeit ausmacht, weshalb den bereits früher beschriebenen Mischarbeitsplätzen eine immer wichtigere Bedeutung zukommt.

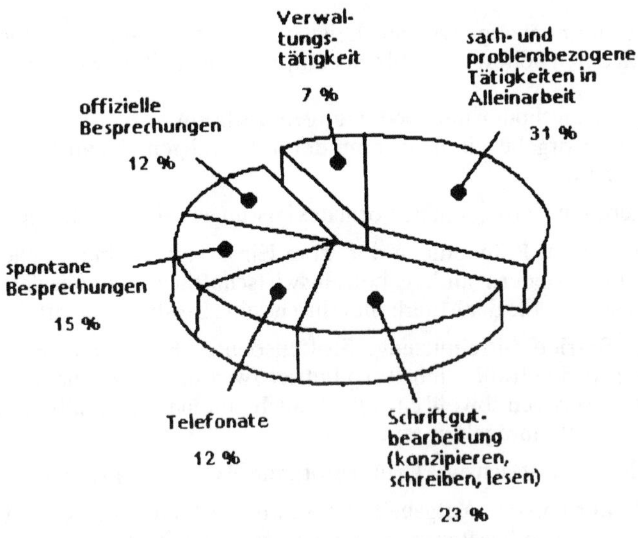


**Abb. D.34:** Tätigkeitsstruktur in der Büroarbeit (Zink 1988, S. 84)

d) Akkord und Prämienlohn in der Fertigung

(1) Akkordlohn

Bei dem in der Praxis weit verbreiteten Akkordlohn erfolgt die Entlohnung proportional zur geleisteten Menge. Der Verdienst steigt oder fällt im Idealfall mit der persönlichen Leistung im Verhältnis 1:1:1, d.h., der Lohn richtet sich nach dem Ergebnis und dieses nach der individuellen Leistung. Der Akkordlohn setzt also voraus, daß eine Steigerung z.B. der körperlichen Leistung des Mitarbeiters zu einer Steigerung der Ausbringungsmenge führt. Wichtigste Voraussetzung für die Anwendbarkeit des Akkordlohns ist die Beeinflußbarkeit des Arbeitsergebnisses durch die Leistung des einzelnen Mitarbeiters. Weitere Voraussetzungen der Anwendbarkeit des Akkordlohns sind:

- die Arbeitsmethoden und -bedingungen müssen weitgehend konstant sein;
- die Arbeit muß im wesentlichen ohne Störung zügig durchgeführt werden können;
- der Arbeitsumfang muß im voraus bestimmbar oder im nachhinein feststellbar sein;
- der Aufwand für das Bestimmen der Vorgabezeit und die Feststellung des Leistungsergebnisses muß wirtschaftlich vertretbar sein;
- der Mitarbeiter muß genügend geeignet und eingearbeitet sein.

In den nächsten Jahren wird die Bedeutung des Akkordlohnes abnehmen. Der Grund hierfür ist eine zunehmende Mechanisierung und Automatisierung vieler Arbeitsvorgänge. Überall dort, wo der Mitarbeiter durch die Maschine unterstützt wird, nimmt die Beeinflußbarkeit des Arbeitsergebnisses durch die eigene Arbeitsleistung ab. Außerdem nimmt der Aufwand für die Ermittlung des Arbeitsergebnisses, z.B. bei Maschinenstörungen, zu.

(2) Prämienlohn
In den Fällen,

- wo der Zusammenhang zwischen Leistung und Arbeitsergebnis lockerer ist (z.B. durch einen höheren Anteil unbeeinflußbarer Zeiten, wie Maschinenzeiten u.ä.),
- wo die Arbeitsmethoden und -bedingungen wechseln,
- wo daher die Vorgabezeiten nicht mit der notwendigen Genauigkeit ermittelt werden können,

ist der Prämienlohn eine geeignete Form des leistungsbezogenen Entgelts.

In der Regel kommt Prämienlohn dort zum Einsatz, wo keine möglichst hohe Mengenleistung, sondern andere betriebswirtschaftlich sinnvolle Ziele angestrebt werden sollen, die der Mitarbeiter durch seine Leistung beeinflussen kann.

Das gilt für Betriebsmittelnutzung, Stoffausbeute, Erzeugnisqualität, Energieeinsparung sowie für die Einhaltung betriebswichtiger Termine; hierbei können diese Bezugsgrößen sowohl einzeln als auch miteinander kombiniert Grundlage einer Prämienlohnregelung sein.

In vielen Fällen erweist sich eine Gruppenprämie als vorteilhaft, weil

- die Mitarbeiter von der Aufgabe her zusammenarbeiten müssen (z.B. Transportkolonne, Schichtbesatzungen eines Chemiebetriebes),
- eine Einzelerfassung bzw. Vorgabe der Leistung zu aufwendig oder nicht möglich ist.

Hierbei ist allerdings zu berücksichtigen, daß der Leistungsanreiz für den einzelnen mit der Gruppengröße abnimmt.

Im folgenden wird beispielhaft die Einführung eines Prämienlohns bei numerisch-gesteuerten Werkzeugmaschinen beschrieben (Baisch 1986). Ziel der Prämiengestaltung war, eine Gruppe von drei Maschinenbedienern zu einer optimalen Ausnutzung ihrer Maschinen, d.h. zur Optimierung der Nutzungsdauer der Betriebsmittel, zu motivieren. Zunächst mußte hierzu die durchschnittliche Prämienleistung ermittelt werden. Diese wird berechnet, indem die Betriebsmittel-Ausführungszeit zur effektiven Anwesenheitszeit der Maschinenbediener ins Verhältnis gesetzt wird. Daraus ergibt sich folgende Prämienformel:

$$P_{L_{Gruppe}} = \frac{t_{ab}}{t_A - t_F} \times 100\%$$

$P_{L_{Gruppe}}$ = Durchschnittliche Prämienleistung in % als Nutzungsgrad (für 3 NC-Maschinen)
$t_{ab}$ = Betriebsmittel-Ausführungszeit in Std. (lt. Zählwerke der Datenerfassungsgeräte)
$T_A$ = Anwesenheitszeit der drei Maschinenbediener in Std. (lt. Gleitzeitkarte)
$t_F$ = Ausfallzeit in Std. (nach Betriebsvereinbarung, wie z.B. Gang zum Sanitätsraum, Stromausfall, Einsatz an anderen Arbeitsplätzen)
$t_A - t_F$ = effektive Anwesenheitszeit der Maschinenbediener an den NC-Drehmaschinen in Std.

In dem untersuchten Betrieb ergab sich ein Nutzungsgrad der Arbeitsgruppe von 53%. Dem normalen Nutzungsgrad muß der optimal erreichbare Nutzungsgrad gegenübergestellt werden.

Da die Betriebsmittel-Ausführungszeit ($t_{ab}$) – d.h. die mit den Datenerfassungsgeräten automatisch registrierte Programmlaufzeit – unbeeinflußbar ist, muß die optimale Anwesenheitszeit im gleichen Untersuchungszeitraum ermittelt werden. Diese errechnet sich aus der Betriebsmittel-Ausführungszeit ($t_{ab}$). Zusätzlich der Rüst- und Nebenzeiten wurden wegen der in dem betreffenden Betrieb in einer Rahmenregelung vereinbarten Prämienobergrenze ein Verdienstgrad von 135% berücksichtigt. Daraus ergab sich für die Berechnung des optimalen Nutzungsgrades ($N_{opt}$) folgende Formel:

$$N_{opt} = \frac{t_{ab}}{t_{ab} \times f_1 + \left(\frac{t_{rg} + t_n}{f_3}\right) \times f_2} \times 100\%$$

| | | |
|---|---|---|
| $t_{ab}$ = | Betriebsmittel-Ausführungszeit: | 4458 Std. |
| $t_{rg}$ = | Gesamtrüstgrundzeit: | 546 Std. |
| $t_n$ = | Gesamtnebenzeit (z.B. für Ein- und Ausspannen): | 948 Std. |
| $f_1$ = | Prämien-Verteilzeitzuschlagsfaktor (13%): | 1,13 |
| $f_2$ = | Prämien-Verteilzuschlagsfaktor für (17%): | 1,17 |
| $f_3$ = | Faktor für Prämienoptimalleistung (135%): | 1,35 |

Bei den Rüst- und Nebenzeiten handelt es sich um Soll-Zeiten. In den Prämien-Verteilzeitzuschlagsfaktoren sind neben den üblichen Verteilzeitarten bewußt auch Stör- und Stillstandszeiten bis zu einem gewissen Grad eingerechnet worden. Es ist also beabsichtigt, mit der Nutzungsprämie die NC-Maschinenbediener und Einrichter zu motivieren, die eingerechneten Stör- und Stillstandszeiten zu ihrem Vorteil zu minimieren.

Aufgrund der Formel errechnete sich ein optimal erreichbarer Nutzungsgrad im Untersuchungszeitraum von 70,4%. Das Erreichen dieses optimalen Nutzungsgrades ist also nur möglich, wenn

- die eingerechneten Stör- und Stillstandszeiten eingehalten bzw. minimiert werden,
- sich das Leistungsverhalten der Einrichter und Maschinenbediener entsprechend der Leistungserwartung von 135% verbessert.

Nach ausführlichen Gesprächen mit dem Betriebsrat und den Mitarbeitern wurde in einer Betriebsvereinbarung die mit Abb. D.35 dargestellte Prämienlohnlinie vereinbart.

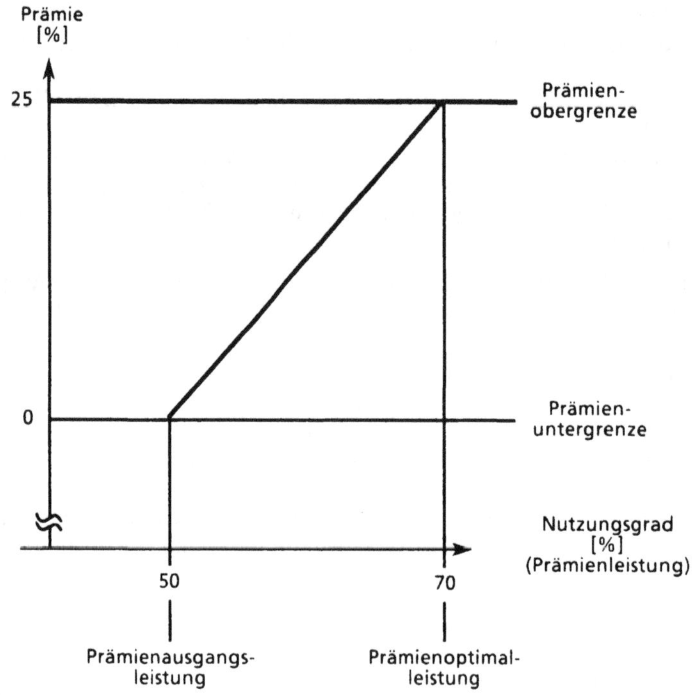


**Abb. D.35:** Betrieblich vereinbarte Prämienlohnlinie

Dem optimalen Nutzungsgrad von 70%, d.h. zugleich der Prämienoptimalleistung, ist eine maximale Prämie von 25% zugeordnet. Mit der maximalen Prämie von 25% erreichen die Mitarbeiter die betriebliche Prämienobergrenze. Als Prämienuntergrenze gilt der betriebliche Prämienausgangslohn, dem in diesem Beispiel eine Prämienausgangsleistung von 50% Maschinennutzung zugeordnet ist.

Da für die Prämiengestaltung keine speziellen tarifvertraglichen Regelungen bestehen, wurde der Prämienausgangslohn in einer Betriebsvereinbarung festgelegt. Er entspricht dem tariflichen Grundlohn der jeweiligen Tätigkeitsgruppe. Darüber hinaus gibt es eine jederzeit widerrufliche, betriebliche Zulage von 10%.

Entsprechend den allgemeinen Erfahrungen bietet sich für die Einführung von Gruppenleistungsprämien in Hilfs- und Nebenbetrieben folgendes Vorgehen an:

- Unterrichtung der Beteiligten
- Ermittlung des Arbeitsumfangs
- Analyse des Arbeitsablaufs
- Rationalisierung der Vorgänge
- Ermittlung der Bezugsbasis
- Entwicklung der Prämienlohnlinie
- Schattenrechnung durchführen

- Abschluß einer Betriebsvereinbarung
- Information der Belegschaft
- Einführung der Prämienentlohnung.

Einen Fragenkatalog, der bei der Entscheidung, ob ein Akkord- oder Prämienlohn an CNC-Werkzeugmaschinen eingeführt werden soll, hilfreich ist, stellt Schulte (1989) vor.

Von einem Fall der Umstellung von Zeitlohn auf Leistungslohn an NC-Maschinen berichten Pössnicker/Möhl (1990). Die folgenden Ausführungen beziehen sich auf diesen Artikel.

In einem Maschinenbauunternehmen war man wegen des geringen Anteils an beeinflußbaren Zeiten bei der Arbeit an NC-Maschinen und der stark schwankenden Losgrößen von Leistungslohn zu Zeitlohn übergegangen.

Aufgrund der oben geschilderten Vorzüge des Leistungslohnes wollte das Unternehmen zu ihm zurückkehren. Dazu mußte ein System entwickelt werden, das den folgenden Anforderungen genügt:

„• Unterstützung einer gleichmäßig hohen Maschinennutzung,
- Leistungsbezogene Entlohnung in betriebsüblicher Höhe,
- Einmaliger Aufwand bei der Ermittlung der Daten,
- Selbstpflegend durch konsequente Rechneranwendung,
- Ausgabe einer transparenten Zeitbilanz und
- Auftragsstruktur neutral."

(Pössnicker/Möhl 1990, S. 27).

Diesen Anforderungen genügt ein Prämienlohnsystem, das eine Trennung der beeinflußbaren und unbeeinflußbaren Anteile in den Vorgabezeiten beinhaltet.

Die (unbeeinflußbaren) Maschinenlaufzeiten werden automatisch aufgenommen und ausgewertet. Auch die beeinflußbaren Zeiten wie Rüstzeiten, Zeiten für die Werkstückhandhabung und das Bedienen der Maschine, Zeiten für das Entnehmen der Werkstücke nach der Bearbeitung, Zeiten für das Prüfen der Maschine und Zeiten für den Wechsel der Werkzeuge werden automatisch registriert. Das Auswertungsprogramm, der „Zeitprozessor", berechnet die stückzeitbezogene anteilige Werkzeugwechselzeit.

Die Berechnung des Lohnes erfolgt, indem

- von der Anwesenheitszeit die Zeiten abgezogen werden, die nicht von der Prämie umfaßt werden. Dabei handelt es sich in erster Linie um Hilfslohnscheine (z.B. für Warten auf Instandhaltung) und um Fertigungslohn in anderen Kostenstellen;
- von der so bereinigten Anwesenheitszeit und von den abgegebenen Lohnscheinen die unbeeinflußbaren Zeitanteile abgezogen werden;
- hieraus der Zeitgrad ermittelt wird;
- der Zeitgrad mit dem Prämiengrundlohn multipliziert wird und
- für die gesamte Arbeitszeit bezahlt wird.

Dieses Vorgehen bedeutet, daß auch die unbeeinflußbaren Zeiten in die Berechnung der Prämie einfließen. Die beeinflußbaren Zeiten liegen normalerweise unter 25% der Arbeitszeit, so daß kein Leistungslohn in dem Sinne vorliegt, daß der Mitarbeiter eine Vergütung für seine Anstrengungen erhält, sondern für Nutzungszeiten der Maschine.

Dadurch ist es Ziel des Mitarbeiters, die Maschine möglichst intensiv zu nutzen. Dies führte zu dem Ergebnis, daß die Leistung während der beeinflußbaren Zeiten sich kaum veränderte, aber die Ausbringung um mehr als 12% stieg. Der Effekt ist darin begründet, daß die Mitarbeiter nun für Zeiten, in denen sie nicht produzieren können, Hilfslohnscheine ausfüllen. Dies taten sie nicht, solange das Zeitlohnsystem galt. Anhand dieser Hilfslohnscheine lassen sich aber ablauforganisatorische Mängel identifizieren und somit letztendlich beheben.

Dieses von Pössnicker/Möhl (1990) geschilderte Beispiel zeigt, wie ein Leistungslohnsystem an die Bedingungen einer Produktion mit nur geringem Anteil beeinflußbarer Zeiten angepaßt werden kann und daß es auch in solchen Fällen Vorteile gegenüber Zeitlohnsystemen beinhalten kann.

**Kontrollfragen zu Kapitel D III:**

1. Welche generellen Tendenzen gelten für die Gestaltung von Entgeltsystemen?
2. Wie wirkt sich die Veränderung der Arbeitsanforderungen auf die Verfahren der Arbeitsbewertung aus?
3. Welche, auf die Arbeitsanforderungen bezogene Problembereiche, sind grundsätzlich zu nennen?
4. Welche Trends gelten für die Kriterien der analytischen Arbeitsbewertung?
5. Wie ist ein einheitliches Bewertungssystem für Arbeiter und Angestellte aufgebaut?
6. Was sind die Gründe für die begrenzte Verbreitung funktionierender und akzeptierter Arbeitsbewertungssysteme?
7. Welche Entwicklungstrends sehen Sie für unterschiedliche Entlohnungssysteme im Zeitablauf?
8. Was ist mit der „persönlichen Bewertung" von Leistungslöhnern gemeint?
9. Inwieweit ist „vielseitiger Arbeitseinsatz" ein zunehmend wichtiger werdendes Entlohnungskriterium?
10. Beschreiben Sie den Aufbau aktueller Leistungslohnverfahren
    a) in Konstruktion und Fertigungsplanung
    b) in der Textverarbeitung
    c) in der Fertigung.

**Literaturhinweise:**

Baisch 1986;
Knebel/Zander 1989;
Kurth 1985;
Strasser 1988;
Wagner 1986;
Weil 1984;
Zander 1990;
Zink 1988.

## IV. Arbeitszeitgestaltung und Neue Technologien

Neue Technologien erleichtern in vielen Fällen neue Arbeitszeitstrukturen. Dies gilt insbesondere für flexible bzw. variable, gleitende Arbeitszeitformen. Wegen Neuer Technologien und der damit verbundenen Produktivitätseffekte sinkt dar-

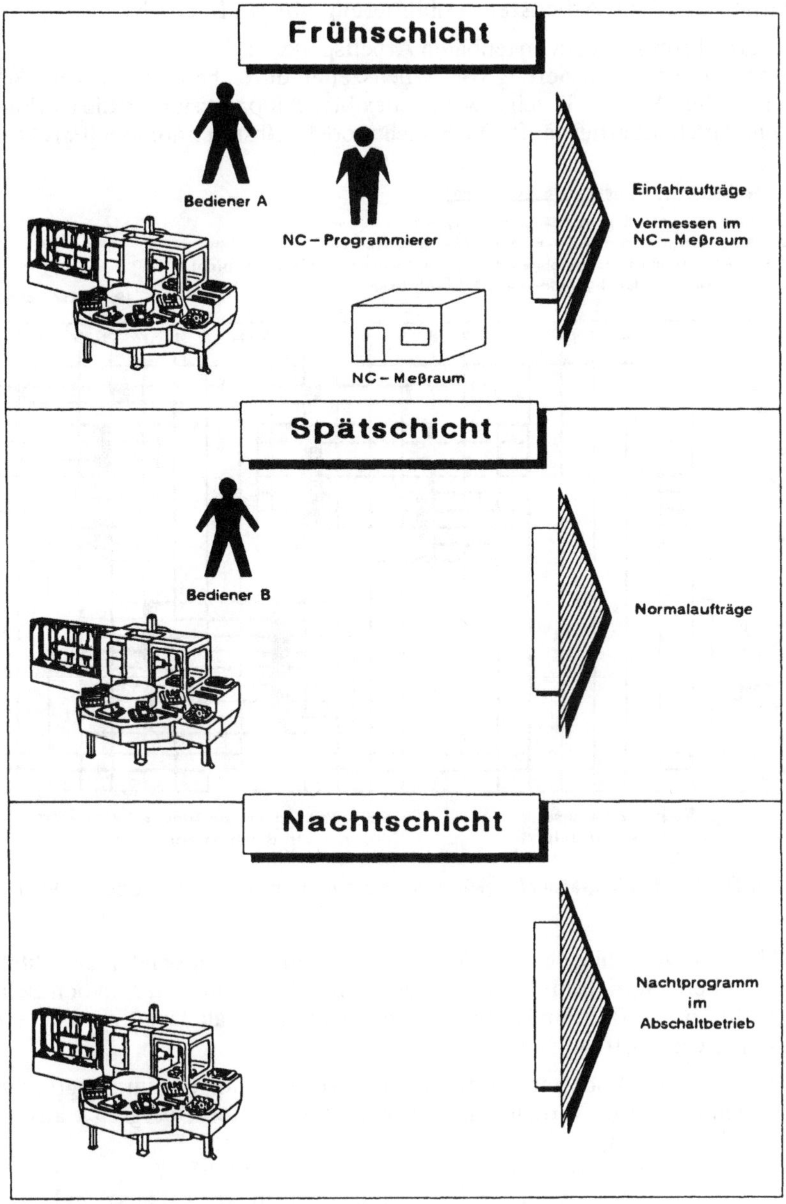


**Abb. D.36:** Technologie und Arbeitszeit (Quelle: Luczak 1988)

über hinaus in vielen Fällen der Arbeitszeitbedarf pro Mitarbeiter, sofern nicht durch Angebots- und Produktionsausweitung ein Ausgleich hergestellt werden kann. Dies ist allerdings nur bei wachsenden Märkten möglich (vgl. Abb. D.36).

## 1. Ansatzpunkte zur Arbeitszeitflexibilisierung

Ansatzpunkte zur Arbeitszeitflexibilisierung gibt es z.B. durch:

- vermehrtes Angebot an teilbaren Arbeitsplätzen;
- organisierte Reduzierung von Arbeitszeiten durch betriebsbezogene Schichtmodelle; Abb. D.37 zeigt, wie bei flexibler Automatisierung die Nachtschicht im Abschaltbetrieb läuft. Das Schichtmodell selbst ist traditionell strukturiert.

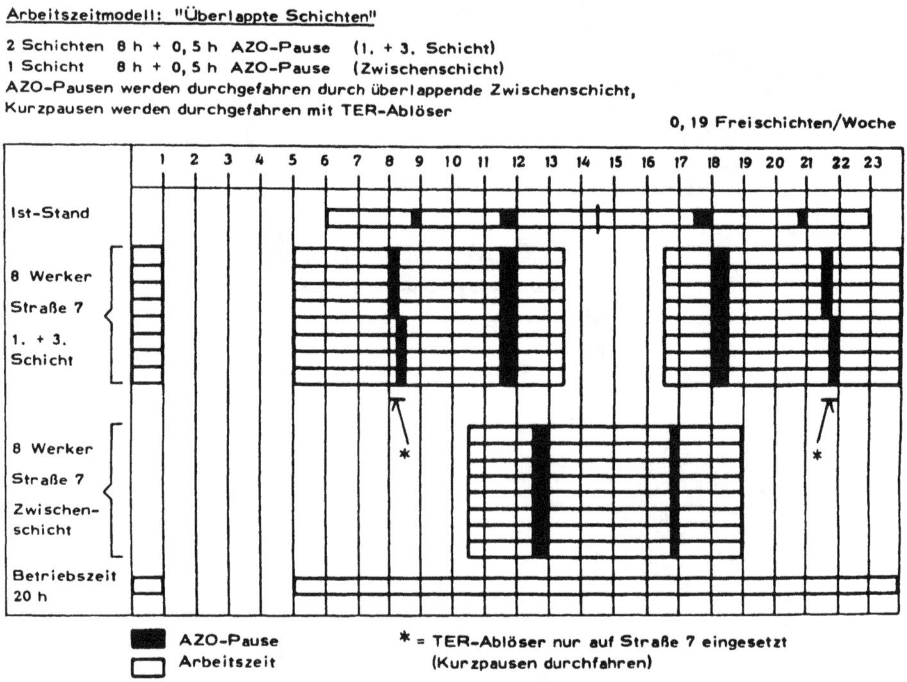


**Abb. D.37:** 3-Schicht-Modell bei flexibler Automatisierung (Quelle: Luczak 1988)

Abb. D.38 zeigt hingegen ein Schichtmodell mit überlappenden Schichten, das eine höhere Betriebsmittelnutzungszeit ermöglicht und trotzdem den Belangen der Mitarbeiter (z.B. im Hinblick auf Ermüdung, soziale Isolation in der Familie usw.) Rechnung trägt:

- vertragliche Mindestarbeitszeiten, die nach Ankündigung und Begründung im gegenseitigen Einvernehmen bis zu einer bestimmten Obergrenze ausgedehnt werden können;
- stufigen Eintritt in das Erwerbsleben;
- gleitenden Übergang in den Ruhestand (stufigen Austritt aus dem Erwerbsleben).

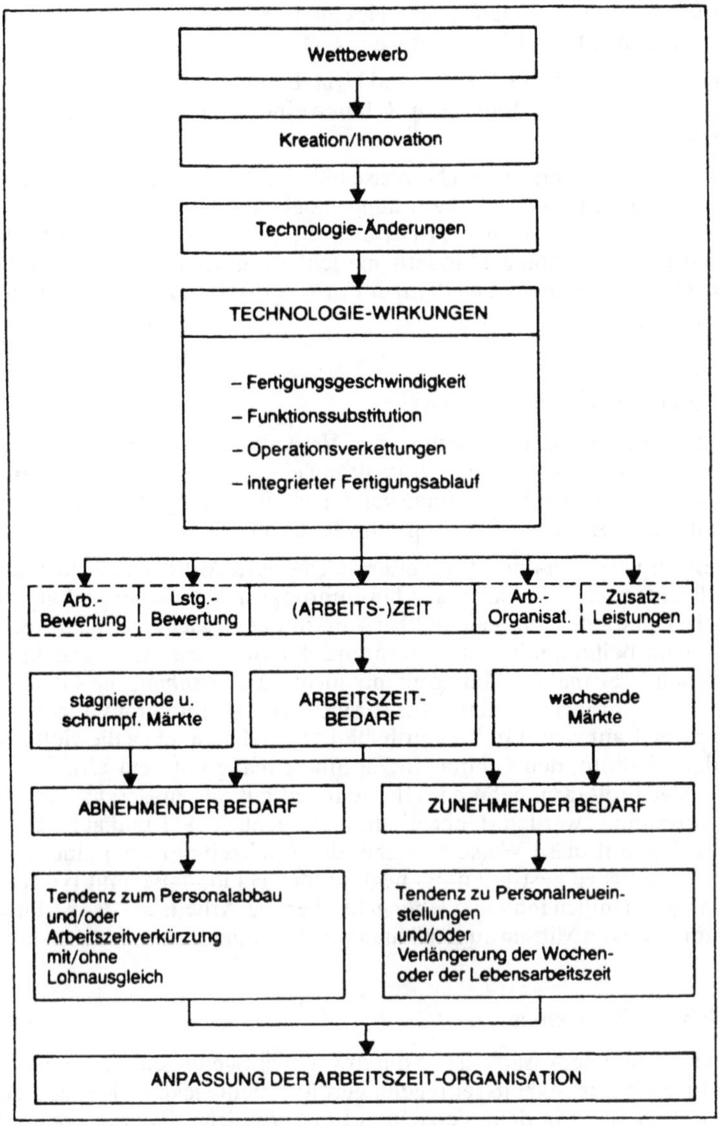


**Abb. D.38:** Technologie ist Arbeitszeit (Quelle: Wagner 1986a)

## 2. Möglichkeiten der Arbeitszeitflexibilisierung

Ein erster Schritt in diese Richtung ist die gleitende Arbeitszeit, die sich bereits in vielen Unternehmen praktisch bewährt hat. Indem generell Beginn und Ende der Arbeitszeit individuell festgelegt werden können, kommt man im nächsten Schritt zu variablen Arbeitszeitregelungen, die sich konsequenterweise nicht nur auf die tägliche, sondern auch auf die wöchentliche, monatliche oder jährliche

Arbeitszeit beziehen können. Diese Flexibilisierung der Arbeitsdauer läßt sich umgekehrt auch auf den Jahresurlaub anwenden.

Letztlich ist die Länge von Arbeits- und Urlaubszeit entgeltabhängig und entgeltbestimmend. Insofern müßte sie im Rahmen eines Cafeteria-Systems individuell wählbar sein.

Arbeitszeit ist auf unterschiedliche Weise teilbar: Dies gilt sowohl für die traditionelle Teilzeitarbeit, deren Anwendungsmöglichkeiten noch längst nicht erschöpft sind, als auch für die Partner-Teilzeitarbeit, die unter dem Schlagwort „Job-Sharing" fast schon als Modethema lebhaft diskutiert wird. Diese Formen der Teilzeitarbeit können in vielfältiger Form zur Arbeitszeitflexibilisierung eingesetzt werden.

### a) Gleitende Arbeitszeit

Die gleitende Arbeitszeit hat sich in den Verwaltungen verbreitet durchgesetzt und bewährt, in der öffentlichen Verwaltung ebenso wie in der Privatwirtschaft. Nur selten wird von der Abschaffung von Gleitzeitregelungen berichtet, meistens nur, wenn sie aufgrund von Führungsschwächen mißbraucht wird.

Die Gleitzeit wird von den Mitarbeitern akzeptiert. Mit der innerlichen – nicht der deklamatorischen – Akzeptanz bei Führungskräften hapert es dagegen immer noch. Denn Gleitzeit bedeutet Einschränkung der jederzeitigen Verfügbarkeit des Mitarbeiters, mindestens während der Betriebszeit. Überhaupt ist die fortbestehende Sorge des Managements nicht zu übersehen, die Gleitzeitregelung könne mißbraucht werden. Nur so sind z.B. die Einschränkungen des Verwendungsspielraums für Gleitzeitguthaben zu verstehen, etwa die vielfach anzutreffenden Verbote, den Gleittag in Zusammenhang mit dem Urlaub oder am Montag oder Freitag zu nehmen. Offenbar soll mit diesen Beschränkungen der Anreiz vermindert werden, Überzeiten ohne sachlichen Grund abzuleisten, um etwa aus dem auf diese Weise entstehenden Gleitzeitguthaben eine Verlängerung des Urlaubs zu bestreiten. Es liegt auf der Hand, daß damit typische Führungsmängel, nämlich fehlende Übersicht über die Arbeitslast des Mitarbeiters, mit administrativen Mitteln ausgeglichen werden sollen.

### b) Variable Arbeitszeiten

Trotz verschiedener Ansätze ist es durchweg nicht gelungen, die Gleitzeitregelungen zu variablen Arbeitszeitregelungen fortzuentwickeln. Der Unterschied beider Systeme liegt in dem Verzicht auf eine zeitliche Fixierung der Präsenzpflicht bei der variablen Arbeitszeit. Mit anderen Worten: Die Unterscheidung zwischen Kernzeit und Gleitzeit entfällt; jeder Mitarbeiter kann dann prinzipiell innerhalb eines – allerdings fixierten – Gesamtrahmens pro Tag, pro Woche oder pro Jahr selbst entscheiden, wann er anfangen und wann er aufhören will (vgl. Glaubrecht/Wagner/Zander 1988, S. 183ff.). Da jeder Vollzeittätige ohnehin das Wochensoll tariflicher Arbeitszeit erbringen muß, wird der Arbeitnehmer im Mittel jeden Tag 8 Stunden an seinem Arbeitsplatz verweilen müssen. Beobachtungen bei der Praxis der Gleitzeit haben im übrigen gezeigt, daß der einzelne Arbeitnehmer in der Regel seine Arbeit ohnehin Tag für Tag etwa zur selben Zeit aufnimmt und verläßt. Die Schwankungsbreite liegt selten höher als bei einer halben Stunde.

Gleichwohl ist die Sorge, ein Verzicht auf die Kernzeit könne das Unternehmen funktionsuntüchtig werden lassen, so groß, daß die vollvariable Arbeitszeit sich bisher nicht hat durchsetzen können.

Aussichtsreicher erscheint da schon eine andere Form flexibler Gestaltung der Arbeitszeit, nämlich die „kapazitätsorientierte variable Arbeitszeit“, häßlich „Kapovaz“ abgekürzt. Aussichtsreicher deshalb, weil sie dem Mitarbeiter nützt und zugleich die zeitliche Bestimmungsmacht des Unternehmens aufrechterhält. Allerdings gibt es in der Bundesrepublik – nicht zuletzt wegen der gerade in Arbeitszeitfragen sehr restriktiven Regelungen sowie wegen des Widerstandes der Gewerkschaften – außer im Einzelhandel kaum praktische Beispiele.

In einigen Tarifverträgen in der Bundesrepublik Deutschland findet sich die Bestimmung, daß Mehrarbeit grundsätzlich auszuzahlen und ein Ausgleich in Frei-

| MODELLBESCHREIBUNG | KURZBESCHREIBUNG | BESONDERHEITEN |
|---|---|---|
| 1. Schichtarbeit | Gebenüber der normalen Tagesarbeitszeit versetzte Arbeitszeit, um die Betriebszeiten über 8 Stunden hinaus zu erhöhen, zum Teil auf 24 Stunden täglich. Häufig als 8-Stunden-Schicht zum Teil mit verlängerter Arbeitszeitdauer, so z. B. als 12-Stunden-Schicht, wie in der chemischen Industrie. | Wird aufgrund technischer und wirtschaftlicher Notwendigkeit praktiziert. Zur generellen Flexibilisierung der Arbeitszeit nicht einsetzbar. |
| 2. Gleitende Arbeitszeit | Freie Wahl von Beginn und Ende der täglichen Arbeitszeit im Rahmen bestimmter Bandbreiten (Gleitzeit: z. B. zwischen 7.00 und 9.00 Uhr Arbeitsbeginn, zwischen 15.30 und 18.30 Uhr Arbeitsende. | Inzwischen in den Verwaltungsbereichen weit verbreitet, in der Produktion nicht ohne weiteres realisierbar. |
| 3. Arbeitszeit a la carte | Von der Normalarbeitszeit abweichende Verteilung der täglichen Arbeitszeit; z. B. 4*10 Stunden pro Woche oder 4*9 Stunden + 1*4 Stunden pro Woche. | Nur für Arbeitsplätze geeignet, die nicht immer zu den üblichen Arbeitszeiten besetzt sein müssen. |
| 4. Gleitender Übergang in den Ruhestand | Verringerte Arbeitszeit für ältere Mitarbeiter. | |
| 5. Job-sharing | Zwei oder mehr Mitarbeiter teilen sich innerhalb eines vorgegebenen Gesamtarbeitsplatzes ihre Arbeitszeit selbst ein. | Nicht für alle Arbeitsplätze geeignet; Kooperationsbereitschaft der beteiligten Arbeitnehmer erforderlich. |
| 6. KAPOVAZ Kapazitätsorientierte variable Arbeitszeit | Die monatliche Normalarbeitszeit ist nach Arbeitsanfall variabel einteilbar. Kurzfristige Verteilung der Arbeitszeit normalerweise durch den Arbeitgeber. | Umstritten, insbesondere wegen des vorher nicht exakt festgelegten Arbeitseinsatzes. |
| 7. Sabbatical (Langzeiturlaub) | Sonderurlaub für mehrere Monate, z. B. zur Weiterbildung. | Wegen der Organisationsprobleme durch die lange Abwesenheit vom Arbeitsplatz nur in Einzelfällen praktizierbar. |
| 8. Saisonarbeit | Fixierung der jährlichen Arbeitszeit auf bestimmte Monate (Jahreszeiten). | Nur für Arbeitnehmer realisierbar, die nicht auf eine ständige Beschäftigung angeweisen sind. |
| 9. Teilzeitarbeit | Geringere als die tariflich festgelegte Arbeitszeit; hinsichtlich Lage und Dauer der Arbeitszeit sind verschiedene Varianten denkbar. | Durch die Vielfalt der möglichen Varianten in vielen Bereichen und für viele Arbeitnehmer realisierbar. |

**Abb. D.39:** Die wichtigsten Formen flexibler Arbeitszeitgestaltung (Quelle: Bundesarbeitgeberverband Chemie e.V., 1983)

zeit nicht möglich ist. Dabei könnte der Abgeltung von Mehrarbeit durch Freizeit bei schwankendem Beschäftigungsgrad sehr wohl eine nicht unerhebliche Ausgleichsfunktion zukommen.

Variable Arbeitszeitregelungen sind insbesondere dann sinnvoll, wenn betriebliche Belange im Vordergrund stehen. Hierbei handelt es sich insbesondere um schwankenden Arbeitsanfall oder um die Notwendigkeit der gleichmäßigen Auslastung der Produktionsstätten. Auch aus dieser Sicht können Arbeitszeitregelungen angeboten werden, die den individuellen Belangen vieler Arbeitnehmer entgegenkommen und dabei die traditionelle Aufteilung der Arbeitswoche in Frage stellen. Dabei bieten Jahresarbeitszeitverträge und Baukastensysteme mit flexibler Dauer und Lage täglicher, wöchentlicher, monatlicher oder jährlicher Zeit-Eckwerte interessante Wahlmöglichkeiten für die betroffenen Arbeitnehmer, wobei jeweils davon ausgegangen wird, daß die Arbeitszeit der Beschäftigten und die Betriebszeit der Arbeitsplätze nicht übereinstimmen. Einen Überblick über verschiedene Formen der Arbeitszeitflexibilisierung gibt Abb. D.39 (vgl. Wagner 1985).

## 3. Zusammenhänge zwischen Arbeitszeit und Entgelt

Unmittelbare Konsequenzen für Entgeltsysteme (-formen) muß es wegen einer Flexibilisierung der Arbeitszeit nicht geben. Auswirkungen sind allerdings zu erwarten hinsichtlich

- Zeiterfassung (z.B. Form der Erfassung)
- Entgeltabrechnung (z.B. Berechnungszeitraum)
- Manteltarifverträge (z.B. Arbeitszeitdefinitionen, Definition der Zuschlagsarten).

Unter Umständen sind auch sozialversicherungs- und lohnsteuerliche Bestimmungen anzupassen (z.B. für Teilzeitkräfte bei weniger als 20 Stunden/Woche).

### a) Arbeitszeit und Lohnform

Arbeitszeitflexibilität und Lohnform stehen eher in einem mittelbaren Verhältnis zueinander. Dies heißt alle bekannten Lohnformen, insbesondere Zeitlohn und Prämienlohn, lassen sich prinzipiell bei den verschiedenen Formen der Arbeitszeitflexibilisierung anwenden. Ein Wandel der Lohnform, lediglich wegen einer veränderten Arbeitszeitgestaltung, ist nicht erforderlich.

Zeitlohn wird grundsätzlich für die Zeit der Anwesenheit am Arbeitsplatz bezahlt (vgl. v. Eckardstein/Schnellinger 1978, S. 173ff.). Reduzierte Arbeitszeiten (im Vergleich zum Vollzeitarbeitsplatz) bedeuten entsprechend reduziertes Einkommen, und zwar sowohl für das Grundentgelt als auch für die Personalzusatzleistungen (zweiter Lohn).

Akkordlohn (z.B. Zeit-Akkord) bezieht sich auf die im Beschäftigungszeitraum erbrachte Leistung bzw. Stückzahl der zu fertigenden Produkte bzw. -komponenten. Auch hier bedeutet eine reduzierte Arbeitszeit, daß die Leistung sinkt und damit auch das Arbeitsentgelt. Allerdings ist zu vermuten, daß z.B. bei Teilzeitarbeit die Arbeitsintensität ansteigt. Dies würde bedeuten, daß ein unterproportionaler Entgeltrückgang zu erwarten ist. Insofern wäre ein Leistungslohn die ideale Lohnform, welche der geänderten Arbeitsintensität bei reduzierter und evtl. darüber hinaus noch schwankender Arbeitszeit entgegenkäme.

Andererseits sind die Voraussetzungen für die Anwendung des Akkordlohns, z.B. der enge Zusammenhang zwischen Leistung und erbrachter Menge bzw. Output, oftmals nicht mehr in ausreichender Maße gegeben, so daß der Prämienlohn an Bedeutung zunimmt. Prämienlohn könnte bei verschiedenen Formen der Arbeitszeitflexibilisierung in Form eines Pensum- oder Kontraktlohnes zur Anwendung kommen. Dies wäre dann sinnvoll, wenn ein bestimmtes Auftragsvolumen zu erledigen ist, wozu ein bestimmter Bedarf an Arbeitszeit erforderlich ist. Hier wäre es Aufgabe der betroffenen Arbeitnehmer, die entsprechende Arbeitszeit selbst festzulegen und in Anspruch zu nehmen bis das Projekt erledigt ist. Prämienlohn könnte auch bei schwankendem Arbeitszeiteinsatz eingesetzt werden, z.B. um der saisonal bedingten Dringlichkeit einer Aufgabe gerecht zu werden.

Insgesamt müßte die Lohnform so auf die jeweilige Form der Arbeitszeitflexibilisierung abgestimmt sein, daß im Vergleich zur Vollzeitarbeit keine Benachteiligungen für den betreffenden Arbeitnehmer entstehen und die besonderen Arbeitsbedingungen verkürzter und darüber hinaus manchmal auch schwankender Arbeitszeiten angemessen berücksichtigt werden.

#### b) Personalzusatzleistungen und Arbeitszeit

Personalzusatzleistungen werden bei verkürzter Arbeitszeit grundsätzlich zeitanteilig gewährt. Dies gilt z.B. für die betriebliche Altersversorgung (vgl. Besgen 1985, S. 48ff.), Zuschüsse des Arbeitgebers nach dem Gesetz über vermögenswirksame Leistungen oder für Prämien und Jahressonderzahlungen.

Schwankt die Arbeitszeit darüber hinaus, z.B. bei Formen der kapazitätsorientierten variablen Arbeitszeit, sind zeitliche Mittelwerte zu bestimmen, auf die sich die verschiedenen Zusatzleistungen beziehen.

Darüber hinaus gibt es bestimmte Firmenleistungen, die wegen ihres Fixkostencharakters nicht ohne weiteres reduziert werden können. Deshalb erhalten Teilzeit-Arbeitskräfte in der Regel dieselben Vergünstigungen bei Zuschüssen zum Firmenessen oder bei der Benutzung betrieblicher Freizeitanlagen wie die Vollzeitkollegen. Insofern besteht oftmals das Vorurteil, Teilzeitkräfte seien „teurer" als Vollzeitkräfte. Dieser Effekt wird unseres Erachtens jedoch überschätzt, wenn man bedenkt, daß Teilzeitkräfte oftmals intensiver arbeiten – bezogen auf ihre verkürzte Arbeitszeit – und Mehrarbeitszuschläge, wie schon erwähnt, meistens nicht erforderlich werden. Insofern dürften durchaus vergleichbare Kostenrelationen vorliegen.

#### c) Steuer- und sozialversicherungsrechtliche Bestimmungen

Leider wird die Anwendung von flexiblen Arbeitszeitformen vom Gesetzgeber oftmals eher behindert als erleichtert. Dies gilt weniger für die Lohnsteuer – hier fällt die Steuerprogression oft weg, so daß reduziertes Bruttoeinkommen dann ein nicht in gleichem Umfang reduziertes Nettoeinkommen bedeutet – als für sozialversicherungsrechtliche Bestimmungen (vgl. AOK, o.J., S. 27).

Teilzeitarbeit kann sich z.B. ungünstig auf den Versicherungsschutz (Arbeitslosen-, Kranken- und Rentenversicherung) auswirken, wenn pro Monat keine hinreichende Zahl von Arbeitsstunden geleistet oder ein bestimmtes Einkommen (470,– DM) unterschritten wurde. Arbeitet man weniger als 18 Stunden in der Woche, fällt die Arbeitslosenversicherung weg, und im Fall von Arbeitslosigkeit bekommt man kein Arbeitslosengeld. Wenn man pro Woche nur bis zu zehn Stunden arbeitet, fällt auch der Anspruch auf Lohnfortzahlung weg, falls man einmal krank wird. Wählt der Arbeitnehmer eine Teilzeitform, bei der sich Arbeits- und Freizeit abwechseln, man also nicht täglich am Arbeitsplatz ist, kann das auch die Höhe der Ansprüche an die Sozialversicherung verringern und sogar den gesamten Leistungsanspruch gefährden, sofern nämlich durchgängige Warte- und Anwartschaftszeiten nicht erfüllt werden. Darüber hinaus gilt die Kette: „weniger Entgelt – weniger Rente, weniger Arbeitslosen- und Krankengeld“, über deren Auswirkungen man sich rechtzeitig informieren sollte. Hier kommt sicherlich auch dem Arbeitgeber eine gewisse Fürsorgefunktion zu, wenn variable Arbeitszeiten oder Systeme der Arbeitsplatzteilung wie z.B. Job-Sharing (vgl. Besgen 1985, S. 86ff.) zur Diskussion stehen.

**Kontrollfragen zu Kapitel D IV:**

1. Welche grundsätzlichen Zusammenhänge bestehen zwischen Technologie und Arbeitszeit?
2. Welche Ansatzpunkte zur Arbeitszeitflexibilisierung sehen Sie?
3. Welche Möglichkeiten der Arbeitszeitflexibilisierung sind zu unterscheiden?
4. Inwieweit bildet die Arbeitszeit ein Objekt für die organisatorische Gestaltung?
5. Welche Konsequenzen hat die abnehmende Übereinstimmung von Arbeitszeit und Betriebszeit?
6. Welche organisatorischen Fragestellungen sind bei der Einführung moderner Arbeitszeitformen zu berücksichtigen?
7. Welche Zusammenhänge bestehen zwischen Arbeitszeit und Lohnform sowie Arbeitszeitzuschlägen und Personalzusatzleistungen?

**Literaturhinweise:**

Besgen 1985;
Glaubrecht/Wagner/Zander 1988;
Luczak 1988.

## V. Betriebsverfassung und Neue Technologien

Das Betriebsverfassungsgesetz gewährt den Organen der Arbeitnehmervertretung abgestufte Rechte im Zusammenhang mit der Einführung Neuer Technologien. Nach der Gesetzessystematik ist zwischen wirtschaftlichen, personellen und sozialen Angelegenheiten zu unterscheiden.

Hierbei geht der Gesetzgeber davon aus, daß wirtschaftliche Entscheidungen als Kern der unternehmerischen Tätigkeit weitgehend mitbestimmungsfrei bleiben sollten. Die unternehmerische Entscheidung, ob eine Neue Technologie wie z.B. flexible Fertigungszellen eingeführt wird, ist allein dem Unternehmer vorbehalten. Er ist lediglich verpflichtet, den Betriebsrat über die geplante Einführung zu informieren und diese Maßnahme mit ihm zu beraten.

Die Einführung einer Neuen Technologie hat regelmäßig Auswirkungen im personellen Bereich. Mögliche Folgen sind u.a. Versetzungen, Änderungen des Arbeitsinhalts und Umgruppierungen. Hier steht dem Betriebsrat in vielen Fällen ein gleichgewichtiges Mitbestimmungsrecht zu. Wirkt sich die Einführung Neuer Technologien auf eine größere Mitarbeitergruppe, deren Entlohnungssystem oder Arbeitszeitgestaltung aus, geht ohne die Zustimmung des Betriebsrats im Rahmen der sogenannten sozialen Angelegenheiten nichts mehr. Auch in Fragen der Aus- und Weiterbildung, d.h. der Vorbereitung der Mitarbeiter auf den Einsatz Neuer Technologien, hat der Betriebsrat weitgehende Mitbestimmungsrechte.

In der Praxis ergibt sich somit regelmäßig eine enge Abhängigkeit und Verzahnung der wirtschaftlichen Entscheidung mit den notwendigen sozialen und personellen Folgemaßnahmen.

Zur Wahrung der Übersichtlichkeit der folgenden Darstellung werden entsprechend der Systematik des Betriebsverfassungsgesetzes in Teil 1 die Beteiligungsrechte des Betriebsrats bei Einführung und Gestaltung der Neuen Technologien dargestellt. In Teil 2 werden die Beteiligungsrechte des Betriebsrats hinsichtlich der personellen Folgemaßnahmen erörtert (Linnenkohl 1989).

### 1. Beteiligungsrechte des Betriebsrats bei der Einführung und Gestaltung Neuer Technologien

#### a) Informations- und Beratungsrecht des Wirtschaftsausschusses nach § 106 BetrVG

Der in allen Unternehmen mit mehr als 100 ständig beschäftigten Arbeitnehmern zu bildende Wirtschaftsausschuß hat die Aufgabe, wirtschaftliche Angelegenheiten mit dem Unternehmer zu beraten und den Betriebsrat zu unterstützen.

Die Voraussetzung für diese Beratung schafft der Unternehmer, der den Wirtschaftsausschuß rechtzeitig und umfassend über die wirtschaftlichen Angelegenheiten zu unterrichten hat.

Zu den wirtschaftlichen Angelegenheiten zählen auch Rationalisierungsvorhaben sowie die Einführung neuer Fabrikations- und Arbeitsmethoden. Der Wirtschaftsausschuß ist daher zu unterrichten über die „Einführung arbeitssparender und qualitätsverbessernder Technologien (neuerdings Einsatz von EDV-Anlagen, Mikroprozessoren, Datensichtgeräten, NC- oder CNC-Maschinen, des computergestützten Konstruierens-CAD)“ (Fitting/Auffarth/Kaiser/Heither 1987, § 106, Rn. 17).

Die Information des Wirtschaftsausschusses muß rechtzeitig sein. Die Unterrichtung muß unmittelbar nach der Entscheidung über die unternehmerische Zielsetzung erfolgen. Das heißt, auch wenn z.B. noch nicht feststeht, ob CNC-Maschinen oder flexible Fertigungszellen eingesetzt werden sollen, ist der Wirtschaftsausschuß über das unternehmerische Ziel einer Flexibilisierung in der Produktion zu unterrichten (vgl. ebenso, § 106, Rn. 51ff.).

Bei einer solchen frühzeitigen Information kann der zweiten Forderung des Gesetzes nach einer umfassenden Unterrichtung nur unbefriedigend Rechnung getragen werden. Hier müssen Informationslücken entsprechend der Konkretisierung der Planung schrittweise aufgefüllt werden. Dem Wirtschaftsausschuß sind die erforderlichen Unterlagen vorzulegen. Nach einer Entscheidung des Bundesarbeitsgerichtes (BAG) sind die Unterlagen dem Wirtschaftsausschuß zeitweise zur Vorbereitung auf die Sitzung zu überlassen. Der Wirtschaftsausschuß ist ohne Zustimmung des Unternehmens jedoch nicht berechtigt, Abschriften (Fotokopien) dieser Unterlagen anzufertigen (BAG vom 20.11.1984 in: Betriebs-Berater, 40 Jg., 1985, S. 927ff.).

Ergänzend ist der Wirtschaftsausschuß über Auswirkungen auf die Personalplanung zu unterrichten.

Die Unterrichtung wird ergänzt durch eine gemeinsame Beratung, wobei der Wirtschaftsausschuß eigene Vorstellungen und Anregungen einbringen kann.

Es wird im Einzelfall immer schwierig sein, den „richtigen" Zeitpunkt für eine Unterrichtung zu finden. Einerseits besteht die Notwendigkeit, den Wirtschaftsausschuß möglichst frühzeitig zu unterrichten, um eine vertrauensvolle Zusammenarbeit zu gewährleisten. Bei einer relativ späten Information entwickelt sich im Wirtschaftsausschuß leicht das Gefühl, vor vollendete Tatsachen gestellt worden zu sein. Andererseits wird durch eine frühzeitige Information über ein notwendigerweise nur grob formulierbares Unternehmensziel, ohne die Möglichkeit, Maßnahmenpläne vorzulegen, der Spekulation über personelle Auswirkungen Tür und Tor geöffnet.

b) Unterrichtungs- und Beratungsrechte des Betriebsrats nach § 90 BetrVG

Das Unterrichtungs- und Beratungsrecht des Betriebsrates gemäß § 90 BetrVG ist durch die Änderung des Betriebsverfassungsgesetzes zum 1.1.1989 entsprechend der bisherigen Rechtsprechung des BAG erweitert und konkretisiert worden. Die neue Regelung des § 90 BetrVG lautet (die Änderungen sind hervorgehoben):

„(1) Der Arbeitgeber hat den Betriebsrat über die Planung

1. von Neu-, Um- und Erweiterungsbauten von Fabrikations-, Verwaltungs- und sonstigen betrieblichen Räumen,
2. von technischen Anlagen,
3. von Arbeitsverfahren und Arbeitsabläufen oder
4. der Arbeitsplätze

rechtzeitig **unter Vorlage der erforderlichen Unterlagen** zu unterrichten.

(2) Der Arbeitgeber hat mit dem Betriebsrat die vorgesehenen Maßnahmen und ihre Auswirkungen auf die Arbeitnehmer, insbesondere auf die Art ihrer Arbeit sowie die sich daraus ergebenden Anforderungen an die Arbeitnehmer **so rechtzeitig zu beraten, daß Vorschläge und Bedenken des Betriebsrats bei der Planung berücksichtigt werden können.** Arbeitgeber und Betriebsrat sollen dabei auch die gesicherten arbeitswissenschaftlichen Erkenntnisse über die menschengerechte Gestaltung der Arbeit berücksichtigen".

Die Pflicht zur „Vorlage" von Unterlagen bedeutet nach der Rechtsprechung des Bundesarbeitsgerichts, daß der Arbeitgeber die Unterlagen zwar nicht auf Dauer, aber je nach Fallgestaltung auf Zeit überlassen, also aus der Hand geben muß, um dem Betriebsrat das Studium dieser Unterlagen an einem geeigneten Ort zu ermöglichen. Da es bei der Planung neuer Techniken in der Regel um schwer zu beurteilende, komplexe Sachverhalte geht und mögliche Entwicklungen und deren Auswirkungen auf Betrieb und Arbeitnehmer zu bedenken sind, ist eine gründliche Vorbereitung der Betriebsratsmitglieder notwendig, damit sie ihr Beratungsrecht aus § 90 Abs. 2 BetrVG wirksam ausüben können. In solchen Fällen werden die Betriebsratsmitglieder die Unterlagen für längere Zeit benötigen, um sich z.B. mit Funktionsweisen und Leistungsfähigkeit von EDV-Anlagen vertraut machen zu können. Hier wird im allgemeinen eine bloße Einsichtnahme in die Unterlagen nicht ausreichen; vielmehr ist deren Überlassung auf Zeit notwendig.

Die Unterrichtung muß rechtzeitig, also so früh wie möglich erfolgen. Allerdings muß das Planungsstadium erreicht sein. Bloße Vorüberlegungen, wie z.B. die Entwicklung von Denkmodellen, werden nicht von der Unterrichtungspflicht des Arbeitgebers erfaßt. Solange der Arbeitgeber nur in Erfahrung bringen will, welche möglichen Handlungsspielräume er in finanzieller, wirtschaftlicher, organisatorischer oder personeller Hinsicht hat, braucht er hierüber den Betriebsrat nicht zu informieren. Sobald jedoch der Arbeitgeber eine der genannten Maßnahmen in Betracht zieht, ist das Planungsstadium erreicht; dann ist er zur Unterrichtung verpflichtet. Diese Abgrenzung zwischen dem beteiligungsfreien Stadium unternehmerischer Vorüberlegungen und dem beteiligungspflichtigen Stadium der Planung entspricht der Rechtsprechung des Bundesarbeitsgerichts.

Die Unterrichtung wird ergänzt durch eine Beratung insbesondere über die Auswirkungen auf die Art der Arbeit und die Anforderungen an die Arbeitnehmer (z.B. hinsichtlich Qualifikation, Verantwortung und Umgebungseinflüsse). Die Beratung kann sich weiterhin auf die Folgen für den quantitativen Personalbedarf, die Arbeitsentgelte, die Arbeitszeit usw. beziehen.

#### c) Beteiligungsrechte des Betriebsrats bei der Arbeitsgestaltung (§§ 90, 91 BetrVG)

Arbeitgeber und Betriebsrat sollen bei der Einführung Neuer Technologien die gesicherten arbeitswissenschaftlichen Erkenntnisse über die menschengerechte Gestaltung der Arbeit berücksichtigen. Diese Regelung wird durch § 91 BetrVG wie folgt ergänzt:

„Werden die Arbeitnehmer durch Änderungen der Arbeitsplätze, des Arbeitsablaufs oder der Arbeitsumgebung, die den gesicherten arbeitswissenschaftlichen Erkenntnissen offensichtlich widersprechen, in besonderer Weise belastet, so kann der Betriebsrat angemessene Maßnahmen zur Abwendung, Milderung oder zum Ausgleich der Belastung verlangen". Können sich Arbeitgeber und Betriebsrat nicht einigen, entscheidet die Einigungsstelle für beide Seiten verbindlich.

Hier ergeben sich mehrere Fragen:

(1) Was sind arbeitswissenschaftliche Erkenntisse?

Hierzu gehören nicht nur die Erkenntnisse der Arbeitswissenschaft als der Wissenschaft von der menschlichen Arbeit, deren Voraussetzungen und Bedingungen, deren Folgen und Wirkungen auf den Menschen, sein Verhalten und damit seine Leistungsfähigkeit sowie der Möglichkeit, auf eine menschengerechte Gestaltung der Arbeit hinzuwirken, sondern hierzu zählen auch Erkenntnisse der Arbeitsmedizin, der Arbeitsphysiologie, der Arbeitssoziologie, der Arbeitspädagogik und der Arbeitspsychologie (Dietz, R./Richardi, R., Betriebsverfassungsgesetz, Kommentar, 6. Aufl., München 1982, § 90, Rn. 22.).

(2) Wann kann von gesicherten Erkenntnissen gesprochen werden?

**Gesichert** sind die arbeitswissenschaftlichen Erkenntnisse auch dann, wenn sie ohne Rechtsbindung, z.B. als Arbeitsstättenrichtlinien oder DIN-Normen, festgehalten werden. Es genügt auch eine in Fachkreisen eindeutig überwiegende Meinung darüber, daß ihre Anwendung zweckmäßig und mit angemessenen Mitteln durchführbar ist (vgl. Fabricius, Gemeinschaftskommentar zum Betriebsverfassungsgesetz, § 90, Rn. 16f.).

(3) Was heißt menschengerechte Gestaltung der Arbeit?

Dieser wertende Begriff ist für die Praxis schwer einschätzbar. Voraussetzung für eine menschengerechte Gestaltung ist jedenfalls die Berücksichtigung ergonomischer Leitregeln. Die Beurteilung einer menschengerechten Gestaltung hängt entscheidend von der einzelnen Person des Arbeitnehmers ab, z.B. ob es sich um einen voll einsatzfähigen oder schwerbehinderten Arbeitnehmer handelt.

Die Sollvorschrift des § 90 hindert den Arbeitgeber nicht daran, sich über die Hinweise und Einwände des Betriebsrats zu den gesicherten arbeitswissenschaftlichen Erkenntnissen hinwegzusetzen und die Neue Technologie wie geplant einzuführen.

Dies ändert sich erst, wenn diesen Erkenntnissen

- **offensichtlich widersprochen** und
- die Arbeitnehmer in **besonderer Weise belastet** werden (§ 91 BetrVG). Der Betriebsrat kann dann Maßnahmen zur Abwendung, Milderung oder zum Ausgleich der Belastung verlangen. Er hat hier ein Mitbestimmungsrecht.

d) Mitbestimmung des Betriebsrats bei technischen Kontrolleinrichtungen nach § 87 Abs. 1 Ziff. 6 BetrVG

Im Rahmen der gleichberechtigten Mitbestimmung nach § 87 ist dem Betriebsrat eine Einflußmöglichkeit eingeräumt worden, die durch Verwendung von Mikroelektronik für die betriebliche Praxis eine herausragende Bedeutung gewonnen hat. Dies zeigt nicht zuletzt die Vielzahl von Entscheidungen des Bundesarbeitsgerichts, das die gesetzliche Regelung präzise, aber auch – nach Meinung einiger Autoren unzulässigerweise – ausgedehnt hat.

Nach § 87 Abs. 1 Ziff. 6 hat der Betriebsrat ein Mitbestimmungsrecht bei der Einführung und Anwendung von technischen Einrichtungen, die dazu bestimmt sind, das Verhalten oder die Leistung der Arbeitnehmer zu überwachen.

Ziel dieser Regelung war, die Arbeitnehmer vor einer erhöhten psychischen Belastung durch eine technische Kontrolleinrichtung wie z.B. Multimomentkameras, Produktographen (Nutzungsschreiber), Fahrtenschreiber und Kienzleschreiber zur Erfassung der gefertigten Stückzahl, der aufgewandten Zeit sowie der Stillstandszeiten zu schützen.

Mit derartigen Geräten hat sich das BAG in den ersten Jahren nach Inkrafttreten des BetrVG vornehmlich beschäftigt.

Das BAG hat bereits in seinen ersten Entscheidungen deutlich gemacht, daß für das Eingreifen der Mitbestimmung nicht die Überwachungsabsicht (vgl. den Wortlaut des Gesetzes), sondern bereits die **Überwachungseignung** ausreichend ist.

Der Überwachungsdruck ergibt sich ja bereits dadurch, daß der Arbeitnehmer die Möglichkeit zur Auswertung hinsichtlich seiner Leistung und seines Arbeitsverhaltens kennt (Buchner, H., 1987, S. 1943f.).

Weiterhin ist es für die Mitbestimmung ohne Belang, ob die technische Einrichtung **ausschließlich Überwachungszwecken** dient oder die Überwachungsmöglichkeit quasi nur ein evtl. unbeabsichtigtes oder gar ungewolltes Nebenprodukt einer technischen Anlage ist.

Neue Technologien eröffnen in der Regel die Möglichkeit, Informationen über den Benutzer bzw. Bediener zu speichern. So bieten Betriebssysteme von CAD-Anlagen in der Regel u.a. folgende Informationen:

- Zeitpunkt und Dauer der Einschaltung des Gerätes
- Zahl der eingegebenen Befehle
- verbrauchte Eingabe-/Ausgabezeit usw. (Apitzsch u.a. 1984, S. 986).

Der Arbeitgeber kann die Mitbestimmung nicht durch eine Erklärung ausschließen, er werden die Kontrollmöglichkeiten der Neuen Technologie nicht nutzen. Vielmehr ist eine schriftliche Vereinbarung mit dem Betriebsrat notwendig, die eine mißbräuchliche Verwendung der erfaßten Daten ausschließt.

Die Mitbestimmung gilt auch, wenn lediglich eine Gruppe von Arbeitnehmern durch eine technische Anlage überwacht wird. Voraussetzung ist, daß „der von der technischen Einrichtung ausgehende Überwachungsdruck auf die Gruppe auch auf den einzelnen Arbeitnehmer durchschlägt. Das ist der Fall, wenn die Arbeitnehmer in einer überschaubaren Gruppe im Gruppenakkord arbeiten" (BAG, Beschluß vom 18.2.1986, Der Betrieb, Jg. 1986, S. 1178, vgl. auch NZA, 1986, S. 488-490).

Im konkreten Fall, den das BAG zu entscheiden hatte, wurden die an einer Schweißstraße gefertigen Autoteile mittels eines Kienzle-Schreibers gezählt. Zusätzlich wurden die benötigte Zeit und die Stillstandszeiten erfaßt.

Dieses Beispiel ist typisch für die **Erfassung** mitarbeiterbeziehbarer Daten durch eine technische Anlage. Die Voraussetzung für eine Mitbestimmung nach § 87 Abs. 1 Ziff. 6 ist aber auch gegeben, wenn die technische Anlage mitarbeiterbeziehbare Daten **verarbeitet** oder **auswertet**.

Im folgenden werden kurz einige Beispiele aus den drei mitbestimmungspflichtigen Bereichen Daten-Erfassung, -Verarbeitung und -Auswertung beschrieben.

### Erfassung

Zunehmend werden Arbeiten mit Hilfe von Geräten erledigt, die an eine Rechnereinheit gekoppelt sind (Schreibtätigkeiten, CNC-Arbeitsplätze, computergestützte Sachbearbeitung). Bei diesen Geräten ist mit Hilfe entsprechender Programme die Ermittlung und Speicherung von Verhaltens- und Leistungsdaten einzelner Arbeitnehmer möglich. Bei entsprechender Nutzung besteht Mitbestimmungspflicht.

Es ist also notwendig, die verwendeten Programme zu untersuchen, ob sie zur Überwachung geeignet sind. Das ist dann nicht der Fall, wenn die erfaßten Daten nicht individualisierbar sind, das heißt z.B. auf die Eingabe eines Namenkürzels verzichtet wird.

**Verarbeitung**

Zur Verarbeitung mitarbeiterbezogener Daten werden häufig sogenannte Personalinformationssysteme eingesetzt. Hiermit werden u.a. krankheitsbedingte Fehlzeiten, unentschuldigtes Fehlen usw. datenmäßig erfaßt und verarbeitet. Es können durch entsprechende Programme Arbeitnehmer mit überdurchschnittlichen Fehlzeiten herausgefiltert werden (Hunold 1986).

**Auswertung**

Eine technische Anlage kann auch nach § 87 Abs. 1 Ziff. 6 mitbestimmungspflichtig sein, wenn die Daten von ihr nicht direkt erfaßt, sondern nur ausgewertet werden. Z.B. halten Kundendiensttechniker nach der Erledigung eines Reparaturauftrages bestimmte Daten auf einem Berichtsbogen fest, u.a. über die defekten Teile, die zur Reparatur benötigte Zeit und ihre Personalnummer. Werden diese Berichtsbögen durch die zentrale EDV-Anlage ausgewertet, etwa hinsichtlich der für den Austausch eines bestimmten Ersatzteils durchschnittlich benötigten Zeit, besteht ein Mitbestimmungsrecht des Betriebsrats (BAG, Beschluß vom 14.9.1984, in: NJW, 1985, S. 450 ff.).

### e) Mitbestimmung bei der Verhütung von Arbeitsunfällen und Berufskrankheiten

Direkten Einfluß auf die Ausgestaltung Neuer Technologien hat der Betriebsrat durch sein Initiativrecht hinsichtlich der Regelungen über die Verhütung von Arbeitsunfällen und Berufskrankheiten (§ 87 Abs. 1 Nr. 7 BetrVG).

Wenn durch Neue Technologien derartige Gefahren zu erwarten sind, kann der Betriebsrat den Abschluß einer Betriebsvereinbarung verlangen. Der Betriebsrat kann jedoch die Einführung der Neuen Technologie nicht verhindern. Außerdem besteht dieses Mitbestimmungsrecht nur im Rahmen des gesetzlichen Arbeitsschutzes. Darüber hinausgehende Maßnahmen kann der Betriebsrat nicht verlangen.

Der Betriebsrat kann z.B. bei Bildschirmarbeit keine generelle Ausgestaltung der Arbeitsplätze, eine zeitliche Beschränkung der Arbeit am Bildschirm pro Arbeitstag oder bezahlte Pausen verlangen (BAG vom 6.12.1983, Der Betrieb 1984, S. 775).

### f) Unterrichtung und Beratung von Betriebsveränderungen gemäß § 111 BetrVG

Die Einführung einer Neuen Technologie kann als grundlegende Änderung der Betriebsanlage bzw. des Fertigungsverfahrens eine mitbestimmungspflichtige Betriebsänderung darstellen, wenn folgende Voraussetzungen gegeben sind:

- Betrieb von mehr als 20 Mitarbeitern;
- ein erheblicher Teil der Belegschaft muß von der Änderung betroffen sein (z.B. in einem Betrieb mit 400 Mitarbeitern mindestens 10% der Belegschaft oder aber mehr als 25 Arbeitnehmer).

Eine grundlegende Änderung der Arbeitsmethode bzw. des Fertigungsverfahrens liegt z.B. vor bei Einführung von CAD in der Konstruktionsabteilung.

Die Einführung Neuer Technologien betrifft meist bestimmte Abteilungen, so daß die für das Vorliegen einer Betriebsänderung notwendige Arbeitnehmerzahl meist nicht erreicht wird. Noch geringer wird in der Regel der Anteil der Arbeitnehmer sein, die durch Einführung Neuer Technologien wirtschaftliche Nachteile erleiden. Daher kommt die Beteiligung des Betriebsrats nach § 111 BetrVG nur ausnahmsweise in Betracht.

## 2. Mitbestimmung des Betriebsrats bei personellen Folgemaßnahmen Neuer Technologien

### a) Informationen und Beratung über die Personalplanung

- gegenüber dem Betriebsrat

Nach § 92 hat der Arbeitgeber den Betriebsrat über den quantitativen und qualitativen Personalbedarf und die sich daraus ergebenden Maßnahmen zu unterrichten. Die Unterrichtung muß an Hand von Unterlagen rechtzeitig und umfassend erfolgen. Da die Personalplanung nicht unabhängig von der Gesamtplanung, bestehend z.B. aus Absatz-, Investitions- und Produktionsplanung, beurteilt werden kann, sind auch diesbezügliche Unterlagen vorzulegen (BAG vom 19.6.1984, Der Betrieb, 37. Jg., 1984, S. 2305f.).

Rechtzeitig ist die Information, wenn der Betriebsrat seine Aufgaben noch am sinnvollsten wahrnehmen kann, d.h. in der Planungsphase, nicht aber bereits im Stadium der Vorüberlegungen (ebenda, S. 2305). Rechtzeitig ist die Unterrichtung nicht mehr, wenn eine Änderung der Planung nur noch schwer und unter zusätzlichen Kosten möglich ist.

In der Praxis kann der Zielkonflikt zwischen einer rechtzeitigen und umfassenden Unterrichtung durch eine schrittweise Information des Betriebsrats entschärft werden.

- gegenüber dem einzelnen Arbeitnehmer

Die Rechte des einzelnen Arbeitnehmers sind durch die Änderung des BetrVG vom 1.1.1989 mit Blick auf den vermehrten Einsatz Neuer Technologien und den sich daraus ergebenden Qualifikationsbedarf konkretisiert und erweitert worden. Hierzu hat der Gesetzgeber den § 81 Abs. 3 neu eingeführt:

„(3) Der Arbeitgeber hat den Arbeitnehmer über die aufgrund einer Planung von technischen Anlagen, von Arbeitsverfahren und Arbeitsabläufen oder der Arbeitsplätze vorgesehenen Maßnahmen und ihre Auswirkungen auf seinen Arbeitsplatz, die Arbeitsumgebung sowie auf Inhalt und Art seiner Tätigkeit zu unterrichten. Sobald feststeht, daß sich die Tätigkeit des Arbeitnehmers ändern wird und seine beruflichen Kenntnisse und Fähigkeiten zur Erfüllung seiner Aufgaben nicht ausreichen, hat der Arbeitgeber mit dem Arbeitnehmer zu erörtern, wie dessen berufliche Kenntnisse und Fähigkeiten im Rahmen der betrieblichen Möglichkeiten den künftigen Anforderungen angepaßt werden können. Der Arbeitnehmer kann bei der Erörterung ein Mitglied des Betriebsrats hinzuziehen."

Diese Unterrichtung braucht erst am Ende der Planungsphase zu erfolgen. Erst dann stehen Veränderungen für den einzelnen Arbeitnehmer konkret fest.

Nach Ansicht der Arbeitgeberverbände hat der Arbeitgeber nur im Rahmen von bereits bestehenden Möglichkeiten im Betrieb die Pflicht, die beruflichen Kenntnisse und Fähigkeiten des Arbeitnehmers den künftigen Anforderungen anzupassen. Eine Pflicht zur Schaffung solcher Möglichkeiten besteht nicht. Eine Diskussion über die Auslegung dieser Regelung erscheint unter Berücksichtigung der in diesem Buch aufgezeigten betriebs- und personalwirtschaftlichen Notwendigkeiten einer systematischen Qualifzierung der Arbeitnehmer für die Effizienz Neuer Technologien müßig.

b) Mitbestimmung bei der Weiterbildung

Eine erfolgreiche Einführung Neuer Technologien wird entscheidend durch eine sorgfältige und vorausschauende Vorbereitung der Mitarbeiter auf die neuen Anforderungen bestimmt (Bühner 1986b).

Der Betriebsrat hat nach § 96 ein Beratungsrecht hinsichtlich der beruflichen Fortbildung. Hierzu zählen u.a. inner- und außerbetriebliche Seminare, Trainee-Programme, aber auch Qualitätszirkel.

Das Beratungsrecht wird in drei Bereichen zu einem Mitbestimmungsrecht erweitert (§ 98 BetrVG).

- Der Betriebsrat hat bei der Durchführung von Maßnahmen der betrieblichen Berufsbildung mitzubestimmen. Da die Maßnahmen der Berufsbildung weitgehend durch das Bundesausbildungsgesetz und die Ausbildungsordnung geregelt werden, bleibt für die Mitbestimmung des Betriebsrats wenig Raum.
- Wichtiger ist die Mitbestimmung bei der Auswahl derjenigen Mitarbeiter, die mit der betrieblichen Berufsausbildung beauftragt sind. Hierzu zählen Ausbilder im Sinne des BBiG und die Leiter von Weiterbildungsabteilungen. Der Betriebsrat kann der Bestellung widersprechen bzw. die Abberufung der mit der Berufsausbildung beauftragten Person verlangen, wenn diese die persönliche oder fachliche Eignung nicht besitzt oder ihre Aufgaben vernachlässigt.
- Von besonderer Bedeutung ist das Vorschlagsrecht des Betriebsrats für Teilnehmer an inner- und außerbetrieblichen Weiterbildungsmaßnahmen. Kommt es über den Teilnehmerkreis, z.B. an einem CNC-Lehrgang, nicht zu einem Einverständnis zwischen Arbeitgeber und Betriebsrat, entscheidet die Einigungsstelle für beide Seiten verbindlich. Hierdurch erhält der Betriebsrat einen direkten Einfluß auf die Personalentwicklungsplanung und ihre Umsetzung in konkrete Maßnahmen.

c) Mitbestimmung des Betriebsrats über die Arbeitszeit

Neue Technologien sind kapitalintensiv. Ihre Einführung ist daher betriebswirtschaftlich nur dann gerechtfertigt, wenn ein möglichst hoher Nutzungsgrad erreicht wird. Dies erfordert häufig eine neue Arbeitszeitorganisation mit den Elementen Flexibilität, Ausdehnung der Betriebszeit, z.B. durch gleitende Arbeitszeit, versetzte Schichten und Einführung von Teilzeitarbeit.

Der Betriebsrat hat nach § 87 Abs. 1 Ziff. 2 ein Initiativrecht über die Festlegung von Beginn und Ende der täglichen Arbeitszeit einschließlich der Pausen sowie die Verteilung der Arbeitszeit auf die einzelnen Wochentage.

Das Mitbestimmungsrecht des Betriebsrats hat das BAG in einem Beschluß vom 13.10.1987 auch für die Teilzeitarbeit bestätigt (BAG vom 13.10.1987, in: Der Betrieb, 1988, S. 341ff.).

Danach gilt u.a.:

- Flexibilisierungsmöglichkeiten, wie sie z.B. das Beschäftigungsförderungsgesetz vorsieht, stellen Mindestregelungen dar, die der Betriebsrat durch sein Mitbestimmungsrecht abändern kann. So kann beispielsweise die Ankündigungsfrist nach § 4 BeschFG von mindestens 4 Tagen durch Betriebsvereinbarung, evtl. durch Spruch der Einigungsstelle, verlängert werden.
- Die Mitbestimmung und damit eine für alle verbindliche Betriebsvereinbarung kann sich auch gegen individuelle Wünsche einzelner Arbeitnehmer richten.
- Der Betriebsrat hat **kein** Mitbestimmungsrecht über die Dauer der wöchentlichen Arbeitszeit, auch nicht über die Mindeststundenzahl bei Teilzeitkräften.
- Innerhalb dieser Vorgabe hat der Betriebsrat ein Mitbestimmungsrecht über die Verteilung der Arbeitszeit auf die einzelnen Wochentage und damit über die Dauer der täglichen Mindest- oder Höchstarbeitszeit.
- Der Betriebsrat hat ein Mitbestimmungsrecht über die Dauer der Pausen auch bei Teilzeitbeschäftigten.

#### d) Mitbestimmung des Betriebsrats in Entgeltfragen

Nach § 87 Ziff. 10 und 11 BetrVG hat der Betriebsrat mitzubestimmen bei:

„10. Fragen der betrieblichen Lohngestaltung, insbesondere die Aufstellung von Entlohnungsgrundsätzen und die Einführung und Anwendung von neuen Entlohnungsmethoden sowie deren Änderung;

11. Festsetzung der Akkord- und Prämiensätze und vergleichbarer leistungsbezogener Entgelte, einschließlich der Geldfaktoren."

Ziel der Mitbestimmung ist die Sicherung der Angemessenheit und Durchsichtigkeit des innerbetrieblichen Lohngefüges, d.h. die Wahrung der Lohngerechtigkeit. Dabei geht es zunächst nicht um die Angemessenheit des Lohnes für eine bestimmte Arbeit, sondern um ein angemessenes Verhältnis der Leistungen zueinander (Matthes 1987, S. 290ff.).

Zum Lohn zählen neben dem Grundlohn auch Prämien- und Akkordzuschläge, persönliche Zulagen, Provisionen und sonstige Leistungszulagen, Erschwerniszulagen, aber auch klassische Sozialleistungen wie zinsgünstige Arbeitgeberdarlehen, Miet- und Fahrtkostenzuschüsse etc.

Von besonderer Bedeutung ist für die Entgeltgestaltung bei Neuen Technologien die Mitbestimmung des Betriebsrats bei Leistungslohnformen bzw. bei leistungsbezogenen Entgeltbestandteilen. Hierbei ist für den Umfang der Mitbestimmungsrechte von besonderer Bedeutung, ob es sich z.B. beim Prämienlohn um eine freiwillige, zusätzliche zum tariflichen Lohn gewährte Zulage handelt oder der Prämien- neben dem Zeitlohn als alternative Lohnform tarifvertraglich geregelt ist.

Ermöglicht der Tarifvertrag die Wahl zwischen mehreren Lohnformen, so hat der Betriebsrat im Rahmen der zwingenden Mitbestimmung ein Initiativrecht nach dem in Abb.D.40 dargestellten Ablaufschema. Handelt es sich um eine freiwillige Leistung, zu der der Arbeitgeber nicht aufgrund bestehender Rechtsvorschriften verpflichtet ist, ergeben sich zwei grundlegende Abweichungen des in Abb. D.40 beschriebenen Verfahrens (Herbst 1987, S. 738-742.).

a) Der Betriebsrat hat kein Initiativrecht, d.h. er kann nicht den Übergang vom Zeitlohn auf einen (höheren) Prämienlohn verlangen. Der Betriebsrat hat aber

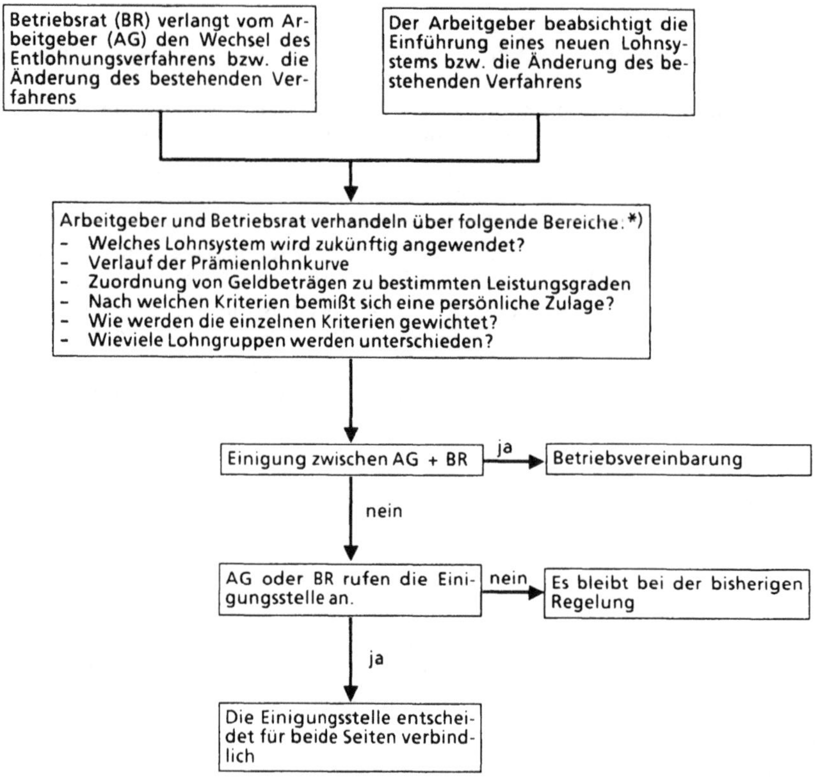


*) Hier sind mögliche Fragen, in denen der Betriebsrat ein Mitbestimmungsrecht hat (nicht abschließend) aufgezählt.

**Abb. D.40:** Zwingendes Mitbestimmungsverfahren nach § 87, Ziff. 10, 11 BetrVG (Quelle: Fitting/Auffahrt/Kaiser/Heitner 1987)

ein Mitbestimmungsrecht bei der Ausgestaltung der vom Arbeitgeber geplanten freiwilligen Leistung (z.B. einer persönlichen Zulage).

b) Kommt eine Einigung nicht zustande, entscheidet die Einigungsstelle auf Antrag des Betriebsrats oder des Arbeitgebers verbindlich über die **Ausgestaltung** der freiwilligen Leistung. Der Arbeitgeber kann, wenn die Entscheidung über die Ausgestaltung der freiwilligen Leistung nicht seinen Vorstellungen entspricht, von der Gewährung der Leistung ganz abgesehen.

Der Arbeitgeber kann somit nicht zur Zahlung einer freiwilligen Leistung gezwungen werden, ebenso ist er in der Festlegung ihrer Höhe frei.

Der Betriebsrat kann die Einführung Neuer Technologien nicht verhindern, aber bei (aus seiner Sicht) mangelnden Mitwirkungsmöglichkeiten hinsichtlich Gestaltung und personellen Folgemaßnahmen deren Einführung behindern. Derartige Behinderungen verzögern das Erreichen der mit Einführung dieser Technologie angestrebten Ziele.

Als Grundsatz für die Beteiligung des Betriebsrats gilt daher: So früh wie möglich, so weitgehend wie gesetzlich vorgeschrieben. Vielfach zahlt sich eine über den gesetzlichen Rahmen hinausgehende Beteiligung in einer reibungslosen und schnellen Einführung ohne nachwirkende Unzufriedenheit bei den Mitarbeitern aus. Die nachfolgende Abb. D.41 gibt einen Überblick über die Einflußmöglichkeiten der internen und der externen Arbeitnehmervertreter im Zusammenhang mit der Entwicklung und Anwendung Neuer Technologien.

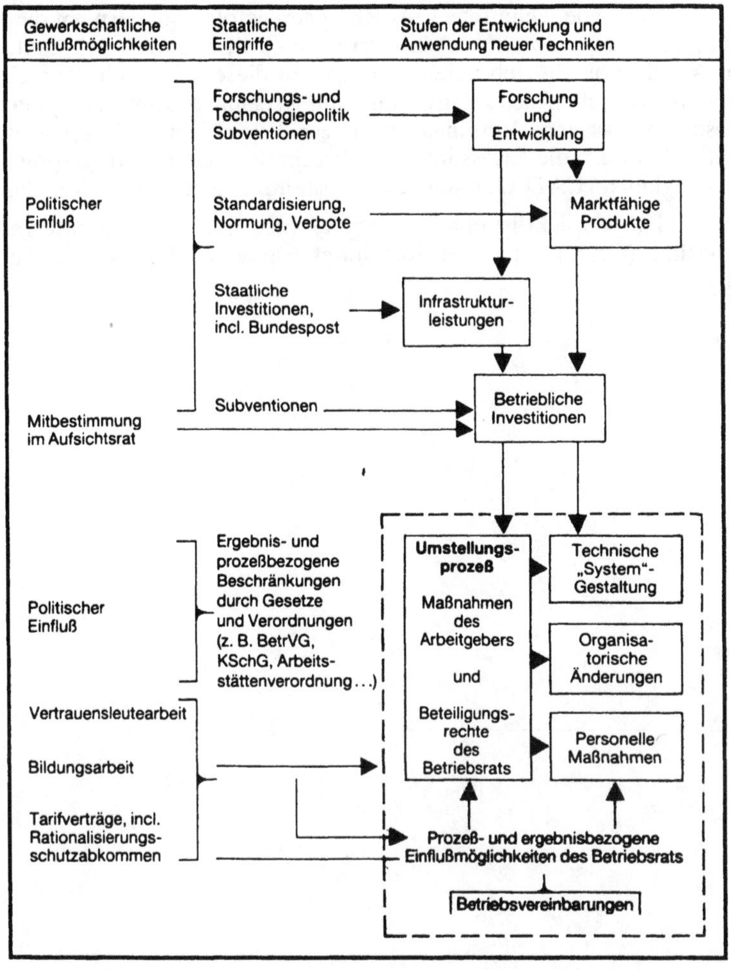


**Abb. D.41:** Einflußmöglichkeiten der Arbeitnehmervertretung bei der Entwicklung und Anwendung Neuer Technologien (Döbele-Berger 1985, S. 25)

## 3. Entscheidungsfreiräume aufgrund der Rechtsprechung

Der Grundsatz der vertrauensvollen Zusammenarbeit von Arbeitgeber und Betriebsrat wird zur Grundvoraussetzung erfolgreicher Personal- und Sozialpolitik im Unternehmen. Das Kooperationsgebot verpflichtet den Betriebsrat, seine Beteiligungsrechte sachgerecht und zweckmäßig wahrzunehmen. Dazu gehört eine Rechtsausübung, die dem Partner einen erfolgreichen Handlungsspielraum läßt und ihn nicht durch engherzige und kleinliche Ausnutzung bloß formaler Rechtspositionen einengt.

Gestaltungsmöglichkeiten ergeben sich auch aus der höchstrichterlichen Rechtsprechung, so z.B. bei den Neuen Technologien, denn das Bundesarbeitsgericht ist nicht der gewerkschaftlich initiierten Auffassung von der Allzuständigkeit der Betriebsräte für neue technische Entwicklungen gefolgt, sondern hat die Mitbestimmung auf wenige – wenn auch inhaltsreiche – Tatbestände beschränkt. Dabei hat die Anzahl von Betriebsvereinbarungen zu diesem Bereich deutlich zugenommen. Sie beziehen sich relativ häufig auf Personalinformationssysteme, die Betriebsdatenerfassung, Vereinbarungen zur Bildschirmarbeit sowie die Arbeitszeit. Aber auch die Erfassung und Abrechnung von Telefongesprächen sowie die Tätigkeit an CAD-Geräten ist Gegenstand entsprechender Regelungen.

Nachstehend abgedruckt ist eine Betriebsvereinbarung über computergestützte Konstruktion (CAD) und eine Regelungsabsprache „Fabrik der Zukunft“ (CIM).

## a) Betriebsvereinbarung über computergestützte Konstruktion (CAD)

Die Robert Bosch GmbH, Geschäftsbereich Elektrowerkzeuge und der Betriebsrat der Robert Bosch GmbH für das Werk Leinfelden-Echterdingen schließen folgende

**Betriebsvereinbarung**
über computergestützte Konstruktion (CAD):

**1. Geltungsbereich der Vereinbarung**

Diese Vereinbarung gilt für alle in Leinfelden an graphischen CAD-Bildschirmarbeitsplätzen beschäftigen Arbeitnehmer mit Ausnahme der in § 5 Abs. 3 BetrVG bezeichneten Arbeitnehmer.

**2. Einsatzbereich**

2.1 CAD ermöglicht die zwei- und dreidimensionale Beschreibung und Berechnung von Werkstücken und dient der Erstellung von geometrischen Daten sowie der Erstellung und Verwaltung von Informationen für die mechanische und elektrische Entwicklung einschließlich der Erstmustererstellung. Gegenwärtig sind im Werk Leinfelden 3 CAD-Arbeitsplätze eingerichtet.

2.2 Eine Koppelung mit anderen EDV-Systemen darf nur im Rahmen des unter Punkt 2.1 festgelegten Einsatzbereichs erfolgen. Punkt 2.4 dieser Vereinbarung bleibt hiervon unberührt.

2.3 Vor einer darüber hinausgehenden Koppelung und Änderung des CAD-Systems ist der Betriebsrat rechtzeitig zu unterrichten. Die Änderungen sind mit ihm zu beraten. Der Betriebsrat wird insbesondere umfassend unterrichtet über

- Planung
- Auslegung des Konzepts
- weitere Ausbaustufen.

Dabei ist insbesondere zu unterrichten über die Arbeitsinhalte, über Qualifikationsveränderungen, Auswirkungen auf den Arbeitsumfang, auf die Arbeitsplätze, die Arbeitsverfahren, die Arbeitsmethode sowie über den vorgesehenen Standort.

2.4 Eine digitale Weitergabe von im CAD-System gespeicherten Daten in die Serienfertigung ist nicht vor 1987 geplant. Hierdurch eintretende arbeitsorganisatorische Änderungen werden mit dem Betriebsrat rechtzeitig beraten. Mitbestimmungsrechte des Betriebsrats sind zu beachten.

**3. Gemeinsame Kommission**

Eine gemeinsame Kommission aus Beauftragten der örtlichen Leitung und Mitgliedern des örtlichen Betriebsrats berät die Auswirkungen des geplanten Einsatzes von CAD-Bildschirmgeräten auf die Art der Arbeit und die Anforderungen an die Mitarbeiter. Außerdem achtet sie darauf, daß die für die Arbeit an CAD-Bildschirmgeräten geltenden gesetzlichen, tariflichen und betrieblichen Bestimmungen eingehalten werden.

**4. Beteiligung der Arbeitnehmer und des Betriebsrats**

4.1 Arbeitnehmer, die an CAD-Arbeitsplätzen die in Punkt 2.1 genannten Aufgaben verrichten (CAD-Anwender), werden rechtzeitig vor der Arbeitsaufnahme oder einer Änderung der Arbeit am CAD-Arbeitsplatz umfassend über ihre Arbeitsaufgabe und die Verantwortung sowie die Art ihrer Tätigkeit und deren Einordnung in den Arbeitsablauf des Betriebs unterrichtet. Den CAD-Anwendern wird ausreichend Gelegenheit zur Einarbeitung gegeben.

An der Unterrichtung der CAD-Anwender kann ein Mitglied des Betriebsrats teilnehmen. Eine Unterrichtung der Belegschaft durch den Betriebsrat im Rahmen der gesetzlichen Bestimmungen wird hierdurch nicht berührt.

4.2 Der Betriebsrat hat das Recht, Vorschläge zur menschengerechten und sozialen Gestaltung der Arbeit zu machen.

4.3 Die Möglichkeiten ihrer beruflichen Entwicklung im Betrieb sind mit den CAD-Anwendern zu erörtern.

4.4 An einem CAD-Arbeitsplatz beschäftigte Arbeitnehmer, die sich insbesondere durch

- Arbeitsbelastungen
- Arbeitsplatzgestaltung
- Arbeitsverfahren und -methode
- Arbeitsablauf

beeinträchtigt fühlen, haben das Recht, ihre Beanstandungen den zuständigen betrieblichen Stellen vorzutragen. Bei einem Gespräch mit Vertretern des Arbeitgebers kann auf Wunsch des Arbeitnehmers ein Betriebsratsmitglied hinzugezogen werden.

Die Bestimmungen der §§ 82-85 BetrVG über die Anhörung und das Beschwerderecht der Arbeitnehmer bleiben unberührt.

**5. Absicherung gegen nachteilige Folgen**

Aus Anlaß der Einführung von CAD werden Arbeitnehmer nicht entlassen. Sollten die Anwendung, Änderung oder Erweiterung des CAD-Systems zum Wegfall von Arbeitsplätzen führen, ist den davon betroffenen Arbeitnehmern im Rahmen der Möglichkeiten der Bosch-Gruppe jeweils ein mindestens gleichwertiger, zumutbarer Arbeitsplatz anzubieten.

**6. Arbeitsgestaltung für CAD-Anwender**

6.1 Die Arbeitsverteilung hat so zu erfolgen, daß ein Höchstmaß an Arbeitsinhalten und Qualifikationen beim einzelnen Arbeitnehmer verbleibt.

Das Abgreifen noch nicht fertiggestellter Konstruktionsarbeiten durch andere Personen wird protokolliert und dem betreffenden CAD-Anwender unaufgefordert mitgeteilt.

Fertige Arbeiten sind als abgeschlossen zu kennzeichnen.

6.2 Bei der Planung, Einrichtung, Erweiterung und Änderung von CAD-Arbeitsplätzen sind die arbeitswissenschaftlichen Erkenntnisse über die menschengerechte Gestaltung der Arbeit zu berücksichtigen.

6.3 Die Arbeitszeit und Pausen der CAD-Anwender am CAD-Arbeitsplatz richten sich nach den gesetzlichen, tariflichen und betrieblichen Bestimmungen. Es ist darauf zu achten, daß für den einzelnen CAD-Anwender unter Berücksichtigung des individuellen Gesundheitsschutzes keine Überforderung eintritt. Geschäftsleitung und Betriebsrat beraten einen Einsatzplan, der unter Beteiligung der Betroffenen erstellt wird.

**7. Qualifikationskonzept**

Zur systematischen Vorbereitung auf die neuen Tätigkeiten wird das in der Anlage beigefügte Schulungskonzept durchgeführt.

Dabei muß Arbeitnehmern im Rahmen von § 98 Abs. 3 und 4 BetrVG die Möglichkeit eingeräumt werden, die Qualifikation zu erwerben, die sie benötigen, um die in diesem Bereich anfallenden Tätigkeiten auszuüben.

**8. Ausschluß von Kontrollen**

Es werden keine Kontrollen von Verhalten und Leistung sowie keine tätigkeitsbezogenen Aufgabenanalysen der CAD-Anwender mit Hilfe der Systeme vorgenommen.

**9. Schlußbestimmungen**

9.1 Werden weitere an CAD angrenzende Systeme eingeführt, so ist mit dem ernsthaften Willen zur Einigung mit dem Betriebsrat zu verhandeln.

9.2 Zu Lasten der Arbeitnehmer wird durch die vorliegende Betriebsvereinbarung von gesetzlichen und tariflichen Bestimmungen nicht abgewichen.

9.3 Die vorstehende Vereinbarung gilt für das Werk Leinfelden. Sie tritt mit ihrer Unterzeichnung in Kraft.

9.4 Sie kann mit einer Frist von 3 Monaten zum Ende eines Kalenderjahres, erstmals zum 31.12.1986, gekündigt werden.

**Regelungsabsprache Fabrik der Zukunft (CIM)**

**1. Grundsatz**

Vorstand und Gesamtbetriebsrat der Kodak Aktiengesellschaft stimmen darin überein, daß es laufend notwendig ist, durch geeignete Maßnahmen die Wettbewerbsfähigkeit des Unternehmens und damit auch Arbeitsplätze langfristig zu sichern.

Bei der Einführung und der Anwendung sogenannter „Neuer Technologien" sind die berechtigten Interessen der Mitarbeiter im Rahmen des wirtschaftlich Möglichen zu berücksichtigen. Die Einzelmaßnahmen sind so zu gestalten, daß sie den gesicherten arbeitswissenschaftlichen Erkenntnissen entsprechen und für die Mitarbeiter sozial verträglich sind.

Die erzielten Produktivitätserhöhungen dienen der Stärkung und Verbesserung der Marktposition der Kodak AG und der finanziellen Absicherung von vereinbarten sozial/humanen Zusagen an die Mitarbeiter (vorbeugende und ausgleichende Maßnahmen).

**2. Gegenstand der Vereinbarung und Geltungsbereich**

Gegenstand dieser Vereinbarung sind alle im Zusammenhang mit der „Fabrik der Zukunft (CIM)" stehenden Maßnahmen. Aus heutiger Sicht sind dies die Einzelmaßnahmen PPS (einschließlich Einkaufssystem), Werkstattsteuerung, CAD, CAP, CAM und CAQ. Die Kodak AG erklärt sich bereit, zu den unter „Fabrik der Zukunft (CIM)" zusammengefaßten Einzelmaßnahmen jeweils getrennte Betriebsvereinbarungen abzuschließen.

Von der Regelungsabsprache werden alle von den Einzelmaßnahmen betroffenen Mitarbeiter erfaßt, soweit sie keine Leitenden Angestellte im Sinne von § 5 Abs. 3 BetrVG sind. Betroffen sind Mitarbeiter, deren Stelle/Aufgabe sich durch oder in der Folge von CIM-Maßnahmen verändert bzw. verändert hat. Dabei sind 2 Kriterien maßgebend:
1. die Arbeitsinstrumente und/oder
2. Die Arbeitsinhalte.

Beispielhaft gemeint sind also Mitarbeiter, die infolge von CIM-Maßnahmen
- an einem Bildschirmterminal arbeiten,
- NC-Maschinen bedienen,
- geänderte Aufgaben – reduzierte, erweiterte, anders gegliederte, anders verknüpfte – ausführen,
- ihren bisherigen Arbeitsplatz verlieren bzw. auf neu entstandenen Stellen arbeiten.

Nicht als Betroffene gelten solche Mitarbeiter, deren Stelle/Aufgabe nicht durch CIM-Maßnahmen, sondern durch andere Veränderungen beeinflußt wird, z.B. durch andere Strategien, durch eine geänderte Produktpalette und/oder durch Marktveränderungen.

Sofern in Einzelfällen eine Arbeitsplatzänderung nicht eindeutig „CIM-" bzw. „Nicht-CIM-Maßnahmen" zugeordnet werden kann, gilt der Grundsatz: Im Zweifel für den Mitarbeiter.

Bei Bewerbungen von Mitarbeitern der Kodak AG auf CIM-Bereichsstellen dürfen diesen Mitarbeitern wegen fehlender Schulung bei der Auswahl keine Nachteile entstehen.

**Protokollnotiz zu Punkt 2: Gegenstand der Vereinbarung und Geltungsbereich**

(negative Abgrenzung der „Betroffenen")
Der Betriebsrat anerkennt, daß es Fälle von „just in time" oder „anderen Herstellverfahren" geben kann, die mit CIM nichts zu tun haben. In diesen Fällen trifft die vorliegende Regelungsabsprache nicht zu, sondern es gelten die üblichen Mitbestimmungsrechte des Betriebsrats.

**3. Zweck der Vereinbarung**

Die Einführung neuer Arbeitsmethoden durch Einführung und Vernetzung verschiedener EDV-Systeme in einem CIM-Konzept (integrierter Einsatz von Rechnern in allen mit der Produktion zusammenhängenden Betriebsbereichen) kann auch zu Nachteilen für die Beschäftigten führen. Deshalb müssen vorbeugende und ausgleichende Maßnahmen getroffen werden.

Ziel dieser Vereinbarung ist deshalb, entstehende Nachteile für die Mitarbeiter auszugleichen und gleichzeitig eine zügige Einführung der Einzelmaßnahmen zu ermöglichen.

**4. Beteiligung von Betroffenen und Betriebsrat**

4.1 Unterrichtung und Beratung
Der Gesamtbetriebsrat wird rechtzeitig mit allen das Projekt betreffenden verfügbaren schriftlichen Unterlagen über den Stand der Planungen unterrichtet, und die Beratungen werden unverzüglich aufgenommen.

Der Gesamtbetriebsrat hat das Recht, ggf. weitere Unterlagen anzufordern, die die Auswirkungen der geplanten Maßnahmen auf die Beschäftigten aufzeigen.

Rechtzeitig ist die Unterrichtung und Beratung, wenn sie erfolgt, solange noch unterschiedliche Lösungsalternativen im Interesse der betroffenen Arbeitnehmer berücksichtigt werden können.

4.2 Projektgruppen
Für den Fall, daß zur Planung und Einführung der einzelnen CIM-Maßnahmen Projektgruppen eingesetzt werden, hat der Betriebsrat das Recht, Vertreter in die zu bildenden Projektgruppen zu entsenden. Der Betriebsrat erhält zu allen Sitzungen der verschiedenen Projektgruppen Einladungen, in der Regel schriftlich. Die Teilnahme an Projektgruppen ersetzt nicht die Unterrichtung und Beratung des Betriebsrats nach 4.1.

4.3 Beteiligung Betroffener
Der Betriebsrat hat das Recht, sich mit Mitarbeitern, die von einem Projekt betroffen sind, in zeitlicher Abstimmung mit dem Vorgesetzten während der Arbeitszeit zu beraten. Dem Mitarbeiter dürfen dadurch keine Nachteile entstehen.

4.4 Einzel-Betriebsvereinbarungen
Diese Vereinbarungen gelten für CIM-Maßnahmen, die im Zusammenhang mit der „Fabrik der Zukunft (CIM)“ entstehen. Aus heutiger Sicht sind dies die Einzelprojekte

- PPS (einschl. Einkaufssystem)
- Werkstattsteuerung
- CAD
- CAP
- CAM
- CAQ.

Die sich daraus ergebenden Einzel-Betriebsvereinbarungen werden insbesondere folgende Punkte beinhalten:

Gegenstand
Zeitpunkt der Einführung

Inhalt:
Kreis der Betroffenen, Beginn der sozialen Sicherung, Pausen, Schulungsprogramm und Teilnehmerkreis (inhaltlich, organisatorisch, Umfang), Pilotprojekt: „Mischarbeit“, Maßnahmen gegen Leistungs- und Verhaltenskontrollen.

Diese Einzel-Betriebsvereinbarungen, die die Bestimmungen der Rahmen-Regelungsabsprache für das jeweilige System konkretisieren und gegebenenfalls ergänzen, werden jeweils vor dem endgültigen Einsatz im Betrieb mit dem Betriebsrat abgeschlossen. Anzustreben ist, daß die Einzel-Betriebsvereinbarungen vor Beginn der ersten Schulungsmaßnahmen abgeschlossen werden.

**Protokollnotiz zu Punkt 4.4: Geometriedatennetz**

Die Kodak AG geht davon aus, daß dieses Thema in den unter Punkt 4.4 genannten Einzel-Betriebsvereinbarungen abgehandelt werden kann. Sollte sich herausstellen, daß dies nicht genügt, wird hierüber ggf. eine separate Einzel-Betriebsvereinbarung im Sinne von Punkt 4.4 abgeschlossen.

**5. Gestaltungsgrundsätze**

Bei der Planung von neuen EDV-Systemen, organisatorischen Abläufen und Arbeitsplätzen – in Verbindung mit CIM-Maßnahmen – werden im Rahmen der betrieblichen Möglichkeiten folgende Gestaltungsgrundsätze berücksichtigt:

- Geschäftsleitung und Gesamtbetriebsrat sind sich darüber einig, daß die Anwendung der computergesteuerten Informationssysteme Werkzeug der effektiveren Erfüllung der Aufgaben ist.
- Die Veränderung bisheriger und das Hinzukommen neuer Aufgaben werden genutzt, um Tätigkeitsbilder mit erweiterten und vielseitigen Qualitätsanforderungen zu realisieren. Die entsprechende Arbeitsgestaltung zielt darauf,
  - die einmal erworbene Qualifikation auch zu erhalten und möglichst zu entfalten,
  - den Erwerb neuer Qualifikationen zu ermöglichen,
  - die Arbeitsteilung durch Anreichern von vor- und nachgelagerten Arbeitsplätzen schrittweise abzubauen,
  - soziale Kontakte zu erhalten und kooperative Arbeitsformen zu schaffen.

  Dies setzt die entsprechende Bereitschaft und Fähigkeit der Mitarbeiter zur Weiterbildung voraus.
- Informationstechnologien sollen so eingesetzt werden, daß einer Arbeitsgruppe oder einem einzelnen Beschäftigten ganzheitliche Aufgabengebiete mit einem möglichst großen Dispositions- und Handlungsspielraum sowie entsprechender Kompetenz und Verantwortung zugewiesen werden können. Die Systemarchitektur ist entsprechend auszulegen.

5.1 Arbeitsplätze
Bei Planungsmaßnahmen und Einsatzüberlegungen sind Mischarbeitsplätze, wo immer möglich, anzustreben. Dies erfordert eine Festlegung des Aufgabenbereichs des Arbeitnehmers, so daß

- planerische, ausführende, entscheidende und kontrollierende Elemente gemischt werden.

Anhand von repräsentativ ausgewählten Pilotprojekten wird von Arbeitskreisen untersucht, wie Mischarbeitsplätze gestaltet werden können. Dem Arbeitskreis gehören von der Maßnahme betroffene Mitarbeiter, Vorgesetzte und Betriebsrats-Mitglieder an. Aus dem Mitspracherecht bei diesen Pilotprojekten kann der Betriebsrat kein Mitspracherecht bei anderen Projekten ableiten.

**Protokollnotiz zu Punkt 5.1: Arbeitsplätze**

Die Kodak AG ergreift geeignete Maßnahmen, um die Einführung von Mischarbeit den Vorgesetzten näherzubringen.

5.2 Pausen
Die Firma wird im Rahmen der betrieblichen Möglichkeiten die reine Tätigkeit am Bildschirm zu beschränken suchen. Dies soll als Zielsetzung auch bei den Pilotprojekten „Mischarbeitsplatz" berücksichtigt werden. Da dauerhafte, einseitige Bildschirm-

arbeit zu Belastungen für den Mitarbeiter führen kann, sollen in einem Arbeitskreis Vorschläge zur Abwendung eventueller Belastungen entwickelt werden. Bei einseitiger, dauerhafter Bildschirmtätigkeit sind in Einzel-Betriebsvereinbarungen, bezogen auf die verschiedenen Tätigkeiten, Pausen zu vereinbaren.

5.3 Ergonomie der Bildschirmarbeitsplätze
Für menschengerechte Gestaltung von Arbeitsplatz, Arbeitsmittel und Arbeitsumgebung gelten die gesicherten Kenntnisse der Arbeitsmedizin. Soweit diese in Richtlinien festgelegt wurden, sind sie einzuhalten. Wo erforderlich, sind durch einen Arbeitskreis neue Richtlinien zu erstellen bzw. vorhandene an die neuesten Erkenntnisse anzupassen. Dieser soll auch Vorschläge zur Durchführung und Kontrolle der erforderlichen Maßnahmen erarbeiten. Dies geschieht in Zusammenarbeit mit dem Betriebsrat.

5.4 Personenbezogene Verhaltens- und Leistungskontrollen
durch EDV-Systeme finden nicht statt. Dazu werden für die einzelnen Systeme Maßnahmen vereinbart, die dies sicherstellen.

5.5 Werkstattsteuerung
Eine EDV-Unterstützung bei Feinsteuerung der Arbeitsabläufe in der Werkstatt ist nur dezentral zulässig.

**Protokollnotiz zu Punkt 5.5: Steuerung betrieblicher Arbeitsabläufe**

Die Kodak AG erklärt sich bereit, das Thema „Mitsprache bei der Ermittlung der Daten zur Vorgabe des Arbeitsvolumens" anzugehen und beim Abschluß einer Einzel-Betriebsvereinbarung zum Verhandlungsgegenstand ohne Einigungszwang zu machen. Das heißt: eine noch nicht erfolgte Einigung in diesem Punkt hält das Zustandekommen einer Einzel-Betriebsvereinbarung nicht auf.

**6. Fort- und Weiterbildung**

Die Einführung neuer Arbeitsmethoden im Rahmen des CIM-Konzepts erfordert eine Ausweitung der Schulungsmaßnahmen. Dies bedeutet, daß grundsätzlich – was die Schulung der Mitarbeiter im Zusammenhang mit CIM betrifft – folgende Formen vorgesehen sind:

- Informationsveranstaltungen für alle Betroffenen bzw. Tangierten,
- Vermittlung allgemeiner Grundlagen für alle von einer CIM-Maßnahme betroffenen Mitarbeiter,
- Systemanwenderschulungen für alle, die ein System oder Subsystem an ihrem Arbeitsplatz anwenden,
- Vertiefung über das eigene Aufgabengebiet hinaus; Angebot von systemunabhängigem Grundlagenwissen.

Die Auswahl der Betroffenen und das Schulungsprogramm werden mit dem Betriebsrat abgestimmt.

Die Schulungsmaßnahmen müssen so angelegt sein, daß sie eine selbständige und verantwortliche Ausübung der zugewiesenen Tätigkeiten sicherstellen und jedem Mitarbeiter die Möglichkeit einräumen, die Kenntnisse und Fertigkeiten zu erwerben, die für seine im Zusammenhang mit CIM anfallenden Tätigkeiten benötigt werden.

Sie sind darüber hinaus so zu gestalten, daß die Mitarbeiter auch die Wirkungsweise des Systems im betrieblichen Zusammenhang verstehen und einordnen können. Somit beschränken sich Schulungsmaßnahmen bezüglich Wirkungsweise und Anwendung von Informationstechnologien nicht nur auf die Besonderheiten des jeweiligen Systems (z.B. PPS von SAP), sondern vermitteln auch systemunabhängiges Grundlagenwissen.

Die Schulungsmaßnahmen finden während der Arbeitszeit statt. Sie werden von pädagogisch geeigneten Fachkräften durchgeführt. In der Regel werden schriftliche Unterlagen benutzt.

**Protokollnotiz zu Punkt 6: Fort- und Weiterbildung**

Im Rahmen von PPS wird ein zunächst bedarfsorientierter, systemunabhängiger Grundlagen-EDV-Kurs für all die Copy-Products-Mitarbeiter angeboten, die an einem Bildschirm arbeiten. Diesem Kurs schließt sich eine Seminarbeurteilung an, die zu einer Modifizierung des Kurses herangezogen wird.

**7. Verdienstsicherung**

Abgruppierungen sind möglichst zu vermeiden.
Wenn dies nicht gelingt, gelten die Vorschriften des Tarifvertrags zur Sicherung der Eingruppierung und zu Verdienstsicherung bei Abgruppierung.

Bei sonstigen Verdiensteinbußen (z.B. T nach K) aufgrund von durch CIM betrieblich notwendigen Versetzungen oder Änderungen des Entlohnungsgrundsatzes gilt eine befristete Verdienstabsicherung, wie sie bereits in der Vergangenheit praktiziert wurde (12 Monate). Diese freiwillige Leistung gilt für die Mitarbeiter, die davon innerhalb von 2 Jahren nach Inkrafttreten der CIM-Maßnahme betroffen sind.

Eventuelle Härtefälle in diesem Zusammenhang werden zwischen Personalabteilung und Betriebsrat beraten.

**8. Entlassungsschutz**

Für die von CIM-Maßnahmen betroffenen Mitarbeiter besteht ein betriebsbedingter Entlassungsschutz von 3 Jahren nach Inkrafttreten einer CIM-Maßnahme. Die Einführung bzw. Inbetriebnahme einer CIM-Maßnahme wird in einer Einzel-Betriebsvereinbarung konkret festgelegt.

Dieser Entlassungsschutz gilt nur für die in dieser Regelungsabsprache angesprochenen Maßnahmen. Ein künftiger Anspruch kann hieraus nicht abgeleitet werden.

**Protokollnotiz zu Punkt 8: Beginn der Schutzzeiträume**

Beide Parteien bestätigen nochmals, daß alle CIM-Betroffenen den Schutz der Regelungsabsprache genießen. Also kann der vereinbarte Schutzzeitraum (z.B. 3 Jahre Entlassungsschutz) in Einzelfällen auch vor dem in der Regel zutreffenden „Echtlauf" beginnen; d.h. auch in diesen Fällen wird die Schutzfrist nicht mehr als z.B. 3 Jahre betragen.

**9. Übergangsregelungen**

Sofern Übergangsregelungen notwendig werden, sind diese in Einzel-Betriebsvereinbarungen zu konkretisieren.

**10. Einigungsverfahren**

Beide Parteien verpflichten sich, alle Möglichkeiten auszuschöpfen, Meinungsverschiedenheiten innerbetrieblich beizulegen. Kommt eine Einigung über Einzel-Betriebsvereinbarungen nach 4.4 oder zu anderen Punkten aus der Regelungsabsprache nicht zustande, findet ein Schlichtungsversuch zwischen dem Gesamtbetriebsratsvorsitzenden und dem PWV-Vorstand statt. Ist intern keine Einigung zu erreichen, kann die Einigungsstelle abgerufen werden.

**11. Inkrafttreten und Kündigung der Regelungsabsprache**

Diese Vereinbarung tritt mit sofortiger Wirkung in Kraft und ist mit einer 3-monatigen Frist kündbar. Sie wirkt solange nach, bis eine neue Vereinbarung abgeschlossen wird.

Stuttgart-Wangen, den 20. Februar 1987

**Kontrollfragen zu Kapitel D V:**

1. Welche Beteiligungsrechte hat der Betriebsrat bei der Einführung und Gestaltung Neuer Technologien hinsichtlich
   - Wirtschaftsausschuß
   - gemäß § 90 BetrVG
   - bei der Arbeitsgestaltung
   - bei technischen Kontrolleinrichtungen
   - bei der Verhütung von Arbeitsunfällen und Berufskrankheiten
   - bei Unterrichtung und Beratung von Betriebsänderungen?
2. Welche Beteiligungsrechte hat der Betriebsrat bei personellen Folgemaßnahmen Neuer Technologien hinsichtlich
   - Information und Beratung über die Personalplanung gegenüber dem Betriebsrat und dem einzelnen Arbeitnehmer
   - Mitbestimmung bei der Weiterbildung
   - Arbeitszeit
   - Entgeltfragen?
3. Was bedeutet das Kooperationsangebot zwischen Arbeitgeber und Betriebsrat für die Einführung Neuer Technologien und welche Gestaltungsspielräume bestehen bei dieser Art von Zusammenarbeit?
4. Was sind die wesentlichen Inhalte von Betriebsvereinbarungen über den Einsatz von Neuen Technologien (z.B. CAD, CIM)?

**Literaturhinweise:**

Apitzsch u.a. 1984;
Bühner 1986a;
Döbele-Berger u.a. 1985;
Herbst 1987;
Hunold 1986;
Linnenkohl 1989;
Matthes 1987.

# VI. Tarifpolitische Entwicklungen

## 1. Prioritäten der Tarifparteien

Bei der veränderten wirtschaftlichen Situation, dem hohen Entgeltniveau und dem geringen finanziellen Spielraum haben für die Gewerkschaften die Fragen der Arbeitsplatzerhaltung und Besitzstandssicherung von Qualifikation und Einkommen einen höheren Stellenwert. Für die Arbeitgeber wiederum geht es darum, die schon beträchtlichen Arbeitskosten nicht noch durch neue Entgeltdifferenzierungsverfahren zu erhöhen, mehr Freiraum für Flexibilisierung von Arbeit, Arbeitszeit und Entgelten zu erhalten sowie um den Abbau bestehender Nivellierungen.

Immerhin haben die Gewerkschaften in den 50er Jahren mit Hilfe der Arbeitsbewertung drei strategische Vorteile erreicht, die einer ganz bestimmten gesellschaftspolitischen und sozialgeschichtlichen Situation zuzurechnen sind (Pornschlegel 1977):

1. Es gelang, über die Arbeitsbewertung faktisch eine Mitbestimmung bezüglich der Eingruppierung zu erreichen, die vom alten Betriebsverfassungsgesetz nicht abgedeckt war.
2. Die Lohnstrukturen konnten nachhaltig zugunsten der benachteiligten Arbeitnehmergruppen verbessert werden, insbesondere für die un- und angelernten Arbeiter, aber auch für die Facharbeiter mit bestimmten hohen Qualifikationen oder besonderen Belastungen.
3. Die Gesamtlohn- bzw. Gehaltssummen konnten strukturell um 4% bis zu 15% verbessert werden.

Solche Voraussetzungen sind heute nicht gegeben. Weder steht eine qualifizierte Form der Mitbestimmung bei Entgeltfragen zur Diskussion noch ist aufgrund der allgemeinen Kostensituation damit zu rechnen, daß eine grundlegende Verbesserung der Lohn- und Gehaltsstrukturen zu erreichen ist. Jede der Tarifvertragsparteien weiß heute, daß aufgrund der veränderten Situation und des begrenzten Verteilungsrahmens die Vereinbarung neuer Entgeltstrukturen zu einem „Einmalgeschäft“ bei der Einführung wird, das nur in langen Fristen korrigiert oder widerrufen werden kann.

Insbesondere die Gewerkschaften sind deshalb sehr vorsichtig beim Abschluß neuer Entgelttarifverträge mit großer Breitenwirkung. Sie kennen ihre Situation und ihre Rolle aus der Sicht des Arbeitsmarktes. Sie müssen die Interessen ihrer Mitglieder bezüglich der Optimierung von Entgelt, Arbeitsbedingungen, Arbeitsplatzsicherung und sozialer Sicherung unter den jeweils erforderlichen Bedingungen vertreten. Sie werden von ihrer Mitgliedschaft nach dem Ausmaß ihres Erfolges beurteilt, gestützt oder desavouiert.

Eine ähnliche, wenn auch entgegengesetzte Rolle nehmen die Arbeitgeberverbände ein. Auch sie werden von ihren Mitgliedern an der Durchsetzung ihrer Strategien gemessen. Auch sie wissen, daß ein branchenweiter Tarifvertrag für sie mit großer Langzeit- und Breitenwirkung und entsprechenden Konsequenzen für die Arbeitskosten der ganzen Wirtschaft verbunden ist.

Doch jeder Tarifvertragspartner weiß: durch jede neue Arbeitsbewertung wird auch der Verhandlungsspielraum über strukturelle Fragen auf den Rahmen eingeengt, den ein solches Bewertungsverfahren noch zuläßt. Und das in einer Zeit, in der sich die nationalen und internationalen Absätzmärkte immer schneller verändern, die Anforderungen an die Unternehmen dadurch viel häufiger wechseln und eine Aufrechterhaltung der Ertragslage im Unternehmen eine ständige Veränderung der Arbeitsorganisation und Anforderungen an den Arbeitsplätzen zulassen muß.

Bei dieser ungünstigen Konstellation ist es nicht verwunderlich, daß die Beurteilung und Entwicklung neuer Methoden der Arbeitsbewertung z.Z. ein Schattendasein führen, obwohl alle Sozialpartner die Notwendigkeit einer Aktualisierung immer wieder fordern. Um so erfreulicher ist es dann festzustellen, daß es trotz dieser Schwierigkeiten in der Praxis neue Ansätze gibt, die Grund-Entgeltdifferenzierung für die Zukunft mit Hilfe der Arbeitsbewertung neu zu gestalten. Hoffnungsvolle neue Ansätze sind folgende Entwicklungen:

a) Der Abschluß des einheitlichen Entgeltrahmentarifvertrages für Arbeiter und Angestellte in der chemischen Industrie, der 1988 in Kraft getreten ist.

b) Der neue Lohn- und Gehaltsrahmentarifvertrag Arbeitsbewertung im Tarifbereich Nord-Baden/Nord-Württemberg der Metallindustrie, der ebenfalls 1988 in Kraft getreten ist.

Hierbei ist insbesondere der § 3 von Interesse, weil erstmals in einem Tarifvertrag die Förderung der Qualifizierung der Mitarbeiter vereinbart wird. Deshalb sei er nachfolgend wiedergegeben:

§ 3 Qualifizierung der Beschäftigten

3.1 Um die Beschäftigten rechtzeitig auf aktuelle und zukünftige Anforderungen, die sich aus technischen und organisatorischen Veränderungen ergeben haben oder zukünftig ergeben werden, zu qualifizieren, ermittelt der Arbeitgeber den jeweiligen Bedarf an Qualifikation.

3.2 Mit dem Betriebsrat ist der vom Arbeitgeber ermittelte Qualifikationsbedarf einmal jährlich zu beraten. Der Betriebsrat kann sich dazu bei den Beschäftigten informieren und im Betrieb sachkundig machen. Er kann die Qualifizierungsinteressen der Beschäftigten in die Beratungen einbringen.

3.3 Auf der Grundlage der Beratungsgespräche legt der Arbeitgeber mindestens einmal jährlich den tatsächlichen zu deckenden betrieblichen Qualifizierungsbedarf fest.

Dabei sind außer den betrieblichen Belangen im Rahmen des Möglichen auch die Qualifizierungsinteressen der Beschäftigten zu berücksichtigen.

3.4 Im Rahmen des festgelegten Qualifikationsbedarfs werden Art, Umfang und Durchführung der Qualifizierungsmaßnahmen mit dem Betriebsrat beraten. Die dafür in Betracht kommenden Beschäftigten sollen durch diese Qualifizierungsmaßnahmen eine Qualifikation erreichen können, mit der sie, bezogen auf ihre bisherigen Tätigkeit,

- eine andere gleichwertige Arbeitsaufgabe
- eine zusätzliche gleichwertige Arbeitsaufgabe
- eine höherwertige Arbeitsaufgabe

ausführen können.

Solche Qualifizierungsmaßnahmen sind diejenigen Maßnahmen, die der Arbeitgeber im Rahmen des festgelegten Qualifizierungsbedarfes zielgerichtet dazu einsetzt, um im Hinblick auf die festgestellten technisch und organisatorisch bedingten Veränderungen der Anforderungen oder Arbeitsaufgaben Qualifikationslücken zu schließen.

Diese Maßnahmen sind zeitlich begrenzt und inhaltlich klar gegliedert. Nicht gemeint ist der ständig notwendige Anpassungsprozeß der Qualifikation der Beschäftigten, wie er z.B. durch Erfahrung oder Unterweisung geschieht.

Keine Qualifizierungsmaßnahmen i.S. dieser Bestimmung sind

- Maßnahmen, die nicht dem festgelegten Qualifizierungsbedarf entsprechen, sondern der allgemeinen beruflichen Fortbildung des Beschäftigten dienen und für die Ausführung der übertragenen Arbeitsaufgabe nicht erforderlich sind,
- Führungsseminare.

3.5 Um allen geeigneten Beschäftigten die Möglichkeit zu eröffnen, an den Qualifizierungsmaßnahmen gemäß § 3.4 Abs. 2, soweit sie ihrer Bestimmung nach nicht auf bestimmte betriebliche Funktionen begrenzt sind, teilzunehmen, sind diese Qualifizierungsmaßnahmen in geeigneter und betriebsüblicher Weise zu veröffentlichen.

Bei der Durchführung der Qualifizierungsmaßnahmen gemäß § 3.4 Abs. 2 hat der Betriebsrat gemäß § 98 BetrVG mitzubestimmen.

3.6 Die Kosten der Qualifizierungsmaßnahmen werden, soweit sie nicht von Dritten übernommen werden, vom Arbeitgeber getragen.

Die Zeit der Qualifizierungsmaßnahme sowie die innerhalb der vereinbarten individuellen regelmäßigen wöchentlichen Arbeitszeit liegende Reisezeit gelten als Arbeitszeit; das Monatsentgelt wird fortgezahlt.

3.6.1 Soweit die Qualifizierungsmaßnahme außerhalb der vereinbarten täglichen oder wöchentlichen regelmäßigen Arbeitszeit stattfindet, wird die aufzuwendende Zeit ohne Mehrarbeitszuschlag vergütet oder auf Wunsch des Beschäftigten ganz oder teilweise durch bezahlte Freizeit ausgeglichen. Dabei sind die betrieblichen Belange zu berücksichtigen.

3.6.2 Reisezeit, soweit sie auf Samstage, Sonn- oder Feiertage fällt, wird zuschlagsfrei wie Arbeitszeit vergütet. Bestehende betriebliche Regelungen bleiben unberührt.

3.6.3 Bei ganztäglichen Qualifizierungsmaßnahmen wird das Entgelt weiterbezahlt, die ausgefallene Arbeitszeit an diesem Arbeitstag gilt als erfüllt.

3.6.4 § 11.3.2 gilt entsprechend.

3.7 Beschäftigte, die an einer Qualifizierungsmaßnahme gemäß § 3.4. Abs. 2 mit Erfolg teilgenommen haben und, bezogen auf ihre bisherige Tätigkeit, eine höherwertige oder zusätzliche gleichwertige Arbeitsaufgabe übertragen bekommen, werden entsprechend der Bewertung ihrer Arbeitsaufgabe(n) nach Maßgabe der tariflichen Bestimmungen eingruppiert und bezahlt.

3.8 Beschäftigte, die keine höherwertige oder zusätzliche gleichwertige Arbeitsaufgabe übertragen bekommen, obwohl die Qualifizierungsmaßnahme gemäß § 3.4 Abs. 2 zur Übertragung einer Tätigkeit in einer höheren Lohn- oder Gehaltsgruppe führen sollte, erhalten ab dem vierten Monat nach Ablauf des Monats, in dem die Qualifizierungsmaßnahme gemäß § 3.4 Abs. 2 mit Erfolg abgeschlossen wurde, einen Zuschlag in Höhe von 3% des Monatsgrundlohns oder Tarifgehaltes ihrer bisherigen Lohn- und Gehaltsgruppe.

Der Zuschlag wird mindestens für 10 Monate bezahlt. Er fällt zum Zeitpunkt der Erhöhung des Monatslohnes oder Tarifgehaltes weg, die auf diesen Zeitraum folgt.

Der Zuschlag entfällt spätestens mit Übertragung einer der erworbenen Qualifikation entsprechenden Arbeitsaufgabe.

3.9 Beschäftigte, die an einer Qualifizierungsmaßnahme gemäß § 3.4 Abs. 2 mit Erfolg teilgenommen haben, sind verpflichtet, die dadurch erreichte Qualifikation einzusetzen, soweit ihnen entsprechende Arbeitsaufgaben übertragen werden. Kommen sie dieser Verpflichtung nicht nach oder lehnen sie die Übernahme einer entsprechenden Arbeitsaufgabe ab, verlieren sie mit Ende des laufenden Abrechnungsjahres ihren Anspruch auf Vorschlag.

3.10 Ergänzende Bestimmungen können im Rahmen des § 98 BetrVG mit dem Betriebsrat geregelt werden.

Der neue Tarifvertrag trifft also Regelungen über die Qualifizierung von Mitarbeitern. Dabei betrifft die Regelung allein die Qualifizierung, die zur Deckung eines aufgrund technischer und organisatorischer Entwicklung vom Unternehmen festgestellten Qualifikationsbedarfs konkret und gezielt notwendig ist. Bewußt ausgeklammert wurde die allgemeine berufliche Weiterbildung, die seit langem von den Unternehmen angeboten und durchgeführt wird und deren Inanspruchnahme durch Eigeninitiative des Mitarbeiters gesichert bleiben soll. Die Regelung beinhaltet im wesentlichen Informations- und Beratungsrechte des Betriebsrats über den vom Arbeitgeber festzustellenden Qualifikationsbedarf unter Berücksichtigung der Qualifizierungsinteressen der Beschäftigten und die im Rahmen des konkreten Qualifikationsbedarfs durchzuführenden Qualifizierungsmaßnahmen.

Gegenstand der Regelung sind ferner die Vergütung der Qualifizierungszeit wie Arbeitszeit und die Übernahme der Qualifizierungskosten durch das Unternehmen. Qualifizierte Arbeitnehmer sind verpflichtet, entsprechende Arbeiten auszuführen. Sie werden gegebenenfalls entsprechend höher eingruppiert und entsprechend bezahlt. Ist die Übertragung einer entsprechenden Arbeitsaufgabe aus betrieblichen Gründen nicht sofort möglich, erhalten sie für beschränkte Zeit eine Ausgleichszahlung in Form eines Zuschlags.

Mit dieser Regelung soll die Qualifizierung in den Unternehmen zur Sicherung des technischen und organisatorischen Fortschritts und die Sicherung der Arbeitsplätze gefördert werden.

## 2. Ausgestaltungsbedingungen für künftige Anforderungsermittlung und Arbeitsbewertung

Die Vertreter der Tarifvertragsparteien sind in der Beurteilung der Situation oftmals gar nicht so weit auseinander, wie es scheint. Wenn neue tarifvertraglich verabredete Arbeitsbewertungssysteme ihren Sinn erfüllen sollen, dann müssen sie ganz bestimmte Bedingungen erfüllen. Nur eine veränderte Aneinanderreihung von Tätigkeitsbezeichnungen reicht nicht aus, um Bezahlungskonflikte zu reduzieren und eine neue überzeugende anforderungsabhängige Entgeltfindung sicherzustellen. Neue Systeme müssen an den neueren Erkenntnissen einer „gerechteren" Entgeltdifferenzierung gemessen werden können, wenn sie einen Sinn haben sollen.

Die Analyse der in den letzten Jahren neu vereinbarten Arbeitsbewertungsverfahren zeigt auch die Ausgestaltungsbedingungen der Arbeitsbewertung in der Zukunft (vgl. Kap. D.III).

- Arbeitsbewertungssysteme können kein Jahrhundertwerk sein, sondern müssen sich bei Aufrechterhaltung des Konzepts in einem fließenden Vorgang den ständig sich verändernden Anforderungen und Wertebeurteilungen anpassen.
- Arbeitsbewertung muß überzeugend sein. Dazu ist anzustreben, daß Verfahren einheitlich für alle Tätigkeiten, z.B. Arbeiter- und Angestelltentätigkeiten angewendet werden. Sie sollten gemeinsam mit den Betroffenen (Denzel 1988; Mettke 1988) oder deren Vertretern entwickelt und eingeführt werden, so daß sie verständlich und einfach sind und von jedem Betroffenen gehandhabt und verstanden werden können.

- Ganz wichtig in diesem Zusammenhang sind die Anregungen von Ohl (Ohl 1986) und anderen, die u.a. eine starke Berücksichtigung der kooperativen Verantwortung als Merkmal in neuen Entgeltfindungssystemen fordern. Wenn es richtig ist, daß die Organisationsformen zur Bewältigung der neuen betrieblichen Probleme eine stärkere Zusammenarbeit und Teamarbeit erforderlich machen, und wenn es stimmt, daß die Bedürfnisse der Menschen immer mehr zur Partizipation und Selbststeuerung tendieren, dann ist tatsächlich zu überlegen, inwieweit solche Kriterien in der Entgeltfindung ihren Niederschlag finden, damit sie in Belohnungssystemen verankert und dadurch gefördert werden.
- Neue Bewertungssysteme dürfen nicht die Arbeitsteilung verstärken, sondern die Organisation ganzheitlicher Tätigkeitsstrukturen und die Bereichsbewertung (Brumlop 1986; Kammer 1988) begünstigen, die sich immer mehr als die zweckmäßigste Form der Arbeitsgestaltung für die Zukunft herausstellt. Mischtätigkeiten müssen mit den neuen Vorgehensweisen problemlos erfaßt werden.
- Die Anforderungskriterien müssen ein der jeweiligen gesellschaftlichen, sozialen und wirtschaftlichen Situation angemessenes Gewicht erhalten. Die Zukunft erfordert heute von den Beschäftigten ein höheres Qualifikationsniveau und Verantwortungsbewußtsein. Arbeitsbewertungssysteme müssen dazu anregen, daß die Qualifikationen, die Selbständigkeit und die Innovationsbereitschaft (Staudt 1988) von den Mitarbeitern ständig verbessert und entsprechend belohnt werden. Das gleiche gilt für ihre Flexibilität (Rottmeyer 1988). So soll der 1988 inkraftgetretene Entgeltrahmentarifvertrag in der Metallindustrie von Nordbaden/Nordwürttemberg dazu beitragen, einen vielseitigen Arbeitseinsatz zu ermöglichen sowie den Erhalt und die Erweiterung der Qualifikation der Beschäftigten fördern.
- Ein Teil der Verantwortung für die ständige Anpassung der Systeme an die Entwicklung muß von den Tarifparteien an die Sozialpartner in den Unternehmen delegiert werden. Je umfassender regional und branchenweit die Entgelttarifverträge Einzelheiten festschreiben, umso weniger sind sie im Einzelfall anwendbar und beweglich genug für notwendige Veränderungen. Übergeordnete Tarifverträge sollten nur die Rahmenbedingungen zur Arbeitsbewertung festlegen, die einheitlich und konsequent einzuhalten sind.

Neue Entgeltfindungssysteme können sich aber nicht nur auf die Grundentgeltdifferenzierung und Arbeitsbewertung beschränken. Voraussetzung für das Funktionieren ist die Verbesserung der existierenden leistungsabhängigen Entgeltdifferenzierungssysteme wie Prämienentgelt und Leistungsbewertung. Auch hier gibt es erfolgreiche Neueinführungen, die den Anforderungen der Zukunft gerecht werden (Nicklaus 1988). Kennzeichnend dafür ist die Zunahme von neuen Prämienvergünstigungssystemen auf der Grundlage neuer Kriterien in der Metallindustrie.

Neue Arbeits- und Entgeltüberlegungen müssen sich auch stärker mit neuen Entgeltstrategien beschäftigen, die Veränderung und Anpassung belohnen: Strategien, die den Unternehmen flexiblere Vorgehensweisen erlauben, die den Entscheidungsträger dazu herausfordern, das motivierende Arbeitspotential zu optimieren, die die Beschäftigten dazu ermutigen, neue Verhaltensweisen und von Zeit zu Zeit neue Fähigkeiten und Fertigkeiten zu erwerben und die auch die Arbeitnehmervertreter mit Möglichkeiten der Kontrolle ausstatten. Dies ist gerade bei der Einführung Neuer Technologien von nicht zu unterschätzender Bedeutung.

**Kontrollfragen zu Kapitel D VI:**

1. Welche Haltung haben die großen DGB-Gewerkschaften zur (analytischen) Arbeitsbewertung?
2. Welche tarifpolitischen Tendenzen bestehen hinsichtlich
   - einheitlichen Entgelttarifverträgen
   - der Förderung der Qualifizierung der Mitarbeiter
   - allgemeiner Weiterbildung im Rahmen der Arbeitszeit
3. Welche Ausgestaltungsbedingungen bestehen für die zukünftige Anforderungsermittlung und Arbeitsbewertung?
4. Welche Chancen sehen Sie zukünftig für Leistungslohn- und Prämiensysteme?

**Literaturhinweise:**

Knebel/Zander 1989;
Nicklaus 1988;
Ohl 1986;
Pornschlegel 1977.

# E. Einführung Neuer Technologien

Der Prozeß der Einführung Neuer Technologien ist entscheidend für die Erreichung der angestrebten Ziele. Der Einführungsprozeß steht dabei in der Regel unter folgenden situativen Bedingungen:

„• CIM (das gilt auch für alle übrigen Neuen Technologien, Anm. d. Verf.) läßt sich nicht als fertige technische Lösung einkaufen und installieren, sondern es handelt sich dabei zunächst um eine Art ‚Bebauungsplan', in dem die Komponenten Mensch, Technik und Organisation eingebunden sind.
- CIM kann nur erfolgreich herbeigeführt werden, wenn die Unternehmensprozesse ganzheitlich betrachtet werden.
- Die informationstechnische Verknüpfung von Arbeitssystemen setzt entsprechende Verbindungen der Arbeitsabläufe voraus.
- Die Einleitung und Durchführung von innovativen, ganzheitlichen Gestaltungsprozessen erfordert eine Vorbereitung und Einbeziehung der Mitarbeiter; damit müssen neue Formen der Mitwirkung erprobt werden.
- Eine vorausschauende Personal- und Organisationsentwicklung ist bei der Realisierung von CIM unerläßlich. Das Management der ‚Human Resources' ist eine wesentliche strategische Einflußgröße auf den Unternehmenserfolg." (Hackstein/Junke 1988, S. 14).

Die notwendigen Personalentwicklungsmaßnahmen, wie sie in Kap. D II beschrieben worden sind, müssen im Rahmen des Einführungsprozesses mit den in Kap. C dargestellten Organisationsveränderungen in Einklang gebracht werden.

Diese Aufgabe kann von den im Unternehmen mit der Einführung beauftragten Mitarbeitern allein nicht bewältigt werden. Sie benötigen für eine optimale Gestaltung und Anpassung Neuer Technologien die Kenntnisse und Fähigkeiten aller betroffenen Mitarbeiter. Dies ist außerdem unter dem Gesichtspunkt der Akzeptanz Neuer Technologien unerläßlich. Die Mitwirkung der Arbeitnehmervertreter im Rahmen der Betriebsverfassung ist sicherlich eine notwendige, aber längst noch keine hinreichende Bedingung für eine erfolgreiche Einführung Neuer Technologien (vgl. Ortmann/Windeler 1989).

Neben der rein technischen Planung der Einführung neuer Technologien muß daher eine die Personalentwicklung und Organisationsgestaltung berücksichtigende Einführungsplanung erstellt werden.

Einen Überblick der in den einzelnen Phasen des Einführungsprozesses zu erfüllenden Aufgaben gibt Abb. E.1 (Grabowski 1988).

Eine detaillierte Analyse möglicher Auswirkungen und der vernetzten Abhängigkeiten wird unterstützt durch Checklisten, wie sie in Abb. E.2 dargestellt sind.

Von besonderer Bedeutung ist hierbei die Abschätzung von Auswirkungen der Maßnahmen, die in der Regel nicht eindimensional sind, sondern von mehreren evtl. gegenläufigen Faktoren beeinflußt werden (vgl. Ulrich/Probst 1988).

Grundvoraussetzung für eine erfolgreiche Einführung von Neuen Technologien ist somit eine umfassende Analyse der notwendigen Veränderungen und möglicher unerwünschter Auswirkungen.

Unternehmensstrategien (Produkt-, Markt-, Finanz-, CIM-Strategie, ...)

CAD/CAM-Einführung

| Phasen / Aufgaben | Vorbereitung | Einsatz |
|---|---|---|
| organisatorische | - Projektteam bilden<br>- Produktspektrum analysieren<br>- Organisation analysieren | - Stellen bilden<br>- Stellen eingliedern<br>- Ablauforganisation anpassen |
| technische | - Leistungsspektrum der Systeme Analysieren<br>- Sytem auswählen | - Anwendungen erweitern<br>- Anwendungen integrieren |
| personelle | - Qualifikationen planen<br>- Personal auswählen/einstellen<br>- Arbeitsrecht berücksichtigen | - Qualfizierungsmaßnahmen durchführen<br>- Mitarbeiter motivieren |
| betriebswirtschaftliche | - Wirtschaftlichkeitsrechnung durchführen<br>- Finanzierung planen | - Controlling institutionalisieren |

**Abb. E.1:** Aufgaben und Phasen der CAD-/CAM-Einführung (Quelle: Grabowski 1988)

Bereits im Rahmen dieser Analysephase, besonders jedoch im Rahmen der praktischen Umsetzung der Neuen Technologien stellt sich die Frage nach der grundlegenden Einführungsstrategie (Wagner 1981, S. 7ff.).

Die herkömmliche Vorgehensweise, die auch als „klassisches Beraterkonzept" bezeichnet wird, ist durch folgende Merkmale gekennzeichnet:

- die Planung liegt in den Händen einer zentralen Stabsstelle bzw. in einem von der Unternehmensleitung bestimmten Gremium;
- im Vordergrund steht eine Steigerung der Effizienz der Aufbau- und Ablauforganisation;
- Entscheidungen werden nach den durchgeführten Analysen (bei denen die Betroffenen als Informationslieferanten dienen) von der Unternehmensleitung getroffen. Die entsprechenden Konzepte werden von den „Beratern" vorbereitet.

Demgegenüber steht das Konzept der Organisationsentwicklung. Der wesentliche Unterschied zum klassischen Beraterkonzept liegt darin, daß konzeptionelle Planungs- und Entwicklungsprozesse von denen durchgeführt werden, die unmittelbar von den Ergebnissen betroffen sind. Hierfür wird häufig das Schlagwort „die Betroffenen zu Beteiligten machen" benutzt. Da wird auch der Ursprung der Organisationsentwicklung deutlich, die im Kern auf Ansätze der Human-Relations-Bewegung als Kontrapunkt zur Lehre von der wissenschaftlichen Betriebsführung (Taylorismus) zurückgeht. Der Human-Relations-Ansatz geht davon aus, daß durch die Herbeiführung menschlicher Zufriedenheit ein positiver Zusammenhang zwischen menschlichen und wirtschaftlichen Zielen hergestellt werden kann. Die verschiedenen mit der Organisationsentwicklung angestrebten Ziele ergeben sich aus Abb. E.3.

Mit Hilfe der Organisationsentwicklung wird versucht, eines der wichtigsten Probleme bei der Einführung Neuer Technologien zu lösen: Die Akzeptanz durch

# THEMEN CIM

**Planung von betrieblichen Veränderungen**

Projekt: ______
Projektleiter: ______
Datum: ______

IfA VOITH

Kein Projekt ist ein Selbstläufer, nur weil die Idee gut ist. Auch die äußeren Umstände (das Umfeld, die beteiligten Menschen) sind für die Effizienz eines Projektes entscheidend und auch darüber muß »planerisch nachgedacht« werden. Dazu soll diese Checkliste die Projektteams anregen.

| Projektangaben | Wer ist über das Projekt zu informieren? | Wie soll informiert werden? | weitere Maßnahmen |
|---|---|---|---|
| **Projektklassifizierung**<br>O betrifft alle MA<br>O sind mehrere Abteilungen tangiert?<br>O ist nur eine Abteilung betroffen?<br>O sind nur MA einer Abteilung betroffen?<br>O Arbeitsweise der MA wird wesentlich verändert<br>O Arbeitsweise der MA wird verändert<br>O Arbeitsweise der MA wird unwesentlich/nicht verändert<br>O hat große Auswirkungen auf die Ablauforganisation<br>O hat teilweise Auswirkungen auf die Ablauforganisation<br>O hat geringe/keine Auswirkungen auf die Ablauforganisation<br>O hat große Auswirkung auf die Aufbauorganisation<br>O hat teilweise Auswirkung auf die Aufbauorganisation<br>O hat geringe/keine Auswirkung auf die Aufbauorganisation<br>O neue Technologie<br>O ist die DV tangiert? | O GF<br>O BR<br>O Wirtschaftsausschuß<br>O Bereichsleiter<br>O Abteilungsleiter<br>O HAL<br>O GRL<br>O Meister<br>O Partieführer<br>O alle MA<br>O betroffene Mitarbeiter<br>O ro<br>O m<br>O Lenkungsausschuß<br>O Vertrauenleute<br>O Meinungsträger<br>O Projektgruppen<br>O<br>O | O GF-Sitzung<br>O B-Ebenen-Info<br>O LM-Info<br>O Betriebsversammlung<br>O Wirtschaftsausschuß<br>O Akkordausschuß<br>O BR-Ausschuß neue Technologien<br>O Voith-intern<br>O Info-Veranstaltung(en) außerhalb Arbeitszeit innerhalb Arbeitszeit<br>O Bereichsbesprechungen<br>O Bericht (Projektstatusbericht)<br>O Schulungen<br>O Besichtigungen extern<br>O Abteilungsbesprechungen intern<br>O interne Mitteilung<br>O Meisterrunden<br>O Bekanntmachungen<br>O<br>O | O Maßnahmen, die das Projekt in sachlicher und/oder psychologischer Hinsicht fördern (siehe Rückseite).<br>O gesetzliche und tarifvertragliche Rahmenbedingungen beachten (Tarifvertrag, Betriebsvereinbarung etc.)<br>O Inhalt der Projekt-Information<br>– Ziele des Projekts<br>– Funktionsstruktur je nach Projektphase<br>– betroffene Mitarbeiter<br>– Ablauforganisation<br>– Schnittstellen zu anderen Funktionen<br>– Terminplan<br>– Stand des Projektes<br>– die nächsten wichtigen Aktivitäten |

**Projektphasen**

Initialisierungsphase, Planungsphase, Realisierungsphase, Systemeinführungsphase, Systembetreuung und Überprüfung

**Hinweise für Veränderungsprozesse**

Bei Veränderungsprozessen zu beachtende Hinweise

- Die von technisch-organisatorischen Innovationen betroffenen Mitarbeiter sind frühzeitig in den Planungsprozeß einzubeziehen und zu informieren.
- Die Mitarbeiter können auch durchaus mit noch ungelösten Problemen vertraut gemacht werden. Die kreative Problemlösungskompetenz der Mitarbeiter nicht unterschätzen!
- Die Mitarbeiter sollen Mitwirkungsmöglichkeiten erhalten (Projektteams).
- Bei der Planung nicht nur Wirtschaftlichkeitsüberlegungen anstellen, sondern auch die Wirkung auf Mitarbeiter, auf ihre Möglichkeiten, sich mit der Arbeit (der Veränderung/Neuerung) zu identifizieren, überlegen.
- Information und vor allem Kommunikation sind Teil der Führungsaufgabe eines Vorgesetzten.
- Ergonomische und arbeitsmedizinische Beratung frühzeitig sicherstellen.
- Dem Mitarbeiter die Gewißheit vermitteln, daß auch Kritik und konträre Diskussionsbeiträge willkommen und hilfreich sind.
- Unterschiedliche Reaktion zwischen Jung und Alt, Mann und Frau bei Veränderungen bedenken.
- Die Diskussionen mit den Mitarbeitern fair und mit dem Willen führen, die Einsichten und Ansichten der Mitarbeiter bei der Entscheidungsfindung zu berücksichtigen.
- Insbesondere in der Zeit der Veränderung die Kommunikation am Arbeitsplatz fördern.
- Unkontrollierte Übungsphasen (z. B. am Bildschirm) ohne Beobachtung zulassen.
- Erfahrungsaustausch der Mitarbeiter fördern (»Was hemmt/fördert den Veränderungsprozeß?«).
- Dem Mitarbeiter mögliche Ängste nehmen.
- Objektive Sachverhalte, auch wenn sie für die Mitarbeiter nicht nur positive Auswirkungen haben, in aller Offenheit darstellen.
- Immer wieder die »Planung der Planung« überprüfen.

**Abb. E.2**

| **Generelles Ziel der Organisationsentwicklung**<br>Veränderungen der Organisation in der Weise, daß sie den sich ständig wandelnden Anforderungen und Bedingungen der Unternehmenswelt gerecht werden kann. | |
|---|---|
| Zielebene: Leistungsfähigkeit | Zielebene: Humanisierung |
| Verbesserung der Leistungsfähigkeit des Unternehmens | Persönlichkeitsentfaltung der Führungskräfte und Mitarbeiter |
| Steigerung der Flexibilität | Verbesserung der Persönlichkeitsentwicklung und Selbstverwirklichung |
| Förderung der Kreativität und der Veränderungsbereitschaft | Mehr Unabhängigkeit und Selbständigkeit am Arbeitsplatz |
| Erhöhung der Innovationsbereitschaft für neue Verfahren und Produkte | Stärkere Beteiligung am Entscheidungsprozeß |
| Verbesserung des Problemlösungsverhaltens durch bessere Gruppenarbeit | Verbesserung der Kooperationsbereitschaft und der Teamfähigkeit |
| Schaffung einer zielorientierten Organisationsstruktur | Mehr Spontanität und Individualität des Verhaltens |
| Verbesserung der Konfliktsteuerung und -austragung | Schaffung eines Klimas des Vertrauens und Verbesserung der zwischenmenschlichen Beziehungen |
| Abbau der Statusautorität | |
| Höhere Identifikation der Organisationsmitglieder mit den (veränderten) Unternehmenszielen | Bessere Übereinstimmung von Werten, Normen und Zielen von Mitarbeiter, Gruppe und Unternehmen |

**Abb. E.3:** Die Zielebenen der Organisationsentwicklung (Quelle: Ulrich/Probst 1988)

die Mitarbeiter. Häufig entsteht bei der Einführung Neuer Technologien nach dem Berater-Konzept ein Mangel an Akzeptanz (vgl. Abb. E.4).

Dieser kann bedingt sein durch organisatorische Maßnahmen, die den Entscheidungs- bzw. Tätigkeitsspielraum der betroffenen Mitarbeiter einschränken. Eine weitere wichtige Rolle spielen Informationsdefizite, vermutete negative Auswirkungen auf die Qualifikation und die Arbeitsbedingungen und nicht zuletzt das Arbeitsentgelt sowie die Angst um den Arbeitsplatz. Die Vorgehensweise bei der Einführung Neuer Technologien muß eine Vielzahl von Ursachen für eine mangelnde Akzeptanz der Neuen Technologien durch Information, Partizipation an Entscheidungen und Personalentwicklungsmaßnahmen beseitigen. Im folgenden werden Methoden vorgestellt, die diese Anforderungen erfüllen. Dies sind in erster Linie Gruppenaktivitäten, da sich in einer Gruppe Mitarbeiter mit unterschiedlichen Kenntnissen, Erfahrungen und Informationen austauschen, die für einen optimalen Einsatz von Neuen Technologien notwendig sind. Unabhängig von der konkreten Form der Gruppenarbeit können aufgrund einer empirischen Untersuchung in 171 Unternehmen Aussagen über eine erfolgversprechende Gestaltung derartiger Gruppenaktivitäten gemacht werden:

„• Die Effizienz implementierter Gruppenaktivitäten ist umso größer, je intensiver die Vorbereitung ist (hinsichtlich Dauer und Intensität der vermittelten Inhalte);
- die Effizienz der betrieblichen Gruppenaktivitäten ist davon abhängig, inwieweit die Mitarbeiter Informationen allgemeiner Art erhalten und Informatio-

| Innovationsprozeß |
|---|
| Einführung einer neuen Technologie |

↓

| veränderte Anforderungen an die betroffenen Mitarbeiter | |
|---|---|
| – Umgang mit neuen Arbeitsmitteln<br>– Änderungen in<br>  – Arbeitsabläufen<br>  – Arbeitsverteilung<br>  – phys. und psych. Belastungen<br>  – erforderlichen Qualifikationen<br>    Fähigkeiten<br>    Fertigkeiten<br>    Kenntnissen<br>–<br>– | – neue Zuständigkeiten<br>– neue Verantwortungsbereiche (qualitativ/quantitativ)<br><br>– andere Kollegen/Vorgesetzte<br>– neue Kooperationsformen<br>–<br>–<br>– |

↓

| Mangelnde Akzeptanz (Akzeptanzlücke) bedingt durch: | |
|---|---|
| neue Technologie<br>– nicht menschengerecht gestaltet<br>– Schnittstellenprobleme nicht gelöst<br>– entspricht nicht den Anforderungen<br>–<br>– | |
| organisatorische Umstellungen<br>– bisherige Organisationsstruktur zur neuen Technologie nicht passend (Ablauf- und Aufbauorganisation)<br>– neue Organisationsstruktur bringt keine Verbesserungen<br>–<br>– | |
| Ängste der Mitarbeiter<br>globale Ängste/Angst vor:<br>– der neuen Technologie<br>– Veränderungen des Status Quo<br>– Arbeitsplatzverlust<br>–<br>– | Insuffizienz-Ängste/Angst vor:<br>– Entwertung der pers. Qualifikation<br>– mangelnder Lernfähigkeit<br>– Funktionsverlusten<br>– Verlust an Prestige<br>– Verlust an Macht<br>– Verlust an Einfluß<br>– Überforderung<br>– zukünft. geringeren Entwicklungsmöglichkeiten<br>–<br>– |
| Detail-Ängste<br>Angst vor:<br>– erwartetem stärkeren Leistungsdruck<br>– erwarteter stärkerer Leistungskontrolle<br>– monotoner werdender Arbeit<br>– prognostizierter Überbelastung, Hetze, ...<br>– | |
| Fehler bei der Durchführung des Innovationsprozesses<br>– Konzepte vom „grünen Tisch"<br>– Konzepte von oben diktiert<br>– mangelnde Information und Motivation<br>–<br>– | |

**Abb. E.4:** Beziehungskette von der Einführung einer neuen Technologie zu den Ursachen der Akzeptanzlücke (Heeg 1986, S. 42)

**Abb. E.5:** Einführung Neuer Technologien (Quelle: Grabowski 1988)

nen über zu erwartende Produktionsänderungen. Ein guter Informationsfluß zwischen allen Beteiligten wirkt sich positiv aus;

- die Effizienz ist abhängig von der Häufigkeit der Präsentation; diese Aussage kann in zweierlei Hinsicht interpretiert werden: zum einen ist hier wiederum der Informationsfluß angesprochen, zum anderen ist hiermit die Anerkennung der Leistungen der Gruppe durch das Management verbunden;
- die Effizienz der Gruppenaktivitäten ist umso größer, je mehr die Mitarbeiter in Entscheidungsprozesse einbezogen werden und je größer ihre Möglichkeiten sind, die Lösungsvorschläge auch selbst zu realisieren;
- die Effizienz ist von Art, Dauer und Inhalt der Trainingsmaßnahmen, die während der Dauer der Gruppenaktivitäten stattfinden, abhängig, wobei sich ergab, daß die höchste Effizienz-Kennzahl den Aktivitäten zukommt, bei denen eine fachliche Ausbildung und Vermittlung psychologischer Erkenntnisse gleichzeitig erfolgen und nicht nur gruppendynamische Übungen durchgeführt werden oder nur Datensammeltechniken besprochen werden;
- die Anzahl der in einem Unternehmen implementierten Gruppen und die Implementation bereichs- und hierarchieebenenübergreifender Aktivitäten bestimmt die Effizienz dieser Aktivitäten. Hiermit eng verbunden ist die Zusammensetzung der Gruppen: Je eher ein Mitglied Gelegenheit hat, eine Gruppenleiter-/Moderatoren-Funktion auszuüben und je eher ein Vorgesetzter bereit ist, als normales Gruppenmitglied an den Sitzungen teilzunehmen, umso größer ist die Effizienz der Aktivitäten;
- insgesamt weisen die Verfahren die größte Effizienz auf, die als Bestandteil der Unternehmensphilosophie einen Großteil der Hierarchiestufen erfassen (hier sind die Konzepte des Management by Objektives und der Organisationsentwicklung zu nennen)" (Heeg 1986, S. 43f.).

Aus diesen Ergebnissen läßt sich eine systematische Vorgehensweise bei der Einführung Neuer Technologien herausarbeiten, die in Abb. E.5 dargestellt ist.

Wichtig ist hierbei, daß in allen Phasen des Einführungskonzeptes Gruppenaktivitäten im Vordergrund stehen.

**Kontrollfragen zu Kapitel E:**

1. Beschreiben Sie die wesentlichen situativen Bedingungen für die Einführung Neuer Technologien!
2. Welche Aufgaben sind in den einzelnen Phasen des Einführungsprozesses zu erfüllen?
3. Wodurch ist das „klassische Beraterkonzept" bei der Einführung von Neuerungen gekennzeichnet?
4. Welche Ziele verfolgen Ansätze der Organisationsentwicklung?
5. Wie entsteht die Akzeptanzlücke bei unzureichender Einführung Neuer Technologien?
6. Wie ist die Effizienz von Gruppenaktivitäten zu bewerten?
7. Wie ist der Einführungsprozeß in seinen Phasen näher zu beschreiben?

**Literaturhinweise:**

Grabowski 1988; Heeg 1986; Wagner 1989.

# Literatur


Adenauer, S.: Auswirkungen neuer Technologien auf die Beschäftigung. In: angewandte Arbeitswissenschaft 1990, Nr. 124, S. 78-102.

Aichholzer, G., Schienstock, G. (Hrsg.): Arbeitsbeziehungen im technischen Wandel, Neue Konfliktlinien und Konsensstrukturen, Berlin 1989;

Altmann, G.: Personalstrategie für neue Technologien in der Produktion, Frankfurt am Main u.a. 1988;

Andresen, S.: Frauen, Technik und Neue Technologien, Arbeitspapier II VG/dp 87-237, Wissenschaftszentrum Berlin, Berlin 1987;

AOK, Bundesverband der Ortskrankenkassen: Neue Arbeitszeitregelungen in der Metallindustrie, Auswirkungen auf die Berechnung und Zahlung von Krankengeld und Mutterschaftsgeld, Bonn, o.J.;

Auer, P./Riegler, C.: Gruppenarbeit bei Volvo – Aktuelle Tendenzen und Hintergründe, Wissenschaftszentrum Berlin, Berlin 1988;

Ausschuß für Wirtschaftliche Fertigung e.V., Rationalisierung indirekter Bereiche, Eschborn, o.J.;

Apitzsch, W./Frankfurt, M./Schmitz, K.: Technische Aspekte der Mitbestimmung des Betriebsrats nach § 87 Abs. 1, Nr. 6 BetrVG bei Einführung und Anwendung von EDV-Systemen. In: Der Betrieb, 37. Jg., 1984, S. 983-989;

Baetge, J./Neipp, G.: Wirtschaftliche und Soziale Auswirkungen neuer Entwicklungen in der Computertechnologie, Berlin 1985;

Baethge, M./Overbeck, H.: Zukunft der Angestellten, Neue Technologien und berufliche Perspektiven in Büro und Verwaltung, Frankfurt, New York 1986;

BAG vom 19.6.1984 – 1 ABR 6/83, Der Betrieb, 37. Jg., 1984, S. 2305-2306;

BAG – Beschluß vom 14.9.1984 – 1 ABR 23/82 (Düsseldorf). In: Neue Juristische Wochenzeitschrift 1985, S. 450-453;

BAG (Bundesarbeitsgericht) vom 13.10.87;

BAG (Bundesarbeitsgericht) vom 6.12.83;

BAG (Bundesarbeitsgericht) vom 18.2.86;

BAG (Bundesarbeitsgericht) vom 20.11.84;

Bahl-Benker, A.: Elektronische Heimarbeit – die „schöne neue Arbeitswelt"? In: Kohl, H./Schütt, B.: Neue Technologien und Arbeitswelt, Köln 1984, S. 61-70;

Baier, W.: Die Fabrik der Zukunft wird nicht menschenleer sein, Frankfurter Rundschau 30.7.1988, S. 9;

Baisch, G.: Prämienmodelle für die Entlohnung an CNC-Maschinen. PERSONAL 1986, S. 149-152;

Baisch, R.: Entwicklungsstand und Ausblick bei numerischen Steuerungen (CNC) für Werkzeugmaschinen, VDI-Z 1985, S. 279-284;

Baitsch, Ch.: Moderne EDV-Konzepte verlangen eine neue Organisation, Management-Zeitschrift io 1986, S. 418-420;

Baumann, J.: Das Ressort Führungssysteme: Integration von Organisation, Personalwesen und strategischer Planung, ZfO 1985, S. 99-107;

Baumgartner & Partner: Praxis-Brief 609/1986: Veränderungen der Führungsstruktur, Düsseldorf, Hamburg;

Becks, C.: Personalbemessung mit MTM im administrativen Bereich, MTM-Vereinigung, Hamburg 1986;

Bedents, K. H./Schuchmann, H.-R.: Wirtschaftsfaktor Informationstechnik – Chancen, Aufgaben, Trends, ZfbR 1986, S. 195-206;

Besgen, D.: Das Job-Sharing-Arbeitsverhältnis. In: betrieb + personal 5/1985, S. 86-88;

Betge, Peter: Technischer Fortschritt und Technologiebewertung aus betriebswirtschaftlicher Sicht, Wiesbaden 1988;

Bierbaum, H./Muster, M.: Ende des Taylorismus? In: Siegfried Bleicher, Jürgen Stamm (Hrsg.): Fabrik der Zukunft, a.a.O., S. 16-31;

Bierfelder, W. H.: Innovationsmanagement, München, Wien 1987;

Black, J. T.: Cellular manufacturing systems. In: Just-in-time manufacture, hrsg. v. Christopher Voss, Berlin, Heidelberg, New York u.a. 1988;

Bläsing, J. P.: Praxishandbuch Qualitätssicherung, München 1989;

Bleicher, Knut: Management von Spitzentechnologien, ZfO, 1983, S. 243-251; 1983, S. 340-346;

Bleicher, S./Stamm, J. (Hrsg.): Fabrik der Zukunft, Flexible Fertigung, neue Produktionskonzepte und gewerkschaftliche Gestaltung, Hamburg 1988;

Bochum, K./Meißner, H.: Produktion auf Knopfdruck. In: Siegfried Bleicher/Jürgen Stamm (Hrsg.): Fabrik der Zukunft, a.a.O., S. 66-70;

Bock, J./Schepanski, N.: Technisch-ökonomische Bedingungen des Mikroelektronik Einsatzes – Folgen für Personaleinsatz und Qualifikation. In: Biethahn, J. Staudt, E. (Hrsg.) Bereiche aus der angewandten Innovationsforschung Nr. 37, Duisburg 1984;

Böckle, Franz: Verlangen Wirtschaft und Technik eine „neue Ethik"?, ZfB (58) 1988, S. 898-907;

Bornträger, W.: Neue Techniken im Einzelhandel: Ihre Auswirkungen auf die Qualifikationsanforderungen des mittleren Managements, gdi impuls 1/87, S. 65-73;

Brauer, D./Scheuten, W./Winkler, T.: Neue Technologien, Ethische Folgen, Köln 1988;

Brockhoff, K.: Forschung und Entwicklung, Planung und Kontrolle, München, Wien 1988;

Brödner, P.: Fabrik 2000, Alternative Entwicklungspfade in die Zukunft der Fabrik, 3. Aufl., Berlin 1986;

Brumlop, E.: Arbeitsbewertung bei flexiblem Personaleinsatz – Das Beispiel VW AG, Bd. 71 der Schriftenreihe „Humanisierung des Arbeitslebens", Frankfurt 1986;

Brüning, R.: Soziale Folgen der Montagerationalisierung: zw BMFT Studie: Einsatzmöglichkeiten von flexibel automatisierten Montagesystemen in der industriellen Produktion. In: Personal, Heft 1/1986, S. 16;

Bühner, R.: Arbeitsbewertung und Lohnfindung bei neuen Fertigungstechniken, WIST 1985, S. 433-483;

Bühner, R.: Organisation in den 90er Jahren, in: Harvard-Manager 4/1986a, S. 7-11;

Bühner, R.: Personalentwicklung für neue Technologien in der Produktion, Stuttgart 1986b;

Bühner, R.: Arbeitseinsatz und Arbeitsstrukturierung in flexiblen Fertigungssystemen (FFS), WISU 1986c, S. 69-74;

Bühner, R.: Arbeits-Organisation und Personal bei Just-in-Time, Der Betriebswirt, Jg. 31, 2/1990, S. 13-18;

Buchner, H.: Mitbestimmungsrechte des Betriebsrats beim Einsatz technischer Kontrolleinrichtungen. In: Betriebs-Berater, 1987, Heft 28, S. 1942-1951;

Bullinger, J. (Hrsg.): Menschen, Arbeit und neue Technologien, Berlin, Heidelberg 1985a;

Bullinger, H.-J. (Hrsg.): Arbeit und neue Technologien, Heidelberg 1985b;

Bullinger, H.-J./Traut, L.: Die Fabrik der Zukunft, FB/IE Heft 1, Jg. 35, 1986, S. 4-12;

Bumann, P.: Die drahtlose Nabelschnur zum Außendienstmitarbeiter. In: Handelsblatt Nr. 159 v. 21.8.85, S. 17;

Bundesinstitut für Berufsbildung, Institut für Arbeitsmarkt- und Berufsforschung der Bundesanstalt für Arbeit (Hrsg.): Neue Technologien: Verbreitungsgrad, Qualifikation und Arbeitsbedingungen, Beiträge zur Arbeitsmarkt- und Berufsforschung, Nürnberg 1987;

Bundesministerium für Forschung und Technologie (BMFT): Meta-Sondie „Arbeitsmarktwirkungen moderner Technologien", Bonn 1988;

Busch, E.: Entlohnung bei moderner Technik. In: angewandte Arbeitswissenschaft 1985, S. 2-38;

Claus, P.: Personalcomputer, magisches Hilfsmittel zum Planen und Führen. In: Management Zeitschrift 52 (1983), S. 115-119;

Crozier, M./Friedberg E.: Macht und Organisation. Die Zwänge kollektiven Handelns, Königstein 1979;

Degenhardt, U.: Auswirkungen Neuer Technologien auf die indirekten Bereiche der Produktion. In: Hackstein, R. (Hrsg.): Einsatz Neuer Technologien aus arbeits- und betriebsorganisatorischer Sicht, Köln 1987, S. 136-151;

Denzel, V.: Gestaltungsmöglichkeiten und Beteiligungsrechte der Arbeitnehmer bei neuen Lohnformen, AWF-Kongreß „Entlohnung", 1988;
Detje, R.: Wege in die Fabrik – die Zukunft. In: Bleicher, Siegfried, Stamm, J. (Hrsg.): Fabrik der Zukunft, Hamburg 1988, S. 56-65;
Dierkes, M. et al. (Hrsg.): Technik und Parlament: Konzept, Erfahrungen, Chancen, Berlin 1986;
Dietz, R./Richardi, R.: Kommentar zum Betriebsverfassungsgesetz, Band 2, 6. Aufl., München 1982;
Döbele-Berger, C./Berger, P./Kubicek, H.: Handlungsmöglichkeiten des Betriebsrats bei der Einführung von Neuen Technologien in Büro und Verwaltung, 4. Aufl., Saarbrücken 1985;
Dostal, W.: Neue Technologien und Arbeitsmarkt. Ein Überblick. In: Neue Technologien, Arbeitsmarkt und Berufsqualifikation, hrsg. v. Hellmut Lamszus und Horst Sanmann, Bern u. Stuttgart 1987, S. 29-54;
Drumm, H. J./Scholz, Chr./Polzer, H.: Zur Akzeptanz formaler Planungsmethoden. In: Zfbf 1980, S. 721-740;
Drumm, H. J./Scholz, Chr.: Personalplanung – Planungsmethoden und Methodenakzeptanz, Bern und Stuttgart, 2. Aufl., 1988;
Drüke, H./Feuerstein, G./Kreibich R.: Büroarbeit im Wandel, Tendenzen der Dezentralisierung mit Hilfe neuer Informations- und Kommunikationstechnologien, Eschborn 1986;
Dunckhorst, St./Klever, W./Klitze, U.: Die Zukunft hat schon begonnen. In: Siegfried Bleicher/Jürgen Stamm (Hrsg.): Fabrik der Zukunft, a.a.O., S. 124-135;
Dybowski, G./Herzer, H.: Bildungsbedarfsermittlung als Schnittstelle zwischen Arbeitsstrukturierung und Qualifizierung. In: G. Dybowski u.a.: Strategien qualitativer Personal- und Bildungsplanung bei technisch-organisatorischen Innovationen, Neuwied und Frankfurt/Main 1989, S. 3-15;
Dybowski-Johannson, G.: Die Interessenvertretung durch den Betriebsrat. Eine Untersuchung der objektiven und subjektiven Bedingungen der Betriebsratstätigkeit, Frankfurt, New York 1980;
Eckardstein, D.v./Schnellinger, F.: Betriebliche Personalpolitik, München 1978;
Eckardstein, D.v.: Entlohnung nach angebotener Qualifikation, EAPS-EAPM-Kongreß, Amsterdam 1985;
Eidenmüller, B.: Auswirkungen von CIM auf Ablauf- und Aufbauorganisation im Produktionsbereich, Vortragsmanuskript, München 1986;
Erdlenbruch, B.: Rechnergestützte Zeitwirtschaft und Arbeitsplanung in einer flexiblen Fertigung, angewandte Arbeitswissenschaft Nr. 116, Mai 1988, S. 44-60;
Euler, H. P.: Soziale Auswirkungen neuer Technologien in der Produktion, Z.Arb.wiss. (13) 1987, S. 1-14;
Fabricius, F./Wiese, G./Kraft, A./Thiele, W.: Gemeinschaftskommentar zum Betriebsverfassungsgesetz, Neuwied und Darmstadt 1987;
Fabrik der Zukunft, Management Wissen 7/77, S. 20-33;
Farthmann, F.: Gesellschaftliche Aspekte der Telearbeit. In: DBW 44 (1984) 4, S. 541-551;
Fehrmann, E. u.a.: Personalprobleme bei Rationalisierung und Technisierung, Zürich 1985;
Fitting, K./Auffarth, F./Kaiser, H./Heitner, F.: Handkommentar zum Betriebsverfassungsgesetz, 15. Aufl., München 1987;
Förster, H. U.: PPS und flexible Automatisierung – Anforderungen und Gestaltungshinweise zur Integration im CIM-Verbund. In: Einsatz Neuer Technologien aus arbeits- und betriebsorganisatorischer Sicht, hrsg. v. Rolf Hackstein, a.a.O., S. 101-118;
Frieling, E./Sonntag, S.: Arbeitspsychologie, Bern, Stuttgart, Toronto 1987;
Freimuth, J.: JIT und die neue Arbeitskultur, Personelle Probleme bei der Einführung von Just-in-Time-Konzepten in der Fertigung, FB/IE 1987, S. 59-62;
ders.: Der Industriemeister. In: Personal, Heft 1/1988, S. 18;
Frenzel, U.: Neue Arbeitsplätze durch neue Arbeitsorganisation, Blick durch die Wirtschaft, 4. April 1986, S. 4;

Fürstenberg, F./Steininger S.: Qualifikationsaspekte des Industrierobotereinsatzes im VW Werk Hannover, Wolfsburg 1985;
Fürstenberg, F.: Flexible Gestaltung der industriellen Arbeitsbeziehungen, Z.Arb.Wiss. 1987, S. 65-68;
Gaitanides, M./Beck, Ch./Klaedtke, M./Schienhorst, L.: Der Personalcomputer auf dem Weg zur Spitze, Konsequenzen des PC-Einsatzes für Organisation und Personal, ZfO 1988, S. 89-95;
Gast, O.: Konzept einer Logistik-Organisation am Beispiel eines Unternehmens der Automobilzulieferindustrie. In: Einsatz Neuer Technologien aus arbeits- und betriebsorganisatorischer Sicht, hrsg. v. Rolf Hackstein, Köln 1987, S. 212-233;
Gehrmann, W.: Gen Amerika, Die Zeit Nr. 47 v. 18.11.1988, S. 25;
Gesamtmetall (Hrsg.): Neue Technik – Neue Arbeit, Köln 1987;
Glaubrecht, H./Wagner, D./Zander, E.: Arbeitszeit im Wandel. Neue Formen der Arbeitszeitgestaltung, 3. Aufl., Freiburg i.Br. 1988;
Göbel, U./Schlaffke, W.: Berichte zur Bildungspolitik 1987/88 des Instituts der deutschen Wirtschaft, Köln 1987;
Grabner, G.: Leistungsbezahlung nach persönlicher Beurteilung und Leistungsstandards bei zentraler Textverarbeitung. In: Knebel, H./Zander, E. (Hrsg.): Leistungsbezahlung – Leistungserfassung und Leistungslohn bei technologischem Wandel, Bonn 1983, S. 104-115;
Grabowski, H.: CAD/CAM-Bausteine in einer rechnerintegrierten Fabrik. In: Handbuch der modernen Datenverarbeitung, Heft 139, 1988, S. 12-27;
Gretschmann, K./Heinze R. G. u.a.: Neue Technologien und soziale Sicherung, Opladen 1989;
Griesinger, H.: Erfahrungen mit der Lernstatt bei Bosch, Personalführung 1988, Heft 4, S. 284-289;
Gruhler, W.: Technik – Produktivität – Arbeitsmarkt, Köln 1984;
Grunwald, W./Lilge, H.-G.: Humanisierung der Arbeit durch Job Enlargement und Job Enrichment. In: Handbuch der Angewandten Psychologie, hrsg. v. Rainer Neubauer und Lutz von Rosenstiel, Band 1: Arbeit und Organisation, München 1980, S. 761-791;
Gutekunst, H.: CAD – Der Rationalisierungshit. In: Bleicher, S./Stamm, J. (Hrsg.): Fabrik der Zukunft, Hamburg 1988, S. 146-159;
Gutschmidt, S.: Personal Computer ersetzt den Fernschreiber. In: Handelsblatt v. 20.8.1985;
Hackstein, R. (Hrsg.): Einsatz Neuer Technologien aus arbeits- und betriebsorganisatorischer Sicht, Köln 1987;
Hackstein, R.: Fortschritte und Hemmnisse beim Einsatz Neuer Technologien. In: Einsatz Neuer Technologien aus arbeits- und betriebsorganisatorischer Sicht, hrsg. v. R. Hackstein, a.a.O., S. 1-19;
Hackstein, R./Junke, R.: Einführung neuer Technologien im Büro. In: Personal 1988, S. 14-17;
Haneke, W.: Büroanalyse: Perspektiven, Instrumente und Organisation, VOP 1988, S. 22-28;
Heeg, F.J.: Einführung neuer Technologien – ein gruppenorientierter Ansatz, ZfO 1986, S. 41-46;
ders.: Qualifizierung und Arbeitsorganisation, Gemeinsame Gestaltung zur Steigerung von Ökonomie und Humanität. In: Hackstein, R. (Hrsg.): a.a.O., S. 316-383;
ders: Moderne Arbeitsorganisation, München, Wien 1988;
Hentze, J.: Personalwirtschaftslehre 1, 3. Aufl., Bern/Stuttgart 1986;
Heilmann, W.: Elektronische Heimarbeit – oder die Politisierung der Telearbeit, in: DBW 45 (1985), S. 102-106;
Heinzelbecker, K.: Marketing – Informationssysteme – Überprüfung und Weiterentwicklung. In: Handbuch der modernen Datenverarbeitung, Heft 128, März 1986, S. 15-30;
Herbst, B.: Umfang des Mitbestimmungsrechts bei freiwilligen übertariflichen Zulagen. In: DB 1987, S. 738-742;

Hey, F. J.: Einführung neuer Technologien, ein gruppenorientierter Ansatz. In: ZfO 1986, S. 41-46;
Hickel, R.: Ein neuer Typ der Akkumulation? Hamburg 1987;
Hirsch-Kreinsen, H./Springer, R.: Alternativen der Arbeitsorganisation bei CNC-Einsatz, VDI-Zeitschrift 5/1984, S. 114-118;
Hof, B.: Vorsprung durch Flexibilisierung, Köln 1984;
Hofmann, J.: Leistungs- und Lohnpolitik bei BDE/FST-Systemen. In: Siegfried Bleicher, Jürgen Stamm (Hrsg.): Fabrik der Zukunft, Hamburg 1988, S. 112-123;
Hoffmann, M.-L./Siegele, L.: Kurzschluß bei der Post. In: Die Zeit Nr. 5 vom 27. Januar 1989, S. 37;
Hunold, W.: Betriebsverfassungs- und datenschutzrechtliche Probleme bei Personalinformationssystemen. In: Glaubrecht, H., Halberstadt, Zander, E.: Betriebsverfassung in Recht und Praxis, Freiburg i.Br. 1986, S. 303-322;
ders: Technologie und Recht im Unternehmen, Wiesbaden 1988;
Institut für angewandte Arbeitswissenschaften (Hrsg.): Arbeit im Büro – heute und morgen, Köln 1987;
dieselben (IfaA): Folgewirkungen neuer Technologien in der Textverarbeitung, Köln 1982;
Issen, R.: Mehr Flexibilisierung von Arbeitszeit und Entgelt aus der Sicht der Gewerkschaften, Analytik 84, Hamburg;
Jansen, R.: Arbeitsplatzprofile von Anwendern und Nicht-Anwendern programmgesteuerter Arbeitsmittel. In: Bundesinstitut für Berufsbildung, Institut für Arbeitsmarkt und Berufsforschung (Hrsg.): Neue Technologien: Verbreitungsgrad, Qualifikation und Arbeitsbedingungen, Nürnberg 1987, S. 266;
Jäger, W./Riemer, D.: Aufwertung der Arbeit? Alternative Arbeitsformen und Wandel der Industriearbeit, Opladen 1987;
Jaufmann, D., Kistler, E. (Hrsg.): Sind die Deutschen technikfeindlich, Opladen 1988;
ders. et al.: Technikakzeptanz bei Jugendlichen im intergenerationalen, internationalen und intertemporalen Vergleich. In: Jaufmann, D., Kistler, E. (Hrsg.): Sind die Deutschen technikfeindlich, a.a.O., S. 23-75;
Joerges, B.: Computer as Butterfly and BAT, Arbeitspapier II VGdp 87-16 des Wissenschaftszentrums Berlin, Berlin 1987;
Jürgens, U.: Gegenwärtige technisch-organisatorische Wandlungsprozesse im Betrieb in arbeitspolitischer Perspektive, Wissenschaftszentrum Berlin, Berlin 1987;
Kammer, W.: Gehört der Bereichsbewertung die Zukunft? Analytik 88, Hamburg;
Kammer, W.: Leistungslohn in hochmechanisierter Fertigung. In: Angewandte Arbeitswissenschaft, Heft 105, 1985, S. 49-56;
Karcher, H.B.: Büro der Zukunft, 6. Aufl., München 1984;
Katsch, R.M.: Computerunterstützung im Vertrieb – Stand der Praxis. In: Handbuch der modernen Datenverarbeitung, Heft 128, März 1986, S. 3-14;
Kern, H./Schumann, M.: Das Ende der Arbeitsteilung? München 1985;
Keim, R./Unger, H.: Kooperation statt Konfrontation, Köln 1986;
Knebel, H./Zander, E.: Arbeitsbewertung und Eingruppierung – Ein Leitfaden für die Entgeltfestsetzung, 2. Aufl., Heidelberg 1989;
Knebel, H.: Arbeitsbewertung ist wieder gefragt, REFA-Nachrichten 1988, S. 24-28;
Köchling, A.: Bildschirmarbeit. Gesundheitsregeln und Gesundheitsschutz, Köln 1985;
König, W./Niedereichholz, J.: Der Fortschritt der Informationstechnik und seine Auswirkungen auf Managementtechniken, ZfB (56) 1986, S. 4-23;
Krüger, W.: Organisation der Unternehmung, Stuttgart, Berlin, Köln 1984;
Krüger, W.: Gestaltungskonzepte der Telearbeit. Vielfältige Nutzungsmöglichkeiten prägen das Gestaltungsspektrum. In: ZfO 5/86, S. 295-304;
Küpper, W./Ortmann, G.: Mikropolitik in Organisation, DBW (5) 1986, S. 590-602;
Kubicek, H.: Blind für die Risiken. In: Die Zeit Nr. 6 vom 3. Febr. 1989, S. 24;
Kubicek, H.: Mit integrierten Fernmeldenetzen auf dem Weg in die ‚Post'industrielle Gesellschaft? In: DBW 47 (1987), S. 781-784;
Kurth, R.: Einführung. In: Institut für angewandte Arbeitswissenschaften (Hrsg.): Arbeit im Büro – heute und morgen, a.a.O., S. 6-11;

Kurth, R.: Die Auswirkungen technischer Änderungen auf die Arbeit. In: Angewandte Arbeitswissenschaft, Heft 105, August 1985, S. 24-35;

Lay, G.: Analyse von Tätigkeitsstrukturen und Bewertung der Qualifikationsanforderungen an CNC-Werkzeugmaschinen. In: Sonntag, K. v. (Hrsg.) Arbeitsanalyse und Technikentwicklung, Köln 1987, S. 109-125;

Lay, G./Lemmermeier, L.: Werkstattprogrammierung – ja oder nein, VDI-Zeitschrift 1984, S. 595-601;

Lamszus, H./Sanmann, H. (Hrsg.): Neue Technologien, Arbeitsmarkt und Berufsqualifikation, Bern, Stuttgart 1987;

Leontief, W./Duchin, F.: The Future Impact of Automation on Workers, New York, Oxford 1986;

Lilge, H.-G./Grunwald, W.: Humanisierung der Arbeit durch Job Enlargement und Job Enrichment. In: Handbuch der angewandten Psychologie, hrsg. v. Rainer Neubauer und Lutz von Rosenstiel, München 1980, S. 761-791;

Linnenkohl, Informationstechnologie und Mitbestimmung, Frankfurt a.M. 1989;

Luczak, H.: Arbeitsgestalterische – insbesondere informationstechnische Aspekte neuer Technologien. In: Klaus J. Zink (Hrsg.): Arbeitswissenschaft und neue Technologien, a.a.O., S. 159-198;

Ludwig, J.: Flexible Fertigungsorganisation am Beispiel von Fertigungsinseln, Leistung und Lohn, Köln 1986, S. 177-180;

Lüsebrink, K./Petrowsky, W.: Mischarbeitsplätze im Schreibdienst: „Der Schnee von gestern?“ Angestellten-Magazin 12/86, S. 3-4;

Lütge, G.: Die unfehlbaren Idioten – Computer mit künstlicher Intelligenz sollen der Wirtschaft einen Innovationsschub geben, Die Zeit Nr. 47 vom 18. Nov. 1988, S. 41;

Mag, W.: Hemmnisse und Fortschritte bei der Entwicklung der Personalplanung in der Bundesrepublik Deutschland, ZfbR 1985, S. 3-25;

Malsbender, G.: Planung und Steuerung der technischen Auftragsabwicklung im Werkzeugmaschinenbau unter Einbeziehung der indirekten Bereiche. In: Einsatz neuer Technologien aus arbeits-und betriebsorganisatorischer Sicht, hrsg. v. Rolf Hackstein, a.a.O., S. 169-182;

Martens, E.: Der harte Kern schmilzt. Eine infas-Studie über den Bewußtseinswandel der Arbeitnehmer, Die Zeit Nr. 10 vom 27. Febr. 1987, S. 26;

Matthes, H. C.: Die Rechtsprechung des Bundesarbeitsgerichts zur Mitbestimmung des Betriebsrats in Entgeltfragen, NZA 1987, S. 289-294;

Matzner, E./Schettkat, R./Wagner, M.: Beschäftigungsrisiko, Innovation, Arbeitsmarktwirkungen moderner Technologien, Berlin 1988;

Maydl, E.: Technologie-Akzeptanz im Unternehmen. Mitarbeiter gewinnen für neue Technologien, Wiesbaden 1987;

Mayer-List, I.: Der Computer befiehlt. Mittelständische Betriebe sind der Großindustrie ausgeliefert, Die Zeit, Nr. 15, 6.4.1990, S. 36;

Meier, B.: Technikfolgen: Abschätzungen und Bewertung, Köln 1987;

Meiser, M./Wagner, D./Zander, E.: Arbeitsbewertung bei neuen Technologien, Management Zeitschrift io 1987, S. 234-236;

Mertens, P.: Expertensysteme. In: Hw Planung, hrsg. v. N. Szyperski, Stuttgart 1989, Sp. 476-486;

Mertens, P.: Expertensysteme in der Produktion, München, Wien 1990;

Mettke, H.: Arbeitszufriedenheit durch neue Entgeltpolitik, Analytik-Kongreß 1988, Hamburg;

Meyer, R.: Organisatorische Integration im Büro, ein anwendungsorientiertes Gestaltungsraster, ZfO 1987, S. 381-392;

Mönig, H.: Organisationsformen der Teilfertigung. In: Zfbf, 1985, S. 83-102;

Müller, W. R.: Thesen zur Neuorientierung der Personalpolitik, DBW (43) 1983, S. 515-523;

Mueller, H. D./Schmid, A.: Arbeit, Betrieb und neue Technologien, Stuttgart, Berlin, Köln 1989;

Müller-Merbach, H.: Betriebswirtschaftslehre nach dem Jahr 2000. In: Gaugler, E., Meissner, H. G., Than, N. (Hrsg.): Zukunftsaspekte der anwendungsorientierten Betriebswirtschaftslehre, Stuttgart 1986, S. 497-511;

Naschold, F.: Technologiefolgeabschätzung und -bewertung: Entwicklungen, Kontroversen, Perspektiven, Arbeitspapier (IIVg/dp 87-230 des Wissenschaftszentrums Berlin, Berlin 1987;

Nebendahl, D. (Hrsg.): Expertensysteme, Berlin, München 1987;

Neipp, G.: Mitarbeiter und neue Technologien als Erfolgsfaktoren. In: Personalführung 1988, S. 138-151;

Neubauer, N./Rosenstiel, L.v.: Handbuch der Angewandten Psychologie, Band 1, Arbeit und Organisation, München 1980;

Nicklaus, J.: Wie können Leistungsvergütungssysteme für das Unternehmen Kalkulierbarkeit und leistungsgerechte Einstufung gewährleisten? Analytik-Kongreß '88, Hamburg;

Ohl, B.: Veränderte Anforderungen durch neue Technik, Angewandte Arbeitswissenschaft Nr. 109, 1986, S. 8-34;

O. V.: Der Abbau des Middle-Managements, Trend-RADAR 11/86, S. 50-70;

O. V.: Moderne Techniken führen nicht zu einer Gefährdung von Arbeitsplätzen. In: Handelsblatt Nr. 74 vom 15.4.1987, S. 5;

Ortmann, G./Windeler, A. (Hrsg.): Umkämpftes Terrain. Managementperspektiven und Betriebsratpolitik bei der Einführung von Computer-Systemen, Opladen 1989;

Osterloh, M.: Industriesoziologische Vision ohne Bezug zur Managementlehre, DBW (46) 1986, S. 610-624;

Peisl, A.: Unternehmensorganisation und Datenverarbeitung – Sechs Thesen für den Vorstand, ZfB 1979, S. 673-691;

Petermann, Th./Thienen, V.v.: Technikakzeptanz: Zum Karriereverlauf eines Begriffes, Arbeitspapier FS II 88 – 101, Wissenschaftszentrum Berlin, Berlin 1988;

Peters, G.: Ablauforganisation und Informationstechnologie im Büro. Konzeptionelle Überlegungen und empirisch explorative Studie, Köln 1988;

Peters, G.: Ablauforganisation und Informationstechnologie im Büro – Konzeptionelle Überlegungen und empirisch-explorative Studie, Köln 1987;

Pfeiffer, W. u.a.: Technologie-Portfolio-Methode des strategischen Innovationsmanagements. In: ZfO 5-6/83, S. 252-261;

Pfennig, U.: Planung und Steuerung der Instandhaltung mit EDV. In: Einsatz Neuer Technologien aus arbeits- und betriebsorganisatorischer Sicht, a.a.O., S. 183-211;

Pfohl, H.-Chr.: Aufbauorganisation der betriebswirtschaftlichen Logistik. ZfB 1980, S. 1201-1228;

Picot, A./ Reichwald, R.: Bürokommunikation. Leitsätze für Anwender, München 1984;

Pleil, G. J.: Bürokommunikation, München 1988;

Pössnicker, K./Möhl, G.: Leistungsentlohnung an NC-Maschinen. In: REFA Nachrichten 3/1990, S. 27-30;

Pornschlegel, H.: Zur Problematik der analytischen Dienstpostenbewertung. In: Einheitliches Personalrecht 4/ÖTV, 1977;

Posth, M.: Bildungsoffensive im Unternehmen. Die Personalpolitik darf kein Anhängsel der technischen Planung sein. Die Zeit v. 26.4.1985, S. 46;

Priewe, J.: Die Fabrik denkt um. In: Management Wissen 7/88, S. 20-29;

Raithel, R.: Mars macht mobil. In: Manager Magazin 12/1988, S. 234-239;

Rationalisierungs-Kuratorium der deutschen Wirtschaft. RKW-Handbuch Personalplanung. 2. Aufl., Neuwied 1990;

Reichwald, R.: Arbeitsorganisatorische und wirtschaftliche Aspekte neuer Technologien – dargestellt am Beispiel des Einsatzes neuer Informations- und Kommunikationstechnik. In: Zink, K. J. (Hrsg.): Arbeitswissenschaft und neue Technologien 1988, S. 77-103;

Reuß, F.; Faix, W. G.; Hofmann, L.: CIM, Weiterbildung für das Unternehmen 2000, Berlin 1988;

Richter, H.-J.: Elektronische Informationsbeschaffung: „Online-Datenbanken“ – Effiziente Informationsquellen für das Unternehmens-Management, ZfO 1985, S. 331-336;

Rödiger, H.: Aus den Kinderschuhen endlich herausgekommen. In: Handelsblatt v. 20.8.1985, S. 20;
Röthig, P.: Perspektiven für Organisation und Führung von Unternehmungen. In: Organisation, Evolutorische Interdependenzen von Struktur und Kultur, hrsg. v. Eberhard Seidel und Dieter Wagner, Wiesbaden 1989;
Röthig, P.: Zum Entwicklungsstand der betriebswirtschaftlichen Personalplanung, DBW (46) 1986, S. 203-223; (S. 59)
Rosenbladt, B.v.: Einstellungen zu Wissenschaft und Technik – Perspektiven der Umfrageforschung, In: Jaufmann, D., Kistler, E. (Hrsg.): Sind die Deutschen technikfeindlich, a.a.O., S. 95-110;
Rottmeyer, F.: Entlohnung nach Einsatzbandbreite und Flexibilität, AWF-Tagung „Entlohnung“ 1988;
Schaible, F.: Planung und Einsatz moderner Bürotechnik – Aspekte der organisatorischen Gestaltung und des Nutzens. In: Institut für angewandte Arbeitswissenschaft (Hrsg.): Arbeit im Büro – heute und morgen, a.a.O., S. 12-25;
Salm, R.: Die neue Rationalisierungsphilosophie. In: Bleicher, S., Stamm, J. (Hrsg.), a.a.O., S. 71-85;
Scheer, A.-W.: CIM Computer Integrated Manufacturing. Der computergesteuerte Industriebetrieb, 3. Aufl., Berlin, Heidelberg, New York u.a. 1988;
ders.: Betriebliche Expertensysteme I. In: Schriften zur Unternehmensführung, Wiesbaden 1988;
Scherff, J.: Technikgestützte Bürokommunikation: Grundlagen, Konzepte, Entwicklungskonzepte. In: Handbuch der modernen Datenverarbeitung, 24. Jg., Heft 136, Juli 1987, S. 3-18;
Schmidt, K.-H.: Neue Technologien in kleinen und mittleren Unternehmungen: Auswirkungen neuer Technologien auf die Berufsausübung und Beschäftigung, Göttingen 1988;
Schmidtchen, G.: Neue Technik, Neue Arbeitsmoral, Köln 1986;
Schmidt-Prestin, B.: Neue Technik in Büro und Verwaltung: rationell einsetzen – sozial gestalten, München 1987;
Schulte, A.: Leistungsbezogene Entlohnung als Teil der Planung und Gestaltung des Einsatzes von CNC-Werkzeugmaschinen. In: Angewandte Arbeitswissenschaft, Heft 122, Dezember 1989, S. 1-28;
Schulte, W.: Instandhaltungsmanagement in den neunziger Jahren (VIII), Blick durch die Wirtschaft Nr. 104 v. 2.6.1987;
Schulz, H.: Neue Technologien im Fertigungsbereich und ihre Auswirkungen auf die betriebliche Personalplanung, unveröffentl. Diplom-Arbeit, Universität der Bundeswehr Hamburg 1987;
Schultz-Wild, R./Sengenberger, W.: Zur Stellung der Personalplanung. In: Maase, M., Schultz-Wild, R. (Hrsg.): Personalplanung zwischen Wachstum und Stagnation, Frankfurt 1980, S. 61-78;
Schwarz, U.: Der Betrieb als Montageunternehmen. In: S. Bleicher, J. Stamm (Hrsg.): Fabrik der Zukunft, Hamburg 1988, S. 93-100;
Schweim, J.: Auswirkungen neuer Informationstechnologien auf die Organisation, ZfO 1984, S. 329-334;
Schwetz, R.: Veränderte Arbeitsstrukturen im Büro, dargestellt am Beispiel: Angebotsbearbeitung mit Hilfe moderner Technik. In: Institut für angewandte Arbeitswissenschaft (Hrsg.): Arbeit im Büro – heute und morgen, Köln 1987, S. 64-87;
Schwarz, M.: Der Betrieb als Managementunternehmen. In: Bleicher, S., Stamm, J. (Hrsg.): Fabrik der Zukunft, Hamburg 1988, S. 93-100;
Siemens AG (Hrsg.): Im Blickpunkt: Bildschirmtext, München 1985;
Siemens AG (Hrsg.): ISDN im Büro, München 1988;
Sigl, H.: Die Auswirkungen der elektronischen Medien auf die Führungsaufgaben, Personalführung 1988, S. 35-39;
Sommerlatte, T.: Haben wir die richtigen Strategien? Office Management 1989, S. 18-22;
Sonntag, K. (Hrsg.): Arbeitsanalyse und Technikentwicklung, Köln 1987;
ders.: Qualifikationsanforderungen im Werkzeugmaschinenbereich. In: ders. (Hrsg.): Neue Produktionstechniken und qualifizierte Arbeit, Köln 1985, S. 82;

Sonntag, K./Hamp, S./Rebstock, H.: Qualifizierungskonzept Rechnergestützte Fertigung, München 1987;
ders.: Auswirkungen neuer Produktionstechniken auf die Personalentwicklung. In: Personalwirtschaft 8/1986, S. 301-310;
Spur, G.: Der Ingenieur braucht die Kreativität des Künstlers, In: IBM Deutschland (Hrsg.): Technik und Gesellschaft, Stuttgart 1986, S. 94-103;
Staehle, W./Sydow, J.: Büroarbeit, Büroorganisation und Büroautomation als Gegenstände betriebswirtschaftlicher Forschung, DBW 1986, S. 188-202;
Staudt, E.: Entkopplung in Mensch-Maschine-Systemen, Flexibilisierung von Arbeitsverhältnissen durch neue Technologien, ZfO 1982, S. 181-189;
Staudt, E./Schepanski, N.: Innovation, Qualifikation und Organisationsentwicklung, ZfO 1983, 5-6/1983, S. 304-316;
Staudt, E.: Wachsende Freiräume in der Gestaltung von Arbeitsorganisationen, MittAB 1984, S. 94-104;
Staudt, E.: Menschliche Arbeit unter veränderten Bedingungen: Technische Entwicklung und soziale Innovationen, Teil 2, management heute 4/86, S. 9-12; Teil 3: 5/86, S. 11-14;
Staudt, E.: Über ein verbessertes Verhältnis des Menschen zur Maschine, Handelsblatt v. 14./15.11.86, S. 33;
Staudt, E.: Wie kann die Qualifikation Innovation und Risikobereitschaft fördern?, Analytik '88, Hamburg 1988;
Steinle, C.: Personalführung und neue Techniken. Der Betriebswirt 4/87, S. 15-34;
Stender, J.: Expertensysteme im Marketing – Anwendungsmöglichkeiten und Perspektiven. In: Handbuch der modernen Datenverarbeitung, Heft 128, 1986, S. 99-107;
Stiller, I.: Zur Neuordnung der bürowirtschaftlichen Ausbildungsberufe. In: Berufsausbildung in Wissenschaft und Praxis, Heft 1/1988, S. 10-14;
Stockert, S.: CIM im Rahmen der Planung eines neuen Werkes. In: Einsatz neuer Technologien aus arbeits- und betriebsorganisatorischer Sicht, hrsg. v. Rolf Hackstein, a.a.O., S. 58-75;
Stooß, F./Troll, L.: Das „Arbeitsmittel"-Konzept als Instrumentarium zur Beobachtung des beruflichen Wandels. In: Mitteilungen aus der Arbeitsmarkt- und Berufsforschung, 21. Jg. 1988, S. 16-35;
Stooß, F./Troll, L./Henninges, H.v.: Das „Arbeitsmittel" Konzept als Instrumentarium zur Beobachtung des beruflichen Wandels. In: Mitteilungen aus der Arbeitsmarkt und Berufsforschung 1/88, S. 16-33;
Strasser, H.: Arbeitspsychologische (-medizinische) Aspekte neuer Technologien. In: Zink, K.-J. (Hrsg.): Arbeitswissenschaft und neue Technologien, a.a.O. 1988, S. 203-233;
Strauch, R./Ahlers, R.-J./Schmidberger, E.: Robotergeführte Bildsensoren – Ein neuer Weg zur automatisierten Qualitätsprüfung. In: wt-Z.ind. Fertigung, 75. Jg. 1985, S. 225-228;
Sydow, J.: Organisationsspielraum und Büroautomation, Berlin/New York 1985;
Tomicic, St.: Probleme der Beurteilung des Betriebsrats bei der Einführung neuer Technologien. In: Glaubrecht, Halberstadt, Zander (Hrsg.): Betriebsverfassung in Recht und Praxis, a.a.O., 1983, Gruppe 4, S. 307-324;
Udris, J./Ulich, E.: Organisations- und Technikgestaltung: Prozess- und partizipationsorientierte Arbeitsanalysen. In: Karlheinz Sonntag (Hrsg.): Arbeitsanalyse und Technikentwicklung, Köln 1987, S. 49-68;
Ulrich, H./Probst, G.: Anleitung zum ganzheitlichen Denken und Handeln. Ein Brevier für Führungskräfte, Bern, Stuttgart 1988;
Vorhölter, G.: Die integrierte Informationsverarbeitung in Büro und Verwaltung – Kurzfassung. In: Institut für angewandte Arbeitswissenschaft (Hrsg.): Arbeit im Büro – heute und morgen, Köln 1987, S. 26-32;
Voss, C. A. (Hrsg.): Just-in-Time Manufacture, International Trends in Manufacturing Technology, Berlin, Heidelberg, New York u.a. 1988;
Wagner, D.: Überwindung traditioneller Organisationsstrukturen durch Organisationsentwicklung. In: Zander, E., Reineke, W.: Führungsentwicklung: Organization Development in der Praxis, Heidelberg 1981;

Wagner, D.: Arbeitszeit und Organisation. Das Konzept der Arbeitszeitflexibilisierung aus organisatorischer Sicht. In: ZfO 1985, S. 257-260;
Wagner, D.: Auswirkungen neuer Technologien auf das betriebliche Personalwesen. In: Löhn, J. (Hrsg.): Der Innovations-Berater, Freiburg i. Br. 3/86, 2/1637-2/1658;
Wagner, D.: Auswirkungen neuer Technologien, Konsequenzen für eine zeitgemäße Entgeltfindung, PERSONAL 1986, S. 161-162;
Wagner, D.: Organisation, Führung und Personalmanagement, Freiburg i.Br. 1989;
Wagner, H.: Chancen und Risiken des Technikeinsatzes. In: Institut für angewandte Arbeitswissenschaften (Hrsg.): Arbeit im Büro, heute und morgen, a.a.O., S. 136-145;
Wall, T.D./Clegg, Chr. W./Kemp, N. J. (Hrsg.): The Human Side of Advanced Manufacturing Technology, Chichester, New York u.a. 1987;
Warnecke, H.J.: Arbeitszeitmanagement in der Fabrik der Zukunft, Vortragsmanuskript, Stuttgart, 24.6.1988;
Wächter, H.: Die Verwendung von Markow-Ketten in der Personalplanung, ZfB 1974, S. 243-254;
Weil, R.: Persönliche Bewertung und Entgelt, Köln 1984;
Werntze, G.: CIM-Einstieg im mittelständischen Betrieb. In: Einsatz Neuer Technologien aus arbeits- und betriebsorganisatorischer Sicht, hrsg. v. Rolf Hackstein, Köln 1987, S. 76-100;
Wibbe, J.: Arbeitsbewertung, 2. Aufl., München 1966;
Wildemann, H./Bühner, R. (Hrsg.): Personalentwicklung für neue Technologien in der Produktion, Stuttgart 1986;
Wildemann, H.: Auftragsabwicklung in einer computergestützten Fertigung (CIM). In: ZfB, 57. Jg. $1987_a$, S. 6-31;
Wildemann, H.: Strategische Investitionsplanung, Methoden zur Bewertung neuer Produktionstechnologien, Wiesbaden $1987_b$;
Wildemann, H.: Das Just-in-Time Konzept, Wiesbaden 1988
Wildemann, H.: Die modulare Fabrik: Kundennahe Produktion durch Fertigungssegmentierung, München 1988;
Winter-Hoss, R./Hölldampf, K./Hallwachs, U.: Industrieroboter Einsatzfälle in der Bundesrepublik Deutschland. In: VDI-Z, Bd. 128, 1986, S. 503-509;
Wood, I. D., Lucas Electrical. In: Voss, C.A. (Hrsg.): Just-in-Time-Manufacture, Springer Verlag, Berlin, Heidelberg, New York, London, Paris, Tokyo o.J.;
Wulf, H. A.: Maschinenstürmer sind wir keine. Technischer Fortschritt und sozialdemokratische Arbeiterbewegung, Frankfurt/New York 1987;
Wunderer, R.: Entwicklungstendenzen im Personalwesen – Beurteilung aus theoretischer und praktischer Warte, DBW (43) 1983, S. 217-236;
Wunderer, R./Haubensack, M.: Der Industriemeister, Unternehmer, Teammanager oder Personalverantwortlicher? In: Personalwirtschaft Heft 1/1988, S. 23-30;
Wuppertaler Kreis (Hrsg.): Kosten senken in Büro und Verwaltung, Köln 1988;
Zander, E.: Neue Tendenzen in der Personalpolitik, Betriebs-Berater 1983, S. 1109-1113;
Zander, E.: Handbuch der Gehaltsfestsetzung, 5. Aufl., Heidelberg 1990;
Zander, E.: Gestaltungsmöglichkeiten der Zusammenarbeit von Unternehmensleitung und Betriebsrat. In: ZfbF 1987, S. 58-66;
Zangl, H./Bodem, H./Hanke, P.: Bürokommunikation im Teletex- und Telefax-Dienst. In: ZfO 1982, S. 394-404;
Zink, K. (Hrsg.): Personalwirtschaftliche Aspekte neuer Technologien, Berlin 1985;
Zink, K. J. (Hrsg.): Arbeitswissenschaft und neue Technologien, Eschborn 1988;
Zink, K. J.: Veränderte Rahmenbedingungen als Herausforderung für die Arbeitswissenschaft. In: Arbeitswissenschaft und neue Technologien, hrsg. v. K. J. Zink, Eschborn 1988, S. 25-40.

# Stichwortverzeichnis

www.ingramcontent.com/pod-product-compliance
Lightning Source LLC
LaVergne TN
LVHW080002031026
849161LV00026B/2927
*9783486210736*